IDS与集外字
处理方法研究

肖 禹 | 著

上海远东出版社

图书在版编目（CIP）数据

IDS 与集外字处理方法研究 / 肖禹著 . —上海：上海远东出版社，
2016
ISBN 978-7-5476-1245-3

Ⅰ . ① I … Ⅱ . ① 肖 … Ⅲ . ① 文字处理系统 Ⅳ . ① TP391.12

中国版本图书馆 CIP 数据核字（2016）第 319752 号

国家科技支撑计划"中国地方志数字化关键技术研究与演示平台设计"项目（2015BAK07B00）
"地方志资源调查与数字化加工规范研究"课题（2015BAK07B01）研究成果

IDS 与集外字处理方法研究
著者 肖 禹
责任编辑 / 徐忠良   装帧设计 / 李   廉

出版：上海世纪出版股份有限公司远东出版社
地址：中国上海市钦州南路 81 号
邮编：200235
网址：www.ydbook.com
发行：新华书店   上海远东出版社
      上海世纪出版股份有限公司发行中心
制版：南京前锦排版服务有限公司
印刷：昆山亭林印刷有限责任公司
装订：昆山亭林印刷有限责任公司

开本：787×1092   1/16   印张：17.25   字数：345 千字
2017 年 3 月第 1 版   2017 年 3 月第 1 次印刷

ISBN 978-7-5476-1245-3/G·791
定价：68.00 元

出版说明

国有史，地有志，家有谱，家谱、方志、正史从不同层面构成中华民族历史的记忆。

中国自古就有修志的传统。《周礼·春官》载："外史掌四方之志。"东汉郑玄注："方志，四方所识久远之事。"中国地方志作为珍贵的文献资源，其内容不仅包括各地区的疆域、气候、山川、物产等地理资料，也涵盖户口、人物、赋税、艺文等人文历史各方面的记载，是地方的百科全书，一地之全史。地方志所详细记载本地区的政治、经济、社会等发展状况，形成了独特的区域文化，具有鲜明的地方特征；地方志以记述某一段时间当地的情况为主，是一个特定时期文化积淀和历史的产物，反映出了特定时代的经济、政治、文化等方面的烙印；地方志内容广泛，系统性强，从天文地理、名胜古迹、物产资源、民族宗教、方言俗语、金石碑刻到政治经济、科学文化、典章制度、著名人物、重大事件等，分门别类按照内容的要求选择合理的记录方式；资料性是地方志所有特征中最基础的一个特征，是方志生命力之所在。

据不完全统计，汉文古籍超过 20 万种，地方志约占 5%，地方志同时具备的地域性、时代性、系统性、资料性和科学性，既包含丰富的内容信息，又适合与现代技术相结合，建立资源库、知识库和 GIS 系统，进而构建中国传统文化基础平台。以地方志为核心的中国传统文化基础平台将地方志目录、图像、文本、关联数据等不同粒度的数据与地理信息数据相结合，实现时间、空间、文献三个维度的智能检索、数据分析和图形化显示。同时，平台具有高度的容纳性与扩展性，可将各种类型的文献资源、各种格式的数字资源和各种功能的知识工具有机地整合在一起。中国国家图书馆古籍馆陈红彦馆长和肖禹等专家在地方志数字化工作实践中不断积累，研究古籍数字化中遇到的技术问题，进行理性总结。科技部科技支撑计划"中国地方志数字化关键技术研究与演示平台设计"正是基于地方志这样的特征，希望通过地方志数字化技术、数据抽取技术、可视化技术的统合应用，为古籍数字资源建设利用做出有益的尝试。

实现现代技术与传统文献的紧密结合，打造基础平台，支持数据分析与智能检索，必须以统一的标准规范为先导，因此项目中设计了实现平台相关功能必需的理论研究、加工规范制定等内容，最终以《古籍文本数据格式比较研究》《IDS 与集外字处理方法研究》《国家图书馆藏清康熙时期纂修方志书录》《方志文献特性与数据抽取研究》《地方志数字化加工规范汇编》《地方志数字化加工规范应用指南》六部书的形式呈现。

上海远东出版社

2017 年 2 月

目　　录

第一章　绪　　论

上世纪 70 年代，计算机开始进入中国。作为强大的信息处理工具，计算机在处理英语等拼音文字上已经取得了巨大的成功，为了使计算机能处理汉字，一大批专家学者投入到相关的研究中，研制了大量的输入法、字符集和相关的软硬件，取得了丰硕的成果，常用汉字的处理早已不再是问题。

一、汉字编码

汉字信息处理（Chinese character information processing），用计算机对汉字表示的信息进行的操作和加工，如汉字的输入、输出、识别等；汉字输入（Chinese character input），利用汉字的形、音或相关信息通过各种方式，把汉字输入到计算机中去的过程；汉字输出（Chinese character ouput），将计算机内以数据形式表示的汉字在显示终端、印字机等设备输出的过程[①]。在汉字处理系统中，如图 1-1 所示，字库处于核心地位，而字符集是构建字库的基础。

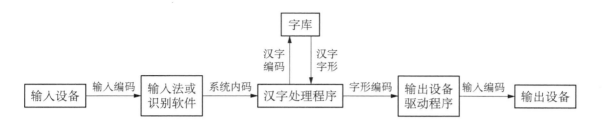

图 1-1　汉字处理系统示意图

---

① GB/T 12200.1-90，汉语信息处理词汇 01 部分：基本术语 [S]. 北京：中国标准出版社，1990：2.

汉字编码（Chinese character coding），按照一定的规则，对指定的汉字集内的元素编制相应的代码；汉字编码字符集（Chinese character coded character set），按一定的规则确定的包含汉字及有关基本图形字符的有序集合，并规定该集合中的字符与编码表示之间一一对应的关系；汉字编码方案（Chinese character coding schema），汉字集元素映射到其他字符集元素的一组完整规则[①]。字符集是汉字编码的主流解决方案，每一个编码对应一个汉字字形。每个字符集都有固定的汉字编码数量，如 GB2312-80 字符集，收录 6763 个简体字。若字库中只包含汉字编码和字形称为静态汉字字库，只能支持静态汉字字形显示；而包含笔画时序信息的，能够进行汉字书写模拟的中文字库称为动态汉字字库[②]。

除了字符集外，还有另一种汉字编码方案。动态组字是一种汉字在计算机等领域的编码理论及技术，是通过一定数量的字根部件（等同英文的字母，但仍为表意）动态生成汉字，并显示到计算机屏幕上，使用者可以根据需要自行组字[③]。基于动态组字的汉字信息处理系统称为无字库系统。

动态组字的研究始于 20 世纪 80 年代，略晚于字符集。1984 年，周何发表了《中文字根孳乳表稿》，重新分析现代汉字，得出了 869 个声母及 265 个形母；张时钊完成了字根组字方案，每个字根固定一种结构特性，基本不需额外的结构码；黄大一在美国完成达意中文符氏语言、达意文书处理系统，以 forth 描述文字的部件组合进行组字，是最早的组字系统之一。1985 年，张时钊完成并推广 PC-1500 的无字库系统。1991 年，谢清俊开始带领庄德明等人用构字式系统分析所有汉字，随后定期发表结果为汉字构形数据库。1998 年，CBETA（电子佛典计划）[④]项目成立，由于佛经缺字问题特别严重，叶健欣等人开始研究缺字问题的解决方案。1999 年，unicode3.0 发布，定义表意文字描述序列以及表意文字描述符[⑤]。2000 年，朱邦复工作室发表文昌 1610 中文 CPU，第一个内建汉字字形生成器的 CPU，装置于仓颉电书[⑥]。2003 年，易符科技发表"易符无限组字编辑器"包括硬件版和软件版；日本京都大学发布影系统（Kage System），可以在服务器上产生组字图片；美国文林科技发布 CDL（Character Description Language，组字描述语言）。2004 年，张时钊完成并公布微处理器的无字库（即动态组字）演示软件。2005 年，张时钊提出元笔画概念，且确实以该理论组出全部 ASCII 字符及大量图符；王志攀在 CBETA 项目中使用易符无限组字编辑器，处理了一万六千多计算机缺字，这是动态组字第一次大规模运用。2006 年，王志攀在刹那搜

---

① GB/T 12200.1-90，汉语信息处理词汇 01 部分：基本术语 [S]．北京：中国标准出版社，1990：4—5．

② 姐小娜．基于全局仿射变换的分级动态汉字字库 [D]．华南理工大学，2008：5．

③ 动态组字 [OL]．[2016-8-16]．http://zh.wikipedia.org/wiki/%E5%8B%95%E6%85%8B%E7%B5%84%E5%AD%97．

④ CBETA 简介 [OL]．[2016-8-16]．http://www.cbeta.org/intro/origin.htm．

⑤ 动态组字的发展历史 [OL]．[2016-8-16]．http://docs.google.com/View?docid=ajh8m4f3vdcc_16n6sh86．

⑥ 苍颉电书平台简介 [OL]．[2016-8-16]．http://mail.tku.edu.tw/yjlin/cbf_web/ebook_intro.htm# 蒼頡電書平台簡介．

寻工坊（原易符科技），以动态组字重编《康熙字典》电子版。2007 年，张正一发布开源的动态组字程序，使动态组字程序可以移植普及到各开源平台；刹那搜寻工坊在（台湾地区）"中央研究院"举行可携式造字引擎专利发布会①。

经历了几十年的不懈努力，伴随着计算机软硬件和中文信息处理技术的发展，动态组字从理论研究阶段，正逐步走入实用化阶段。纵观动态组字的发展过程，参与研究的人员和机构都很有限，形成的学术成果也不多，学界和社会关注的程度都不高，这种情况直到 2000 年以后才有所改善，其原因有三：其一，现行的汉字编码系统研究起步较早，很快就形成了较为完备的解决方案，动态组字在常用汉字的计算机处理上优势不明显；其二，现行的汉字编码系统投入应用较早，形成了较为完备的软件体系，完全能够解决常用汉字的计算机应用问题，而动态组字在常用汉字的计算机处理上实用性不强，很难推广和普及；其三，1999 年发布的 Unicode3.0 中包含了表意文字描述符，使动态组字的标准化成为可能，而近三十年古籍数字化的发展对现行的汉字编码系统提出了更高的要求，集外字处理问题日益突出，需要引入新的理论和方法②。

二、字符集与集外字

20 世纪 80 年代以来，使用汉字或曾经使用汉字的国家和地区相继推出含有汉字的字符集，如表 1-1 所示，这些字符集在一定程度上解决了汉字文化圈国家和地区的汉字计算机处理问题。但是这些早期的字符集收字较少，只适于常用字的处理，而且这些字符集采用不同的编码方案，造成了不同国家和地区间的数据交换、信息处理和显示的问题，而 Unicode 字符集的出现很好地解决了这一问题。

表 1-1　各国各地区字符集收字情况表③

国家地区	字符集	收字数	备注
中国	GB2312-80	6763 个简体字	基本集，包含 7445 个字符
中国	GB12345-90		第一辅助集，与基本集对应的繁体字
中国	GB7589-87	7237 个简体字	第二辅助集
中国	GB/T13131-91		第三辅助集，与第二辅助集对应的繁体字
中国	GB7590-87	7039 个简体字	第四辅助集
中国	GB/T13132-91		第五辅助集，与第四辅助集对应的繁体字

① 动态组字 [OL]．[2016-8-16]．http://zh.wikipedia.org/wiki/%E5%8B%95%E6%85%8B%E7%B5%84%E5%AD%97．
② 肖禹，王昭．动态组字的发展及其在古籍数字化中的应用 [J]．科技情报开发与经济，2013(5)：118—121．
③ 王荟，肖禹．汉语文古籍全文文本化研究 [M]．北京：国家图书馆出版社，2012：26—27．

续表

国家地区	字符集	收字数	备注
中国	GB13000.1-93	20902 个字	GB13000.1-93 等同采用 ISO/IEC 10646.1:1993
中国	GBK	21003 个字	包含 882 个符号
中国	GB18030-2000	27533 个字	GB18030-2000 兼容 Unicode3.0
中国	GB18030-2005	70244 个字	GB18030-2005 兼容 Unicode4.1
台湾地区	CCCII-1	4808 个字	常用字集
台湾地区	CCCII-2	17032 个字	备用字集，收 6025 个次常用字、5364 个罕用字、2112 个异体字以及 3531 个其他资讯用字
台湾地区	CCCII-3	20583 个字	罕用字集，收 12924 个罕用字、314 个次常用字及 7345 个其他资讯用字
台湾地区	CCCII（异体字集）	11517 个字	异体字集，收异体字 11517 个
台湾地区	Big5	13053 个字	包含 441 个符号
台湾地区	CNS11643-1986	13051 个字	去掉了 Big5 中的 2 个重复字
台湾地区	CNS11643-1992	48027 个字	
台湾地区	CNS11643-2004	54858 个字	包括第 1 至第 7 字面和第 15 字面，共 54858 个字
香港特区	HKSCS-2004	4500 个字	HKSCS 是香港基于 Big5 之上扩展的字符集，包含 441 个符号
日本	JISX0208-1983	6353 个日本汉字	包含 6877 个字符
日本	JISX0212-1990	5801 个日本汉字	JISX0208 的扩展集，包含 6067 个字符
日本	JISX0213-2004	11233 个字符	JISX0208 的扩展集
韩国	KSC5601-1987	4888 个韩国汉字	包含 8244 个字符
韩国	KSC5657-1991	2856 个韩国汉字	KSC5601 的扩展集

　　Unicode 是一个经过字符宽度整合的编码方式，它是为文字及符号所建立的国际性编码，它几乎覆盖了世界上任何一种语言的字符[①]。Unicode 是一种统一的编码标准，为每个字符编码定义了唯一的编码值，能支持上百万个字符编码。Unicode 提供了一个标准化的方法，使得在同一系统平台上可以使用多种语言的编码。在 Unicode 中定义了中日韩统一表意文字（CJK Unified Ideographs）集，收录简体汉字、繁体汉字、方块

---

① 苗军. Unicode/XML 在电子出版物中的实现 [D]. 河北工业大学，2002：3.

壮字、日本国字、韩国独有汉字、越南喃字等。目前，Unicode 的最新版本是 9.0.0[①]，日韩统一表意文字集收字 80376 个。

相对于字符集有了集外字的概念，集外字是字符集所不包含的文字，若不采用其他的技术和方法，集外字无法输入、处理和显示。集外字的数量与字符集的收字数量直接相关，若数字化对象的用字总量和文字处理规则固定，字符集收录的文字越多，集外字的数量越少。以国家图书馆数字方志项目[②]第一期（全文化明至民国间的方志 744 种，14682 卷，506485 筒子页，采用键盘手工录入方式进行全文化，使用"中易汉神 e"汉字系统，支持 CJK 基本区、扩 A 区和扩 B 区的 70195 个字符）为例，使用 CJK 基本区 16801 个字（203781248 次），CJK 扩 A 区的 2959 个字（274847 次），CJK 扩 B 区 9117 个字（732675 次）。若使用 GBK 字符集（收录 21003 个字），集外字将多出 12136 个（1007522 次），若使用 GB18030-2000 字符集（收录 27533 个字），集外字将多出 9117 个字（732675 次）。

三、古籍数字化中的集外字处理问题

经过近 30 年的发展，古籍数字化的研究与实践取得了丰硕的成果，产生了一大批有影响的古籍数字化项目。这些古籍数字化项目已经可以实现检索和浏览的功能，但是在文字处理方面还有所欠缺，尤其是在集外字处理方面。

姚俊元在《计算机辅助古籍整理研究的现状与思考》[③]中指出，现有的计算机软硬件状况不能完全适合古籍整理研究的需要，字库字数不够，输入法不适合大字库，64×64 的点阵字形不能满足古籍用字的精度；要确立一个完全适合各种整理研究工作的通用字库是不现实也是不可能的，应考虑设立多套字库；选用一套基本字库，这个字库大约包含 2 至 3 万个古籍常用汉字，对字形适当进行规范处理，常用的异体字尽可能收录，罕见的异体不予考虑；根据研究工作的对象来确定专用字库，可以依据朝代设计，如唐代大汉字库、清代大汉字库，也可以依据字体设计，如甲骨文字库、篆文字库等；基本字库确立以后，中文平台的设计还要具备扩充汉字功能，因为字库再全，总难免缺少部分冷僻字（特别是地名、人名）。

陈洪澜在《中国古籍电子化发展趋势及其问题》[④]中指出，古籍用字繁难，电脑字库需要扩展；GB2312 字符集（6763 个汉字），只适应于一般的文字处理工作，要对古

---

① Unicode® 9.0.0 [OL]．[2016-8-16]．http://www.unicode.org/versions/Unicode9.0.0/.
② 国家图书馆数字方志项目始于 2002 年，先从馆藏旧方志（1949 年以前编撰或出版）中选出 6800 余种进行彩色扫描，采集图像 330 余万筒子页，编制卷目索引数据 50 余万条，之后分批进行全文化，截至 2015 年底，已完成 3100 余种 200 余万筒子页。
③ 姚俊元．计算机辅助古籍整理研究的现状与思考 [J]．图书情报论坛，1995(3)：68—71.
④ 陈洪澜．中国古籍电子化发展趋势及其问题 [J]．中国典籍与文化，1998（4）：121—126.

代文献中的汉字进行处理就远远不够了；只有尽快颁行能够适用于处理中国古籍又符合国家标准的大型字库，使古籍的处理工作有标准化、规范化要求，才能创造良好的古籍电子化利用环境。

宫爱东在《新世纪图书馆古籍数字化的几个问题》[①]中指出，汉字库的问题是实现古籍数字化最核心的问题，也是目前古籍要采用字符方式实现数字化的最大技术困难；据统计，古籍内通用字约 4 万个，常用异体字约两万个，生僻少见或自创的怪字，最多约两万个；因此，字库内有 6 万汉字应能满足基本需要，有 8 万字，一般说应该满足需要了，最多到 10 万字就能完全满足需要。

陈立新在《古籍数字化的进展与问题》[②]中指出，对古籍进行数据处理，首先遇到的就是汉字库及中文平台的问题；据查，《康熙字典》收字 49030 个，《汉语大字典》收字约为 56000 个，其中的异体字、避讳字、冷僻字给文字处理带来了很大的难度，而且现有的一些较为标准的中文汉字平台都缺乏完备的甲骨、金文、篆、隶等字库，也没有少数民族的文字字符；因此，应尽快开发新的汉字大字符集，建立支持古籍数据化的汉字平台，建立汉字属性字典，建立词料库等。

陈力在《中文古籍数字化的再思考》[③]中指出，汉字处理是古籍数字化工作最早遇到的问题，以前学术界关注的焦点是用繁体字客观再现古籍内容；目前业界大多采用 Unicode 作为文字处理的标准，Unicode 已经定义了 7 万多汉字，不久将再扩充 2 万汉字；因此，古籍文本的简单转换已不是什么太大的问题了；目前最大的问题是如何处理古籍在传抄、刊刻过程中所产生的一些问题，如异形字、避讳字、通假字等等；当然，目前业界普遍采用的 Unicode 本身也存在许多问题。

尉迟治平在《电子古籍的异体字处理研究——以电子〈广韵〉为例》[④]中指出，纸本古籍由书家抄写，刻工雕版，不仅是异体，凡认为是字的，不管实际上有没有这个字，也不论写得对还是错，都可写成印出，甚至率意更作，增加新的异体；而电子古籍只能显示电脑字库中有的汉字，字库收纳的字种由字符集（国际或国家标准）规定，字形由字库生产厂家制作；这样就形成了两种异体字系统，我们将前者称作"刻写异体"，后者称作"数码异体"；在历史上刻写异体是一个开放系统，而且迄今仍没有进行过穷尽性的调查和完全的认定，即使是像《广韵》这样的常用典籍，我们对书中异体字的情况也缺乏清晰的认识；现时的数码异体是一个封闭的系统，虽然中日韩统一汉字（CJK）已达 70195 个字符，但是即使将来再加扩展，也只可能是刻写异体的一个子集。

① 宫爱东. 新世纪图书馆古籍数字化的几个问题 [J]. 图书馆学刊，2000（1）：18—20.
② 陈立新. 古籍数字化的进展与问题 [J]. 上海高校图书情报工作研究，2003（2）：36—38.
③ 陈力. 中文古籍数字化的再思考 [J]. 国家图书馆学刊，2006（2）：42—49.
④ 尉迟治平. 电子古籍的异体字处理研究——以电子《广韵》为例 [J]. 语言研究，2007（3）：118—122.

秦长江在《中国古籍数字化建设若干问题的思考》①中指出，字符集曾经是长期困扰中国古籍数字化工作的首要问题，采用什么样的字符集事关古籍文字能否在电脑上正确地表达和显示；解决这一问题需要考虑两个因素，一是字符集所包含汉字的数量是否能满足古籍的需要，二是字符集的编码体系能否满足资源共享的需要；经过探索和实践，目前国内学术界在字符集的采用上已有主流看法，采用国际标准 ISO/IEC10646 作为字符集。

童琴在《〈洪武正韵〉数字化过程中异体字的处理》②中指出，在古籍电子文本的制作中，异体字的处理一直是学术界的难题；在《洪武正韵》文本数字化过程中，将异体字归纳为两类，一类为印刷异体字，包括普通异体字、俗体、讳字等，另一类为数码异体字，包括刻写异体、新旧字形、残字等；《洪武正韵》存在的大量印刷异体字，规范程度很低，如果追求对这类字形的存真，汉字字库恐怕永远难以满足需要，也根本无法实现真正意义上的信息化处理；而大部分传统古籍数字化处理（包括《洪武正韵》在内），其主要目的是辅助研究者或学者来进行汉语史的相关研究，不是面向普通读者，所以，我们结合文字学、版本学和校勘学的基础，对这类不规范的印刷异体字进行规范整理；针对《洪武正韵》数字化过程中存在异体字的现状，我们采用存真与整理相结合的原则；数码异体字不视作不同的字种（记录同一语素的字形的集合），字种不归并能方便处理、共享后期制作的数据库。

黄仁瑄、刘兴在《基于慧琳〈一切经音义〉的异体字数字化研究》③中指出，异体字数字化的目的是适应古籍数字化研究的需要，基于此，慧琳音义异体字数字化问题归根到底是慧琳音义异体字字库的建设问题；为保证异体字字库的通用和经济，需要在一组异体字中选定一个正字，并以其 Unicode 码串联这一组异体字；慧琳音义异体字字库由基础字库和异体字字库组成，根据异体字的字频，开发出多个相互链接的字库以组成异体字字库，即当一个正字有多个异体字时，它们将根据字频顺次位于不同的字库中，各异体字字库间通过正字的码位相链接。

高晶晶在《中医古籍数字化生僻字的处理》④中指出，由于任何字符集与字库的收字范围都有一定的限度和时间性，故对于超出现有 Unicode 字符集的字符，需要有缺字处理方案，能够既满足现阶段实际应用，又可以随着字符集的扩充而自动替换；使用私用区造字法、图片替代法、自然语言描述法和动态组字法都有各自的不足，需要进一步完善。

上述研究成果可大致分为三类：一类是从整体上探讨古籍数字化中的字符集和集

① 秦长江. 中国古籍数字化建设若干问题的思考［J］. 兰台世界，2008（4）：12—13.
② 童琴.《洪武正韵》数字化过程中异体字的处理［J］. 湖北第二师范学院学报，2010（6）：30—32.
③ 黄仁瑄，刘兴. 基于慧琳《一切经音义》的异体字数字化研究［J］. 语言研究，2013（4）：137—143.
④ 高晶晶. 中医古籍数字化生僻字的处理［J］. 中国中医药图书情报杂志，2014（3）：28—30.

外字问题，多聚焦于字库或汉字平台；其二，从学术研究的角度出发，结合具体项目讨论集外字处理的原则和实现方法；其三，基于中文信息处理领域的已有成果，讨论集外字处理方法。

本书从汉字属性入手，深入分析 Unicode 的编码机制、中日韩统一表意文字集和 IDS（表意字符描述序列），重点讨论 IDS 在汉字字形描述、汉字输入和汉字显示中的应用，最后讨论基于 IDS 的集外字处理方法。

本书共分八章：第一章《绪论》，讨论字符集与集外字；第二章《汉字特性》，讨论汉字的基本属性、历史性、地域性和规范性；第三章《Unicode》，讨论 Unicode 的编码体系和中日韩统一表意文字集；第四章《IDS》，讨论 IDS 语法、构建过程和相关资源；第五章《IDS 与汉字字形描述》，讨论汉字字形描述的主要方法和 IDS 的应用方式；第六章《IDS 与汉字输入》，讨论汉字输入的主要方法和 IDS 的应用方式；第七章《IDS 与汉字显示》，讨论汉字显示的主要方法和 IDS 的应用方式；第八章《IDS 与集外字处理》，讨论 IDS 在集外字处理中的应用方式。

第二章 汉 字 特 性

在《汉语信息处理词汇 01 部分：基本术语》①中，汉字定义为"记录汉语的书写符号系统。汉字也被其他一些国家或民族用作书写符号"，汉语定义为"汉族的语言。中国境内主要的通用语言，也是国际通用语言之一。属汉藏语系"。

第一节　基 本 属 性

汉字性质问题是汉语文字学基本理论研究的核心，我国学者对该问题的关注始于19 世纪末，百余年来也出现了几次汉字性质研究的高潮，然而时至今日，学术界对汉字的性质仍无定论。李运富、张素凤在《汉字性质综论》②中对汉字性质的各家之说按不同角度进行了梳理：从汉字的表达功能角度定性有表意（义）文字说、表音文字说；从汉字的记录单位角度定性有表词文字说、表词·音节文字说、语素（或词素）文字说、音节文字说、语素音节文字说或音节语素文字说；从汉字的结构理据角度定性有象形文字说、注音文字说、表意文字说、意音文字（音义文字）说、二阶段说（意符音符文字—意符音符记号文字）、三阶段说（图画文字—表音文字—形音文字）；从汉字的区别同音词角度定性有表意文字说；从多角度为汉字定性有二角度说、三角度说。詹鄞鑫在《20 世纪汉字性质问题研究评述》③指出，回顾 20 世纪中国文字学的发展过程，可以看到有关汉字性质的问题一直是人们关注的基本问题之一，诸家对汉字性质的定性主要有两个出发点：一个是表意文字还是表音文字的问题，有表音文字说、表意文字说、意音文字说等；另一个是文字与语言结构中的哪个单位相联系的问题，有表词文字说、语素（或词素）文字说、语素—音节文字说。

---

① GB/T 12200.1–90, 汉语信息处理词汇 01 部分：基本术语 [S]. 北京：中国标准出版社，1990.
② 李运富，张素凤 . 汉字性质综论 [J]. 北京师范大学学报（社会科学版），2006(1)：68—76.
③ 詹鄞鑫 .20 世纪汉字性质问题研究评述 [J]. 华东师范大学学报（哲学社会科学版），2004(3)：41—47.

虽然汉字性质问题尚无定论，但是从各家学说中可以大致归纳出汉字的一些基本属性。

一、方块型符号

方块字指汉字，因为每个汉字一般占一个方形面积，故称①。汉字作为一种完善的符号系统，每个汉字符号占据一个固定大小的二维空间，与笔画数量无关。例如，"乙"只有1画；"䨻䨻"（音 zhé）和"䨻䨻"（音 zhèng）同为64画，是《汉语大字典》（第二版）②中笔画最多的汉字。"乙"和"䨻䨻"笔画数量相差悬殊，但是两个汉字符号所占用的二维空间完全相同，如图2-1所示。

图 2-1　汉字字形示例图

不同于方块字，拼音文字是一维的线性符号序列，单词之间以空格或其他符号分隔。化学领域中最长的英文单词是肌联蛋白的全称，由189819个字母组成；1992年出版的吉尼斯世界纪录大全中认定最长的英文词字是 floccinaucinihilipilification，由29个字母组成的，意为"（对荣华富贵等的）轻蔑"，是《牛津字典（第一版）》中收录的最长的非科技类专有名词③。

二、信息熵

信息熵（information entropy）是描述信息源各可能事件发生的不确定性的量度。汉语或其子集可视为离散信号源，信息熵可以作为汉字属性的一种定量描述。

设汉语字符集 V 的大小为 L，即汉字有 L 个，汉语语句的长度为 N，语句由汉字组成，若汉字等概率出现，且不考虑上下文相关性，H_0 的单位为比特（bit），可用下列公式计算：

---

① 阮智富，郭忠新. 现代汉语大词典 [M]. 上海：上海辞书出版社，2009：2450.

② 汉语大字典编辑委员会. 汉语大字典（九卷本）[M]. 成都：四川辞书出版社，2010.

③ 最长的英文单词 [OL]. [2016-8-16]. http://zh.wikipedia.org/wiki/%E6%9C%80%E9%95%BF%E7%9A%84%E8%8B%B1%E6%96%87%E5%8D%95%E8%AF%8D.

$$H_0 = \log_2 L$$

汉语作为一种自然语言，语句中汉字出现的概率不同，设每个汉字出现的概率为 P_i（i=1，2，…，L），仍不考虑上下文相关性，信息熵 H_1 可用下列公式计算：

$$H_1 = -\sum_{i=1}^{L} P_i \log_2 P_i$$

在计算信息熵时，拼音文字使用的语言符号包含字母和空格。法语、西班牙语、英语、俄语、德语的 H_0 和 H_1 如表 2-1 所示。

表 2-1　表音文字信息熵示例表

语种	字母数量	说明	H_0	H_1
法语	26		4.75	3.98
西班牙语	27	1994 年西班牙皇家学院决定"CH"和"LL"不再作为单独的字母出现在字母表中。	4.81	4.01
英语	26		4.75	4.03
俄语	33		5.01	4.35
德语	30		4.95	4.10

由于汉字是方块符号，假设汉字有 10 万个，H_0 为 16.61，H_1 的计算更为复杂：冯志伟用逐渐扩大汉字容量的方法计算出，当汉语书面语文句中的汉字容量扩大到 12370 个汉字时，包含在一个汉字中的熵为 9.65 比特，并从理论上说明如果再进一步扩大汉字容量，这个熵值不会再增加[1]；王德进等依据现代汉语词频统计工程[2]的字（词）频数据计算 H_1 的结果如表 2-2 所示；李公宜、李海飙依据汉字频度表（6376 字）的频度统计资料计算 H_1 的结果 9.66 比特[3]。

[1] 冯志伟. 汉字的熵［J］. 文字改革，1984(4)：12—17.
[2] 现代汉语词频统计工程是 1982 年以北京航空学院为首的有 10 个单位参加的现代汉语字频、词频统计工程，该工程选材于 1919 年至 1982 年的正式出版物，从年代上分为四个时期，每个时期都分为社会科学和自然科学两大类，每一类又分为五个子类，内容涉及政治、经济、历史、文学、哲学、艺术、新闻以及轻工业、重工业、农林牧副渔、建筑、运输、数理基础知识等方面，共选材约 3 亿字，采用随机和有规律（等距、分层等）抽样，样本总字数约 2500 万字，利用 HP-3000 计算机完成自动分词、编码区分多音字等。1985 年，北京航空学院和中国文字改革委员会公布《现代汉语用字频度表》，包含 7754 个汉字。
[3] 李公宜，李海飙. 汉字最高阶条件熵及其实验测定［J］. 上海交通大学学报，1994(2)：113—120.

表 2-2　汉语信息熵 H₁ 表 [1]

汉语	全部	先秦至清	1919—1949	1950—1965	1966—1976	1966—1976
字	9.7062	10.2454	9.5856	9.6035	9.6372	9.7219
词	11.4559		11.07	11.22	11.14	11.48

　　上述 H_1 的计算结果不同，基于字频统计数据计算 H_1 是实证方法，计算公式唯一确定，若 H_1 的计算结果超出误差范围，一定与字频统计数据有关。使用北京大学中国语言学研究中心（以下简称北大 CCL）汉语语料库 [2] 的字频统计数据，H_1 的计算结果如表 2-3 所示。使用文渊阁《四库全书》电子版的字频统计 [3] 数据（字数为 29083，总字次为 698076596），H_1 的计算结果为比特 10.305 比特。可见，H_1 与 L 相关，但又不是简单的线性相关。

表 2-3　基于北大 CCL 汉语语料库字频统计数据计算 H₁ 结果表

	字数（L）	总字次（N）	H₁
现代汉语	10645	509913589	9.724
古代汉语	18898	163662943	10.341
汉语	19081	673576532	10.036

　　为了进一步分析 H_1 与字频统计数据的相关性，将字频统计数据划分为高频字区（累积覆盖率 [4] 0 到 90%）、中频字区（累积覆盖率 90% 到 99%）和低频字区（99% 到 100%），各区 H_1 与字频统计数据的相关性如表 2-4 所示。在高频字区中，字序（在字频表中的顺序号，按字次的降序排序）小的字字次大、熵值高，按照字序小于等于 20 划定一个区，该区 H_1 与字频统计数据的相关性如表 2-5 所示。同时，在低频字区中，字次较小的字字数较多、熵值较低，按照字次小于 10 划定一个区，该区 H_1 与字频统计数据的相关性如表 2-6 所示。

① 王德进，张社英，刘源. 汉语言的几个统计规律 [J]. 中文信息学报，1987(4)：33—39.
② 北大 CCL 汉语语料库 [OL]. [2016-8-16]. http://ccl.pku.edu.cn:8080/ccl_corpus/.
③ 古籍字频在线查询工具 [OL]. [2016-8-16]. http://hanzi.unihan.com.cn/Tools/Frequency/.
④ 累积覆盖率指字次（N_i）大于等于某字字次（N_m）的所有字的字次之和（$\sum_{i=1}^{m} N_i$）与语料总字次（N）的比值，用百分数表示。

表 2-4　H₁ 与字频统计数据的相关性分析表 1

语料		北大 CCL			文渊阁《四库全书》电子版
		现代汉语	古代汉语	汉语	
高频字区	字数	992	1665	1250	1719
	字次	458982119	147300972	606262774	628309896
	H₁	8.309	8.824	8.564	8.765
中频字区	字数	1591	3278	2413	3793
	字次	45834770	14725842	60582150	62789480
	H₁	1.240	1.330	1.287	1.346
低频字区	字数	8062	13955	15418	23571
	字次	5096700	1636129	6731608	6977220
	H₁	0.176	0.187	0.185	0.193

表 2-5　H₁ 与字频统计数据的相关性分析表 2

字序	北大 CCL 现代汉语语料				北大 CCL 古代汉语语料			
	字	字次	累积覆盖率（%）	H₁	字	字次	累积覆盖率（%）	H₁
1	的	18282993	3.59%	0.172	之	2463555	1.51%	0.091
2	一	6265609	4.81%	0.078	不	2293430	2.91%	0.086
3	国	5044201	5.80%	0.066	一	1669419	3.93%	0.067
4	是	4869004	6.76%	0.064	人	1431545	4.80%	0.060
5	在	4830183	7.71%	0.064	以	1386796	5.65%	0.058
6	了	4625743	8.61%	0.062	有	1343040	6.47%	0.057
7	人	4475560	9.49%	0.060	是	1187105	7.19%	0.052
8	不	4000559	10.28%	0.055	也	1104350	7.87%	0.049
9	中	3927936	11.05%	0.054	为	1036993	8.50%	0.046
10	有	3916468	11.81%	0.054	大	955920	9.09%	0.043
11	和	3282533	12.46%	0.047	者	950472	9.67%	0.043
12	大	3103938	13.07%	0.045	其	906228	10.22%	0.042
13	这	2889268	13.63%	0.042	子	886827	10.76%	0.041
14	他	2756985	14.17%	0.041	而	860359	11.29%	0.040
15	为	2680052	14.70%	0.040	三	765800	11.76%	0.036

字序	北大 CCL 现代汉语语料				北大 CCL 古代汉语语料			
	字	字次	累积覆盖率（%）	H_1	字	字次	累积覆盖率（%）	H_1
16	我	2632633	15.22%	0.039	曰	758656	12.22%	0.036
17	年	2617489	15.73%	0.039	如	754625	12.68%	0.036
18	上	2617167	16.24%	0.039	二	753558	13.14%	0.036
19	会	2597281	16.75%	0.039	中	752988	13.60%	0.036
20	个	2587390	17.26%	0.039	十	743186	14.06%	0.035

字序	北大 CCL 汉语语料				文渊阁《四库全书》电子版			
	字	字次	累积覆盖率（%）	H_1	字	字次	累积覆盖率（%）	H_1
1	的	18793098	2.79%	0.144	之	17631875	2.53%	0.134
2	一	7935028	3.97%	0.075	不	8572233	3.75%	0.078
3	不	6293989	4.90%	0.063	以	8443635	4.96%	0.077
4	是	6056109	5.80%	0.061	也	6931240	5.96%	0.066
5	人	5907105	6.68%	0.060	而	6836545	6.94%	0.065
6	在	5362657	7.47%	0.056	为	6301915	7.84%	0.061
7	国	5335149	8.27%	0.055	其	6089681	8.71%	0.060
8	有	5259508	9.05%	0.055	人	5985008	9.57%	0.059
9	了	5218729	9.82%	0.054	有	5488457	10.35%	0.055
10	中	4680924	10.52%	0.050	者	4954439	11.06%	0.051
11	大	4059858	11.12%	0.044	一	4738596	11.74%	0.049
12	为	3717045	11.67%	0.041	曰	4576514	12.40%	0.048
13	之	3553165	12.20%	0.040	子	4057770	12.98%	0.043
14	以	3465108	12.71%	0.039	於	3834886	13.53%	0.041
15	和	3448455	13.23%	0.039	十	3715914	14.06%	0.040
16	上	3309960	13.72%	0.038	大	3200199	14.52%	0.036
17	我	3169300	14.19%	0.036	丨	3154385	14.97%	0.035
18	这	3159223	14.66%	0.036	所	3148334	15.42%	0.035
19	年	3148211	15.12%	0.036	二	3089090	15.87%	0.035
20	他	3117492	15.59%	0.036	三	2991661	16.29%	0.034

表 2-6 H_1 与字频统计数据的相关性分析表 3

| 字次 | 北大 CCL 语料 | | | | | | 文渊阁《四库全书》电子版 | |
| | 现代汉语 | | 古代汉语 | | 汉语 | | | |
	字数	H_1	字数	H_1	字数	H_1	字数	H_1
9	109	0.000050	230	0.000305	240	0.000084	392	0.000132
8	130	0.000053	299	0.000355	295	0.000092	425	0.000128
7	128	0.000046	360	0.000377	345	0.000095	393	0.000105
6	165	0.000051	457	0.000414	466	0.000111	441	0.000102
5	186	0.000049	521	0.000397	533	0.000107	464	0.000090
4	272	0.000057	688	0.000425	681	0.000111	518	0.000081
3	354	0.000057	974	0.000459	974	0.000120	474	0.000057
2	567	0.000062	1608	0.000516	1536	0.000129	552	0.000045
1	1247	0.000071	1014	0.000169	964	0.000042	705	0.000030

通过分析上述数据可知：高频字区中，字数少、字次多、熵值高；中频字区中，字数较少、字次不高、熵值不高；低频字区中，字数多、字次少、熵值低。以北大 CCL 汉语语料为例，总字数 19081，总字次 673576532，H_1 值 10.036；高频字区字数 1250，H_1 值 8.564，占全部 H_1 值的 85.33%；中频字区字数 2413，H_1 值 1.287，占全部 H_1 值的 12.82%；低频字区字数 15418，H_1 值 0.185，占全部 H_1 值的 1.85%；按照字序小于等于 20 区，H_1 值 1.058，占全部 H_1 值的 10.54%，占高频字区 H_1 值的 12.35%；字次小于 10 区字数 6034，H_1 值 0.000891，占全部 H_1 值的 0.0089%，占低频字区 H_1 值的 0.48%。

为了描述 H_1 与字频统计数据的相关性，先将字频统计数据按照累积覆盖率划分为 6 个字区，再分别统计每个字区的字数，计算 H_1 值和 H_1 均值（每个字区的 H_1 值除以字数），以北大 CCL 现代汉语语料 H_1 值为基准，计算 H_1 值增量（某种语料每个字区的 H_1 值减去北大 CCL 现代汉语语料在该字区的 H_1 值），如表 2-7 所示。

表 2-7 H_1 与字频统计数据的相关性分析表 4

字区		1	CCL 现代汉语	CCL 汉语	四库全书	CCL 古代汉语
高频字区	0—50%	字数	172	199	212	222
		H_1 均值	0.02337548	0.02076999	0.01956928	0.01904663
		H_1 值	4.02058256	4.13322801	4.14868736	4.22835186
		H_1 值增量		0.11264545	0.12810480	0.20776930

字区		2	CCL 现代汉语	CCL 汉语	CCL 古代汉语	四库全书
高频字区	50%—90%	字数	820	1051	1443	1507
		H_1 均值	0.00523007	0.00421602	0.00318492	0.00306343
		H_1 值	4.28865740	4.43103702	4.59583956	4.61658901
		H_1 值增量		0.14237962	0.30718216	0.32793161
中频字区	90%—99%	3	CCL 现代汉语	CCL 汉语	CCL 古代汉语	CCL 四库全书
		字数	1591	2413	3278	3793
		H_1 均值	0.00077835	0.00053335	0.00040568	0.00035482
		H_1 值	1.23835485	1.28697355	1.32981904	1.34583226
		H_1 值增量		0.04861870	0.09146419	0.10747741
低频字区	99%—99.9%	4	CCL 现代汉语	CCL 汉语	CCL 古代汉语	四库全书
		字数	1732	3109	3615	6287
		H_1 均值	0.00008977	0.00005239	0.00004559	0.00002705
		H_1 值	0.15548164	0.16288051	0.16480785	0.17006335
		H_1 值增量		0.00739887	0.00932621	0.01458171
	99.9%—99.99%	5	CCL 现代汉语	CCL 汉语	CCL 古代汉语	四库全书
		字数	1687	3738	4919	9527
		H_1 均值	0.00001095	0.00000520	0.00000402	0.00000218
		H_1 值	0.01847265	0.01943760	0.01977438	0.02076886
		H_1 值增量		0.00096495	0.00130173	0.00229621
	99.99%—100%	6	CCL 现代汉语	CCL 古代汉语	四库全书	CCL 汉语
		字数	4643	5421	7757	8571
		H_1 均值	0.00000053	0.00000047	0.00000033	0.00000030
		H_1 值	0.00246079	0.00254787	0.00255981	0.00257130
		H_1 值增量		0.00008708	0.00009902	0.00011051

通过分析上述数据可知：在每个字区内，随着字数的增加，H_1 均值呈下降趋势，而 H_1 值呈上升趋势；字数和 H_1 均值同时影响 H_1 值，由于两者变化方向相反，每个字区内 H_1 都存在极限值；高频字区和中频字区对 H_1 值的影响是决定性的；虽然低频字区对

H_1 值影响较小，但是不可忽略；每个字区的字数都不能无限增长，若总字数 L 为定值，各字区字数的和等于总字数，各字区的字数不能同时到达极限值，H_1 也不能同时到达极限值；H_1 的极限值小于各字区极限值之和。

作为一种自然语言，汉语语句中汉字出现的概率不同，且上下文相互关联，可视为一个 m−1 阶马尔可夫链（Markov Chain）。若汉语语句的依赖关系长度为 m，在已知前 m−1 个字的条件下，第 m 个字的不确定性称为 m 阶条件熵，即汉语语句中前 m−1 个字出现后，第 m 个字出现所携带的平均信息量。H_m 可用下列公式表示：

$$H_m = -\sum_{w_i \in V} P(w_1 w_2 \cdots w_m) \log_2 P(w_m \mid w_1 w_2 \cdots w_{m-1})$$

其中 $P(w_1 w_2 \cdots w_m)$ 是 $w_1 w_2 \cdots w_m$ 在汉语语句中出现的概率，$P(w_m \mid w_1 w_2 \cdots w_{m-1})$ 是 $w_1 w_2 \cdots w_{m-1}$ 出现条件下 w_m 出现的概率。H_1 可视为零阶条件熵，即汉语语句中第 1 个字出现所携带的信息量。H_0 可视为最大熵。条件熵随着阶数 m 的增加而呈非负单调递减，且有下界，即：

$$H_0 \geqslant H_1 \geqslant \cdots \geqslant H_{m-1} \geqslant H_m \geqslant \cdots \geqslant H_\infty > 0$$

其中 H_∞ 称为最大条件熵或极限熵，即汉语中一个字的真实信息量，与汉语语句长度 N 和上下文无关。H_∞ 可用下列公式表示：

$$H_\infty = -\lim_{m \to \infty} \frac{1}{m} \log_2 P(w_1 w_2 \cdots w_m)$$

冯志伟基于英汉双语语料库估计一个汉字大约相当于 3.25 个英语字母，通过英语字母的极限熵推定汉字的极限熵介于 3.0212 比特与 5.0713 比特之间，其平均值为 4.0462 比特[①]；李公宜、李海飙认为零阶熵与低阶熵是可以通过统计方式来确定的，高阶熵与句熵则难于用单纯的统计来确定[②]；吴军、王作英使用 n-gram 语言模型，基于字典（包含汉字 6724 个和常用符号 22 个）、词典（包含 55919 个词条）、语料（2100 余万字，包含新华社电稿和综合语料，75% 用于训练，25% 用于测试）计算出熵和复杂度，如表 2-8 所示[③]；张仰森等使用 n-gram 语言模型，基于人民日报 1995 年 2500 万语料计算出熵和复杂度，如表 2-9 所示[④]。

① 冯志伟. 汉字的极限熵 [J]. 中文信息，1996(2)：53—56.
② 李公宜，李海飙. 汉字最高阶条件熵及其实验测定 [J]. 上海交通大学学报，1994(2)：113—120.
③ 吴军，王作英. 汉字信息熵和语言模型的复杂度 [J]. 电子学报，1996(10)：69—71.
④ 张仰森，曹大元，俞士汶. 语言模型复杂度度量与汉语熵的估算 [J]. 小型微型计算机系统，2006(10)：32—34.

表 2-8   基于 n-gram 语言模型计算汉字熵和复杂度表 1[①]

模型	C–M$_1$	C–M$_2$	C–M$_3$	W–M$_1$	W–M$_2$	W–M$_3$
熵	9.64	7.21	5.61	7.03	5.46	5.17
复杂度	798	147	49	131	44	36

表 2-9   基于 n-gram 语言模型计算汉字熵和复杂度表 2

模型	C–M$_1$	C–M$_2$	C–M$_3$	W–M$_1$	W–M$_2$
熵	9.518	7.143	5.671	7.012	5.441
复杂度	733.2	141.3	50.9	129.1	43.44

综上所述，H_0 表示汉字的编码特性；H_1 表示汉字的字频统计特性；H_2、H_3 … H_m 表示汉字在汉语语境下的特性；H_∞ 表示汉字自身的信息量，与语境无关。H_0 只决定于汉字数量，与语料无关；H_1、H_2、H_3 … H_m 与语料相关，随着 m 值增大，熵与语料的相关性提高；H_∞ 与语料无关。

三、形音义统一体

文字系统的形成以能够逐词记录语言为标志，古代汉语的词多是单音节的，所以汉字从一开始就是一个字代表一个词，读为一个音节，形成"字—词—音节"的对应形式。音节是语音单位；词是语言单位，包括音和义两个方面；字是词的书写形式，记录词的音和义，因此，汉字是形音义的统一体[②]。

（一）字形

字形，构成方块汉字的二维图形，构成汉字字形的要素是笔画、笔数及汉字部件的位置关系等；笔画（stroke），构成楷书汉字字形的最小连笔单位；笔数（stroke count），构成一个汉字或汉字部件的笔画数；汉字部件（Chinese character component），由笔画组成的具有组配汉字功能的构字单位，简称"部件"[③]。以"峰"为例，字形如图 1-1 所示，笔数为 10，笔顺为"竖折竖撇折捺横横横竖"，由部件"山

[①] 复杂度（PP），也称为困惑度，表示使用语言模型预测出现 w_i 的选择范围，PP 越小，w_i 的不确定性越小，语言模型描述语言的能力越强；C–M$_1$ 表示汉语字 unigram 模型，C–M$_2$ 表示汉语字 bigram 模型，C–M$_3$ 表示汉语字 trigram 模型，W–M$_1$ 表示汉语词 unigram 模型，W–M$_2$ 表示汉语词 bigram 模型，W–M$_3$ 表示汉语词 trigram 模型。

[②] 孔祥卿，史建伟，孙易．汉字学通论 [M]．北京：北京大学出版社，2006：25.

[③] GF3001-1997，信息处理用 GB13000.1 字符集汉字部件规范 [OL]．[2016-8-16].http://www.moe.edu.cn/ewebeditor/uploadfile/2015/01/12/20150112165337190.pdf.

夊丰"组成。

　　笔形（stroke feature），笔画的形状；汉字的五种基本笔形横（一）竖（丨）撇（丿）点（丶）折（フ），称为主笔形，用序号1、2、3、4、5表示；与主笔形对应的从属笔形（除撇外的主笔形都有相对应的从属笔形），称为附笔形，用序号X.1、X.2……（X表示主笔形序号）；横、竖、撇、点四种主笔形及其对应的附笔形，称为平笔笔形；主笔形折及其对应的附笔形，称为折笔笔形①。楷书汉字笔形如表2-10所示。

表2-10　楷书汉字笔形表

序号	笔画	全称	简称（或俗称）	例字	属性	
1	一	横		丛	主笔形	平笔笔形
1.1	✓	提		习	附笔形	平笔笔形
2	丨	竖		十	主笔形	平笔笔形
2.1	亅	竖钩		小	附笔形	平笔笔形
3	丿	撇		八	主笔形	平笔笔形
4	丶	点		立	主笔形	平笔笔形
4.1	乀	捺		人	附笔形	平笔笔形
5		折			主笔形	折笔笔形
5.1	フ	横折竖	横折	口	附笔形	折笔笔形
5.2	フ	横折撇	横撇	水	附笔形	折笔笔形
5.3	⁻	横钩		买	附笔形	折笔笔形
5.4	ㄴ	竖折横	竖折	山	附笔形	折笔笔形
5.5	ㄴ	竖弯横	竖弯	四	附笔形	折笔笔形
5.6	㇗	竖折提	竖提	长	附笔形	折笔笔形
5.7	ㄥ	撇折横	撇折	云	附笔形	折笔笔形
5.8	ㄑ	撇折点	撇点	女	附笔形	折笔笔形
5.9	㇀	撇钩		乂	附笔形	折笔笔形
5.10	㇉	弯竖钩	弯钩（俗称）	狗	附笔形	折笔笔形

① GF2001-2001，GB13000.1字符集汉字折笔规范［OL］.［2016-8-16］.http://www.moe.edu.cn/publicfiles/business/htmlfiles/moe/cmsmedia/document/98.doc

序号	笔画	全称	简称（或俗称）	例字	属性	
5.11	㇂	捺钩	斜钩（俗称）	我	附笔形	折笔笔形
5.12	㇃	卧钩		心	附笔形	折笔笔形
5.13	㇅	横折竖折横	横折折	凹	附笔形	折笔笔形
5.14	㇇	横折竖弯横	横折弯	没	附笔形	折笔笔形
5.15	㇋	横折竖折提	横折提	认	附笔形	折笔笔形
5.16	㇆	横折竖钩	横折钩	用	附笔形	折笔笔形
5.17	㇈	横折捺钩	横斜钩（俗称）	飞	附笔形	折笔笔形
5.18	㇗	竖折横折竖	竖折折	鼎	附笔形	折笔笔形
5.19	㇘	竖折横折撇	竖折撇	专	附笔形	折笔笔形
5.20	㇟	竖弯横钩	竖弯钩	儿	附笔形	折笔笔形
5.21	㇄	横折竖折横折竖	横折折折	凸	附笔形	折笔笔形
5.22	㇙	横折竖折横折撇	横折折撇	及	附笔形	折笔笔形
5.23	㇆	横折竖弯横钩	横折弯钩	九	附笔形	折笔笔形
5.24	㇌	横折撇折弯竖钩	横撇弯钩（俗称）	那	附笔形	折笔笔形
5.25	㇉	竖折横折竖钩	竖折折钩	马	附笔形	折笔笔形
5.26	㇊	横折竖折横折竖钩	横折折折钩	乃	附笔形	折笔笔形

　　部件就是介于笔画和整字之间的构字单位。可以独立成字的部件称成字部件（character formation component）；不能独立成字的部件称非成字部件（character non-formation component）；最小的不再拆分的部件称基础部件（basic component），也称单纯部件，基础部件处于汉字结构的最底层，又称末级部件；由两个以上的基础部件组成的部件称合成部件（compound component）[1]；由一个笔画构成的部件称为单笔部件（single-stroke component）[2]。

---

[1] GF3001—1997，信息处理用 GB13000.1 字符集汉字部件规范［OL］.［2016-8-16］.http://www.moe.edu.cn/ewebeditor/uploadfile/2015/01/12/20150112165337190.pdf.

[2] GF0014—2009，现代常用字部件及部件名称规范［OL］.［2016-8-16］.http://www.moe.edu.cn/ewebeditor/uploadfile/2015/01/13/20150113090318445.pdf.

《汉字基础部件表》①基于 GB13000.1 字符集 20902 个汉字逐字拆分、归纳与统计结果制定，包含 393 组 560 个部件，其中 17 个为单笔部件；《现代常用字部件表》②基于现代汉语 3500 个常用汉字逐字拆分、归纳与统计结果制定，包含 441 组 514 个部件及部件名称，其中 311 个为成字部件，10 个为单笔部件。

（二）字音

字音，汉字的读音。一个汉字代表一个音节，一般又分为声（声母，包括零声母）、韵（韵母）、调（声调）部分。字音在词里或句子里有时发生变化（主要是变调）。在大多数情况下是一个汉字代表一个音节，也有少数汉字有两个以上的读音（多音字）③。

《汉语拼音方案》④规定了普通话有 22 个声母（包括零声母）、39 个韵母（包括舌尖前音 i[ɿ]、舌尖后音 i[ʅ]、er、ê）和 4 个声调（阴平、阳平、上声、去声）及轻声。现代汉语理论上有 858 个基本音节形式和 3432 个带声调音节，而实际的音节数要少得多。代建桃在《现代汉语同音词研究》⑤中依据《现代汉语词典》（第 5 版）统计得出：现代汉语有基本音节 419 个，其中同音音节 380 个，占基本音节总数的 90.69%；带声调音节 1342 个，其中同音音节 1109 个，占分声调音节总数的 82.64%；平均每个基本音节要承担 25.93 个单音词，每个带声调音节要承担 8.09 个单音词。

汉字字音是非常复杂的问题，如表 2-11 所示。

表 2-11　汉字字音发展变化表 ⑥

时期	声母	韵部	声调	注
先秦 （前 207）	33	29—30（战国时代 30）	4（平、上、长入、短入）	有人主张古有五声说
两汉 （前 206—公元 220）	33	29	4	王力认为去声尚未产生
魏晋南北朝 （220—589）	33	42	4（平上去入）	

---

① GF3001-1997，信息处理用 GB13000.1 字符集汉字部件规范［OL］.［2016-8-16］.http://www.moe.edu.cn/ewebeditor/uploadfile/2015/01/12/20150112165337190.pdf.

② GF0014-2009，现代常用字部件及部件名称规范［OL］.［2016-8-16］.http://www.moe.edu.cn/ewebeditor/uploadfile/2015/01/13/20150113090318445.pdf.

③ 冯春田，梁苑，杨淑敏.王力语言学词典［M］.济南：山东教育出版社，1995：730.

④ 汉语拼音方案［OL］.［2016-8-16］.http://www.moe.edu.cn/ewebeditor/uploadfile/2015/03/02/20150302165814246.pdf.

⑤ 代建桃.现代汉语同音词研究［D］.四川师范大学，2008.

⑥ 曹聪孙.齐夫定律和语言的"熵"［J］.天津师范大学学报，1987(4)：80—85.

续表

时期	声母	韵部	声调	注
隋唐 （581—907）	33	50	4	上去调值相近，可以通押
晚唐五代 （907—960）	36	40	4	浊上变去
宋 （960—1279）	21	32	4	三类入声并为一类
元 （1271—1368）	25	19	4	平分阴阳入派三声
明 （1368—1644）	21	15	4	
清 （1644—1911）	20—23	15	4	
现代汉语普通话 （1912—）	23	16	4	方言声调较多。厦门、苏州：7 个；广州：9 个

（三）字义

字义，汉字所表示的意义。字形在一定程度上表示字义，是汉字的特点之一。特别是字的本义和字形有关。又因为在许多情况下汉字是单音成义的，所以有时字义也就是词义。有时一个字可以代表有联系或不相干的两个以上的词，所以一字多义现象是常见的[①]。

本书基本不涉及汉字字义问题，此处不再赘述。

第二节　历　史　性

汉字与苏美尔的楔形文字、古埃及的圣书字是世界上最古老的三大文字系统。汉字产生的时间可能比楔形文字和圣书字稍晚一些，但是汉字是一直沿用下来的，今天仍在使用的活的文字。汉字的历史是连续的，没有中断过[②]。

---

① 冯春田，梁苑，杨淑敏. 王力语言学词典 [M].济南：山东教育出版社，1995：730.
② 孔祥卿，史建伟，孙易. 汉字学通论 [M].北京：北京大学出版社，2006：27.

一、汉字演变

关于汉字起源有诸多说法，主要有结绳说、刻契说、八卦说、起"一"成文说、仓颉造字说、群众造字说及原始图画说等 ①。甲骨文是目前已知最早的汉字字体，甲骨文和金文之后，又出现了篆书、隶书、楷书等，如表 2-12 所示。

表 2-12 汉字字形演变示例表 ②

甲骨文	金文	小篆	隶书	楷书
				日
				虎
				上
				大
				共
				得
				野

（一）六书

"六书"之名始于《周礼·地官》，至东汉许慎《说文解字》成为"六书说"，南宋郑樵《六书略》始创"六书学"。西汉末至东汉初为"六书说"的诞生期，东汉

① 赵慧. 对近二十年关于汉字起源问题讨论的思考 [D]. 河北大学，2011：9.
② 李乐毅. 汉字演变五百例 [M]. 北京：北京语言学院出版社，1993.

至北宋为蛰伏期，南宋至明代为"六书学"的发展期，清代为兴盛期。1912 年以后，"六书"研究可分为两类：一类是"循规蹈矩"的完善型研究；另一类是"另起炉灶"的创新型研究，如"三书说"（唐兰、张世禄、陈梦家、刘又辛、林沄、裘锡圭、赵诚）、"四书说"（张玉金）、"五书说"（王元鹿、张其昀）、"七书说"（王凤阳）、"八书说"（任学良）等①。

"六书"是汉字构形和用字方式的六种类型，包括象形、指事、会意、形声、转注、假借。《说文解字·叙》曰："周礼八岁入小学，保氏教国子先以六书：一曰指事，指事者，视而可识，察而见意，上下是也；二曰象形，象形者，画成其物，随体诘诎，日月是也；三曰形声，形声者，以事为名，取譬相成，江河是也；四曰会意，会意者，比类合谊，以见指㧑，武信是也；五曰转注，转注者，建类一首，同意相受，考老是也；六曰假借，假借者，本无其字，以声托事，令长是也。"象形、指事是原始造字的方法，会意与形声应当在象形、指事之后；在汉字的造字进程中，形声又是最能产的造字方法，百分之九十以上的汉字是形声字；转注、假借是用字之法，与造字无关②。

"六书"作为造字方法可分为两个层次：第一层次是象形、指事、会意，直接来自画图；第二层次是假借、形声、转注。假借需要先有一个借源字，借源字可以来自象形、指事、会意任何一种造字法，形声字和转注字出现之后，也可以成为借源字，但多是同音通用，属于用字问题，通过假借方法固定下来的表词字，字形多来自象形、指事、会意；形声是假借同音字为声符，然后加表义的形符以区别同声字的方法，声符是形声的基础，声符可能来自象形、指事、会意中的任何一种造字法，已有的形声字、转注字也可以成为新形声字的声符；转注需要一个源字，新字是由源字转注出来的，源字可能来自象形、指事、会意、形声任何一种造字法③。

文字系统是逐渐形成并不断发展的，系统中的成分不是同时产生的，文字分新造和改造两种。"六书"中象形、指事、会意、形声是四种新造字的方法，而假借和专注是改造字的方法。假借是借用原字表示一个新词，形音不变或音略转，而意义不同，从而形成一个新的形音义的统一体，改造出一个新字；转注是在原字的基础上通过变形或增加符号改造出一个新的字形，表示一个音义相关的词，从而也形成一个新的形音义的统一体，改造出一个新字④。

（二）字体

字体（character style）指同一汉字由于各种原因（历史演变、书写、印刷等）而形

① 刘靖年.汉字结构研究 [D].吉林大学，2011：4—9.
② 冯春田，梁苑，杨淑敏.王力语言学词典 [M].济南：山东教育出版社，1995：386.
③ 孔祥卿，史建伟，孙易.汉字学通论 [M].北京：北京大学出版社，2006：73—74.
④ 孔祥卿，史建伟，孙易.汉字学通论 [M].北京：北京大学出版社，2006：75.

成的各种不同体式 ①。启功认为:"所谓字体,即是指文字的形状,它包含两个方面:其一是指文字的组织构造以至它所属的大类型、总风格,例如说某字是象什么形、指什么事、某字是什么形什么声;或看它是属于'篆'、'隶'、'草'、'真'、'行'的哪一种。其二是指某一书家、某一流派的艺术风格。例如说'欧体'、'颜体'等 ②。"沃兴华认为:"字体是汉字的点画结构在不同历史时期所表现出来的不同形态。如甲骨文、金文、篆书、分书和楷书等。书体是被社会承认的特殊的书写风格,如颜(真卿)体、柳(公权)体、欧(阳询)体等等。两者概念不同,书体属于个人的创造成果,而字体却是约定俗成的社会实践结果。③"刘金荣认为:"所谓字体就是指汉字在不同历史时期所使用的正规结构体式,是因为载体、书写工具和时代的不同而形成的汉字书写形式、组合笔画及组合结构等方面特点的总和;而书体则是指汉字的书法体式,主要指汉字不同的书写风格特点的总和。判定汉字字体种类有二个标准:(一)有相对稳定的形体结构,形体结构包括笔画特征、组字构件特征和字的组合特征;(二)是某一个历史时期的通行形体,所谓通行,是指公文用字形体,以及报刊、书籍用字形体,尤其以公文用字为准。④"

字体的概念较为宽泛,在不同学科或语境中的内涵外延也有所不同,本书引用刘金荣的观点,汉字字体包括甲骨文、金文、篆书、隶书和楷书,如表 2-12 所示。

甲骨文,"龟甲兽骨文字"的简称,是殷代用刀刻在龟甲或兽骨上的关于卜卦的文字,字体和金文稍有出入,现在所能见到的是商王盘庚从黄河以南迁到黄河以北时起、到商纣亡国时的甲骨文字,时间约在公元前 1401 至 1122 年 ⑤。

金文,最初称为"钟鼎文",又称为"铭文""吉金文字",金文的时代从商代到六朝,共两千多年,金文在狭义上指商周铜器铭文,与甲骨文相去不远,但从整体上看符号性趋于增强,方块结构渐趋定型 ⑥。

篆书,大篆、小篆的统称,属"刀笔文字",大篆本名籀文,起于周末而后行于秦国,小篆又名秦篆,是秦始皇统一文字所用的书体,汉代沿用 ⑦。

隶书,汉字继小篆而后的一种字体,秦始皇时文书大增,书吏为求书写快捷,逐渐使篆书简化而成为隶书(旧说隶书为秦时程邈所造),隶书的创造是汉字历史上的一大改革,无论在字式还是字体上,隶书都和小篆大不相同。秦代虽已有隶书,但不作为正式的文字;到汉代,隶书渐渐成为正式文字,连刻碑也用隶书。这时汉字由刀

① GB/T 12200.2—94,汉语信息处理词汇 02 部分:汉语和汉字 [S]. 北京:中国标准出版社,1995:4.
② 启功. 古代字体论稿 [M]. 北京:文物出版社,1979:1.
③ 沃兴华. 中国书法史 [M]. 上海:上海古籍出版社,2001:178.
④ 刘金荣. 论汉字的字体及其种类 [J]. 绍兴文理学院学报,1987(4):77—82.
⑤ 冯春田,梁苑,杨淑敏. 王力语言学词典 [M]. 济南:山东教育出版社,1995:316.
⑥ 冯春田,梁苑,杨淑敏. 王力语言学词典 [M]. 济南:山东教育出版社,1995:335—336.
⑦ 冯春田,梁苑,杨淑敏. 王力语言学词典 [M]. 济南:山东教育出版社,1995:372.

笔文字到毛笔文字的改革已经完成。此后两千年间不曾有大的改革，汉字的字体或字式都基本上固定了下来 ①。

　　楷书，从隶书变化而来的一种汉字的字体，是汉字字体的最后形式，从汉末一直通行至今。因为楷书是隶书的变体，所以又叫做"今隶"。从字式看，楷书和隶书分别很小，字体的区别也不大，只是把横画改为收锋、撇捺改为斜下或趯上等。楷书形体方正，笔画平直，可作楷模，故名为"楷书" ②。

二、汉字数量

　　汉字是仍在使用的最古老的文字系统，从甲骨文到楷书的演化过程，也是汉字数量累积的过程。例如朱芳圃编《甲骨学文字编》收单字 845 个，重文 3469 个；中国科学院考古研究所编《甲骨文编》合正编、附录共计 4672 字；容庚编《金文编》正编收录金文字头 2402 个，重文 19357 个，附录收字 1352 个，重文 1132 个；容庚《金文续编》正编收字 951 个，重文 6084 个，附录收字 34 个，重文 14 个；张守中编《中山王厝器文字编》收单字 505 个，合文 13 个，存疑字 19 个，形体共 2458 个；秦公辑《碑别字新编》收字头 2528 个，别字 12844 个；罗福颐编《汉印文字征》正编收 2646 字，重文 7432 字，附录收字 143 个，重文 18 个；滕壬生《楚系简帛文字编》共计摹写收录文字形体 19250 个，分为单字、合文、重文、存疑字四部分 ③。再以历代字书（辞书）收楷书字数量为例，如表 2-13 所示。

表 2-13　历代字书（辞书）收字统计表 ④

书名	成书时间（时代）	作者	收字头数
说文解字	公元 100 年（东汉）	许慎	9353
字林	（晋）	吕忱	12824
玉篇	公元 543 年（南朝梁）	顾野王	22726
龙龛手鉴	公元 997 年（辽）	行均	26430
广韵	公元 1011 年（宋）	陈彭年等	26194
类篇	公元 1066 年（宋）	司马光等	31319
集韵	公元 1067 年（宋）	丁度等	53525

---

① 冯春田，梁苑，杨淑敏 . 王力语言学词典 [M]. 济南：山东教育出版社，1995：719.
② 冯春田，梁苑，杨淑敏 . 王力语言学词典 [M]. 济南：山东教育出版社，1995：353.
③ 刘金荣 . 论汉字的字体及其种类 [J]. 绍兴文理学院学报，1987(4)：77—82.
④ 汉语大字典编辑委员会 . 汉语大字典 [M]. 四川辞书出版社，1986：5460.

续表

书名	成书时间（时代）	作者	收字头数
改并五音类聚四声篇海	公元 1212 年（金）	韩道昭	35189
字汇	公元 1615 年（明）	梅膺祚	33179
正字通	公元 1671 年（明）	张自烈	33549
康熙字典	公元 1716 年（清）	张玉书等	47035
中华大字典	公元 1915 年（民国）	陆费逵等	4.82 万
大汉和辞典	公元 1959 年	诸桥辙次	49964①
中文大辞典	公元 1968 年	《中文大辞典》编纂委员会	49905②
辞源（修订版）	公元 1983 年	《辞源》编辑委员会	12890③
汉语大字典	公元 1986 年	《汉语大字典》编辑委员会	54678
中华字海	公元 1994 年	冷玉龙	85568
辞海（修订版）	公元 1999 年	《辞海》编辑委员会	17674④
汉韩大辞典	公元 2008 年	檀国大学东洋学研究所	5.53 万 ⑤
汉语大字典（第二版）	公元 2010 年	汉语大字典编辑委员会	60370⑥

李运富在《论汉字数量的统计原则》⑦中指出："《中华字海》号称'当今世界收汉字最多的字典'，而事实上远非汉字形体的全部，单就传世文献的印刷字体而言，我们已看到多篇'补遗'性质的文章，拾掇了许多漏收的形体，而我们翻阅魏晋以后的诗文杂录等口语色彩较浓的著作，还会时时遇见在《中华字海》中查不到的奇怪形体。要是加上手写本，例如吐鲁蕃、敦煌等地文书中的俗字异体，那就更不得了。而且《中华字海》虽是只统计楷书，但其中的许多形体实际上是历代从篆隶金石文字转写而来的，现在地下古文字层出不穷，如果按照同一原则，将所有古文字的各种形体转写成楷书而收入字典并加统计，例如上举各种字表字编中的形体（包括重文），那汉字的数量就会急剧膨胀，决不止几万，而是几十万、几百万，甚至上千万！何况随着汉字的继

① 大汉和辞典 [OL].[2016-8-16].http://ja.wikipedia.org/wiki/%E5%A4%A7%E6%BC%A2%E5%92%8C%E8%BE%9E%E5%85%B8.
② 中文大辞典 [OL].[2016-8-16].http://baike.baidu.com/view/2214178.htm.
③ 《辞源》编辑委员会 . 辞源 [M]. 北京：商务印书馆，1983：后记.
④ 《辞海》编辑委员会 . 辞海 [M]. 上海：上海辞书出版社，1999：凡例.
⑤ 韩国编最全汉字字典应让中国学者羞愧 [OL].[2016-8-16].http://www.yywzw.com/show.aspx?id=1352&cid=74.
⑥ 汉语大字典编辑委员会 . 汉语大字典（九卷本）[M]. 成都：四川辞书出版社：凡例.
⑦ 李运富 . 论汉字数量的统计原则 [J].辞书研究，2001(1)：71—75.

续沿用，个人手写体的千变万化，汉字形体的差异是无穷尽的，因而汉字的数量在这一原则指导下也将是永远无法精确统计的。"

　　汉字是形音义的统一体，字形可以作为汉字数量统计的依据，但是汉字的字形极为复杂，且种类繁多、变化万千，必须加以限定。汉字的每一种字体都可能对应多种书体，这些书体既可能是印刷体，也可能是手写体。以楷书为例，有宋体、欧体、柳体、颜体、赵体等。草书和行书的情况则更为复杂。草书之始，为隶书通行后的草写体，取其书写便捷，故名草隶；后逐渐发展成为章草，相传汉章帝爱好，故名；至汉末渐脱隶书笔意，用笔日趋圆转，笔画连属，并多省简，遂成今草；晋王羲之、献之父子又创诸字上下相连的草体，至唐张旭、怀素，宋米芾等又发展为笔势恣纵、字字牵连、笔笔相通的狂草①。行书介于草书与正楷之间，如草书成分较多的，称"行草"，正楷成分较多的称"行楷"②。草书和行书都是书体，不从属于任何字体，而且又对应多种书体。因此，汉字数量统计可以依据字形分层次进行：第一个层次为字体正体字形；第二个层次为字体字形，既包括正体字形，也包括异体字形；第三个层次为书体字形，即汉字的全部字形。

　　"小学堂文字学资料库"是目前已公开的收录汉字字形最多的数据库，共收录字形 206713 个，收录范围如表 2-14 所示。新闻出版重大科技工程项目"中华字库"工程③将建立全部汉字及少数民族文字的编码和主要字体字符库，包括：甲骨文字；金文（先秦至汉代所有金文，含铜镜铭文）；楚简、帛书及其他古文字（玺印文字、封泥文字、陶文、瓦文、货币文字、秦汉以前玉石文字、金银器文字、漆木器文字、骨刻文字、传抄古文及《说文》所收小篆和其他古文字）；秦简文字；汉简文字（两汉、吴、魏、晋简牍文字以及与简牍同时出土的帛书、器物、墙壁上的墨书文字）；石刻文字（从西汉到清代的石刻文字，不含玺印文字）；手写纸本文献文字（吐鲁番墓葬文书、敦煌藏经洞文献和徽州契约文书等古代手写纸本文献上的文字）；古代行书、草书；版刻楷体字书文字；宋元印本文献用字；明清图书用字；现代的汉语出版物用字及专用字、非字符号；当代人名地名用字；少数民族古文字（包括契丹大字、西夏文字、女真文

① 阮智富，郭忠新.现代汉语大词典［M］.上海：上海辞书出版社，2009：945.
② 阮智富，郭忠新.现代汉语大词典［M］.上海：上海辞书出版社，2009：1290.
③ "中华字库"工程是引领中华文化步入信息化、数字化时代的先导性、奠基性工程，是列入《国家"十一五"时期文化发展规划纲要》的重大建设项目。"中华字库"工程要在文字学深入研究的基础上，探讨各种文字收集、筛选、整理、比对和认同的方法与原则；充分利用先进的数字化技术，开发相应的软件工具，在统一的数字化平台上，探索人－机结合的文字收集、整理、筛选、比对和认同的操作与管理流程。从数千年流传下来的文字载体中，将尽可能搜集到的古今汉字形体和古今少数民族文字形体汇聚起来，在各种实际文本原形图像的基础上，确定规范形体，标注各类属性，有序地分层级排列，建立字际间的相互联系，并按照出版及网络数字化需求，建立汉字及少数民族文字的编码和主要字体字符库。完成后的"中华字库"，力争达到能满足中华各民族古今各类文献的出版印刷、数字化处理和传输的需要；全面打通信息化的发展瓶颈，满足国家信息服务与监管的用字需求，满足两岸四地间信息的互联互通的需求。使中华各民族文字的使用，中华文明的普及与传播，更加方便和高效。

字、方块壮字、方块白文、方块苗文、方块瑶文、布依文、侗文、方块仡佬文、毛南字、哈尼文、纳西东巴文字、八思巴字、佉卢文、婆罗米文、粟特文、回鹘文、回鹘式蒙古文、托特式蒙古文、满文、拉丁变体文字、突厥文字、契丹小字、傈僳族音节文字、水书、纳西哥巴文字等）；少数民族现行文字（包括藏文、傣绷文、傣哪文、傣仂文、金平傣文、察合台文、维吾尔文、哈萨克文、柯尔克孜文、撒拉文、蒙古文、锡伯文、凉山规范彝文、四川老彝文、云南彝文、贵州彝文等）等。"中华字库"工程的中间字库约 100 万字，最终成果包含 10 万古汉字（包括甲骨文、金文、小篆等不同种类的古汉字）、30 万楷书字、10 万少数民族文字和数万个非字符号[1]。

表 2-14　小学堂文字学资料库收录情况表[2]

属性	文字／时代／字书	字数／笔数
字形	甲骨文	24696
	金文	23008
	战国文字	56282
	小篆	11101
	楷书	91626
字音	上古	56169
	中古	217684
	近代	28593
	现代	980353
	域外译音	0
索引	汉语大字典（远东图书公司）	54669
	汉语大字典（建宏出版社）	54669
	康熙字典（中华书局）	40429
	中文大辞典（中华学术院）	47956
	说文解字诂林正补合编（鼎文书局）	12255
	说文新证（艺文印书馆）	1467
	说文新证（福建人民出版社）	1932

---

[1] 新闻出版重大科技工程项目"中华字库"工程申报指南 [OL].[2016-8-16]. http://www.gapp.gov.cn/cms/cms/upload/info/201010/704504/128712755867054132.doc.

[2] 小学堂文字学资料库收录现况 [OL].[2016-8-16].http://xiaoxue.iis.sinica.edu.tw/.

续表

属性	文字 / 时代 / 字书	字数 / 笔数
索引	广韵（黎明文化事业公司）	25913
	集韵（上海古籍出版社）	51876
	金文编（中华书局）	4952
	金文诂林（香港中文大学）	3067
	金文诂林补（"中央研究院"）	1629
	殷周金文集成引得（中华书局）	6474
	新金文编（作家出版社）	3013
	甲骨文编（中华书局）	1902
	甲骨文字诂林（吉林大学）	2079
	甲骨文字集释（"中央研究院"）	1225
	殷墟甲骨刻辞类纂（吉林大学）	2089
	新甲骨文编（福建人民出版社）	2162
	甲骨文字编（中华书局）	2404
	楚系简帛文字编（增订本）（湖北教育出版社）	4656
	睡虎地秦简文字编（文物出版社）	1808
	秦简牍文字编（福建人民出版社）	2185
	战国古文字典：战国古文声系（中华书局）	5174
	传抄古文字编（线装书局）	4238

　　汉字中楷书字所占的比例最大。李运富在《论汉字数量的统计原则》①中指出"汉字正体估计在 3 万字左右"。台湾地区《异体字字典》（第五版）总收字 106230 个，其中正字 29892 个，异体字 76338 个（含待考之附录字）②。因此，楷书正体字应在 3 万个左右，异体字约几十万个。

① 李运富. 论汉字数量的统计原则［J］. 辞书研究，2001(1)：71—75.
② 异体字字典（第五版）编辑说明［OL］.［2016-8-16］. http://dict.variants.moe.edu.tw/bian/fbian.htm.

第三节 地 域 性

　　周有光在《汉字文化圈的文字演变》①中指出：汉字发源于黄河流域，传播到长江流域和珠江流域的汉语方言地区，传播到广西壮族和越南京族以及云贵高原的许多民族，传播到朝鲜和日本，传播到长城以外的北方民族，经过长期的历史演变，成为许多种汉字式的文字，就现有材料而言有 18 种文字：13 种是中国少数民族文字（壮字、布依字（壮傣语支）、侗字、水字（侗水语支）、白字、哈尼字、彝字、傈僳字（彝语支）、西夏字、瑶字（瑶语支）、契丹大字、契丹小字、女真字），3 种是邻国文字（喃字、朝鲜文、日文），1 种是汉语土话文字（江永妇女字），1 种是汉语的正式文字。

一、方言字

　　方言字，也叫方言俗字，在方言区流行的记录本地方言词的汉字，这些方言词往往本字无考，或本字太生僻，方言字没有文献来源，是当地人自造的，也只流行于当地②。方言字是用来记录方言俗语的字，如北京话"锕碗"的"锕"，见于《广韵·烛韵》，四川话中，虫、草刺人叫"蠚"，见于《说文解字·虫部》《广韵·药韵》（《说文解字·虫部》作"蜇"）；有些古代的方言俗语没有专门的字，往往根据读音和意义采取"形声"的方法新造，如扬雄《方言》卷一："娥、嬿，好也。……赵魏燕代之间曰姝，或谓之妦"，妦（fēng）就是扬雄新造的方言字，又："忺、俺、伶、牟，爱也，……晋卫曰俺"，"俺"也是新造的方言字③。林寒生在《汉语方言字的性质、来源、类型和规范》④中指出：汉语方言字是指在特定方言区内通行、专门用以记录某一方言口语的文字形式，具有与普通汉字不完全相同的性质；汉语方言字主要来源于传统的字典辞书、地方韵书或方言词典、民间文艺作品与地名用字；在类型上则可分为本字（指该字的音、义与其所记录的方言词之间有对应关系）、训读字（指找不到音义都合适的汉字表示方言词语时，要借用一个词义相同的汉字而赋予其方言的读音，以此来表示方言词）、假借字（以方言的读法为根据，采用同音假借、近音假借等方法）与自造字四种。
　　孙琳在《〈越谚〉方言字研究》⑤中，基于《越谚·音义》统计，方言字总字数为

---

① 周有光. 汉字文化圈的文字演变 [J]. 民族语文，1989(1)：37—55.
② 陈海洋. 中国语言学大辞典 [M]. 江西：江西教育出版社，1991：215.
③ 向熹. 古代汉语知识辞典 [M]. 成都：四川辞书出版社，2007：250.
④ 林寒生. 汉语方言字的性质、来源、类型和规范 [J]. 语言文字应用，2003(1)：56—62.
⑤ 孙琳. 《越谚》方言字研究 [D]. 复旦大学，2009.

1375 个，其中《现代汉语通用字表》收录 930 字，表外字为 445 个，上述方言字使用的构字法包括：增繁，在原有汉字的基础上增加笔画、意符、声符等部件；简省，在原有汉字的基础上简省掉笔画、意符、声符等部件；改换，笔画不变改换形体、部件互换，或在原有汉字的基础上改换新的笔画、声符、意符等；创制新字，利用已有构件合而成字。台湾地区《异体字字典》（第五版）①附录 7 汉语方言用字参考表，该表根据旧时地方志及今人所编方言文献，从中收录汉语方言用字，共收正、异体字 598 个，收录原则有三：方言文献所收字形未见于古、今字书者；现代字书明指其为方言字者；方言文献里，所见异体字形者②。

除了字义、字形，方言字在字音方面也与通行汉字有明显的区别，以潮汕方言为例，声母 18 个，韵母 95 个（其中常用韵母 61 个），声调 8 个（阴平、阴上、阴去、阴入、阳平、阳上、阳去、阳入）③。

二、少数民族方块字

陆锡兴在《汉字传播史》中指出：汉字在商代就开始从中原向外传播，大致上可分为向西南、向南、向北、向东北、向东这五条线路；向西南有古代巴蜀、彝族、南昭和大理；向南有楚、吴越、闽越、西瓯、骆越、壮族、苗族、瑶族、侗族、傈僳族、水族以及越南；向北有白狄、匈奴、西夏；向东北有高句丽、渤海国、契丹、女真；向东有朝鲜、日本琉球④。孔祥卿等在《汉字学通论》中指出：汉字向南和西南传到四川、贵州、云南的少数民族及越南，向东传到朝鲜和日本，向北传到历史上的契丹、女真和西夏；在 1000 多年间，形成一个东亚的汉字文化圈；汉字在向别的民族和国家传播的过程中，经历了各种变异，别的民族借用汉字记录本民族语言的时候，进行了改造和新的创造，形成了 30 来种汉字系的文字⑤。

周边民族对汉字的利用一般有几个阶段：第一阶段，说汉语，用汉字，有点像现代使用外语一样，汉字与本族语言一点关系也没有；第二阶段，用汉字的假借字或者自造方字来标志本族的部分语言，它常常和汉语混合在一起；第三阶段，创制民族文字，全面地标志本族语言；这三个阶段并不是每个民族必须经历的，而是根据与中原的密切程度，有所区别⑥。

---

① 异体字字典 [OL].[2016-8-16].http://dict.variants.moe.edu.tw/.
② 异体字字典附录 7 编辑说明 [OL].[2016-8-16].http://dict.variants.moe.edu.tw/fulu/fu7/shuo.htm.
③ 吴永娜，黄春梅.潮汕方言数字化框架设计与研发 [J].韩山师范学院学报，2013(6)：30-35.
④ 陆锡兴.汉字传播史 [M].北京：语文出版社，2002：前言.
⑤ 孔祥卿，史建伟，孙易.汉字学通论 [M].北京：北京大学出版社，2006：230.
⑥ 陆锡兴.汉字传播史 [M].北京：语文出版社，2002：前言.

三、域外汉字

除了中国大陆和台、港、澳地区，还有其他国家在历史上使用汉字，如日本、韩国、越南等。

（一）日本

绳文时代、弥生时代，日本有语言，但尚没有文字，汉字传入；大和时代汉字的使用领域得到扩大，此后日本进入"汉风"时期，全面学习中国古籍，逐渐产生了训读；公元八世纪，发明了"万叶假名"；奈良时代，逐渐淘汰一些笔画多的汉字；平安时代，只剩下三百左右万叶假名，后出现了平假名和片假名；至此，汉字、片假名、平假名各有分工，日本的文字体系基本成熟，直到江户时代，日本文字一直处于稳定状态；明治维新时代，英语外来语大量引进，汉字在日本的命运开始发生变化，对汉字进行改革的呼声不断；二战结束后，尤其是恢复中日邦交化以后，又重新刮起"汉风"直至今日[1]。

日本国字是由日本人创造出来的汉字，又称为"和制汉字"或"和字"，是汉字在日本实现本土化的又一体现。日本国字产生于七世纪，随着时代的变迁而改变，有的消失了，有的却沿用下来，其中有人为的原因，而更多的则是自然的原因，至今仍有 380 个左右的日本国字被收录在日本现代的一些主要字典中。日本国字的主要特征包括国字是日本人创造的汉字；国字主要是用六书中的会意法创造出来的；国字主要用训读，极少数使用音读；大多数的国字是在日本中世纪以后创造出来的[2]。如表 2-15 所示。

表 2-15 日本特用汉字表 [3]

序号	字	Unicode编码	序号	字	Unicode编码	序号	字	Unicode编码
1	俤	U+4FE4	31	笹	U+7B39	61	鞆	U+9786
2	凧	U+51E7	32	籏	U+7C13	62	鞐	U+9790
3	凪	U+51EA	33	粂	U+7C82	63	颪	U+98AA
4	凩	U+51E9	34	籼	U+7C7E	64	饂	U+9942
5	匂	U+5302	35	糀	U+7CC0	65	魞	U+9B5E
6	匁	U+5301	36	繊		66	鮍	U+9B97

① 刘岚.浅谈汉字在日本的演变及现状［D］.吉林大学，2010：3-21.
② 郭大为.论汉字在日本的变迁与本土化［D］.东北师范大学，2007：10-11.
③ 日本特用汉字表［OL］.［2016-8-16］.http://dict.variants.moe.edu.tw/fulu/fu5/jap/index.htm.

续表

序号	字	Unicode 编码	序号	字	Unicode 编码	序号	字	Unicode 编码
7	叺	U+53FA	37	繧	U+7E67	67	鮱	U+9BB1
8	嘰	U+567A	38	纐	U+7E90	68	鯎	U+9BCE
9	塀	U+5840	39	聢	U+8062	69	鯐	U+9BD0
10	嫐	U+5B36	40	蓙	U+84D9	70	鯑	U+9BD1
11	峠	U+5CE0	41	蚫	U+86AB	71	鯱	U+9BF1
12	怺	U+603A	42	蛯	U+86EF	72	鰯	U+9C2F
13	扟	U+6268	43	裃	U+88C3	73	鰰	U+9C30
14	捗	U+6318	44	裄	U+88C4	74	鱚	U+9C5A
15	杣	U+6763	45	褄	U+8904	75	鱩	U+9C69
16	杢	U+6762	46	襖	U+8977	76	鳰	U+9CF0
17	枡	U+67A1	47	誂	U+8ADA	77	鴫	U+9D2B
18	栃	U+6803	48	軐	U+8EAE	78	鵆	U+9D46
19	桛	U+685B	49	軾	U+8EBE	79	鶍	U+9D8D
20	椙	U+6919	50	轆	U+8EC8	80	鶫	U+9DAB
21	椛	U+691B	51	辷	U+8FB7	81	麿	U+9EBF
22	榊	U+698A	52	辻	U+8FBB	82	簗	U+7C17
23	椚	U+691A	53	込	U+8FBC	83	鮴	U+9BB4
24	樫	U+6A2B	54	逎	U+9056	84	鮖	
25	笔	U+6BDF	55	鋲	U+92F2	85	塀	
26	熕	U+71F5	56	錆	U+933A			
27	甼	U+74F1	57	鎹	U+93B9			
28	畩	U+74F2	58	鑓	U+9453			
29	畑	U+7551	59	問	U+958A			
30	畠	U+7560	60	雫	U+96EB			

（二）韩国

韩国在古代没有自己的文字，汉字传入韩国，用来记录书写韩国的语言；汉字在公元前三世纪左右传入韩国，到新罗统一三国时期（公元 7 世纪左右），汉字已取得公用文字（或正式的、官方的文字）的地位；到朝鲜王朝第四代君主世宗时期，为使"百姓正确记写朝鲜语音"，世宗召集集贤殿的学者根据朝鲜语的音韵结构并参考中国音韵学，于世宗二十五年十二月（1444 年 1 月）创制了韩国文字，并于 1446 年正式颁布，这种新创制的文字最初被称作《训民正音》；但是，《训民正音》出现后，韩国仍大量使用汉字，直至今天在韩国处处还可以看到汉字的踪影，而且数量极多 ①。

韩国固有汉字是韩国利用已有汉字的结构（偏旁或部首）新创造的，不同于中国及其它国家和地区已有汉字字形的，用于标记韩国语的文字符号；韩国固有汉字产生的时期没有具体的证据可考，从百济和新罗时期已经有固有汉字这一点来看，汉字传入韩国后不久，就产生了固有汉字；韩国固有汉字是以汉字为模型和框架创造的，使用象形、会意、形声和合字 ② 四种造字方法 ③。如表 2-16 所示。

表 2-16 韩国特用汉字表 ④

序号	字	Unicode 编码	序号	字	Unicode 编码	序号	字	Unicode 编码
1	‖		91	嗸	U+55B8	181	稤	U+7A24
2	个	U+3403	92	啫	U+556B	182	穇	U+4186
3	甲		93	㗠	U+35E0	183	翌	
4	亇	U+4E87	94	旆	U+65D5	184	筽	U+7B7D
5	朶	U+3B46	95	㗟	U+35DF	185	簺	
6	乞	U+3407	96	嗭	U+55ED	186	橙	U+25F30
7	仝	U+3408	97	㗮	U+35EE	187	糕	U+25F6B
8	乭	U+3409	98	嘟		188	絆	U+42C5
9	乶	U+340B	99	鼥	U+35EF	189	纏	U+260B9
10	乧	U+340A	100	睯		190	緷	U+7E07
11	丠	U+4E64	101	邉	U+360F	191	纚	U+261E6
12	乮	U+340F	102	㘒	U+3612	192	纁	U+261EF
13	艺	U+4E67	103	嘯	U+56D5	193	罣	U+262BA
14	乧	U+340D	104	坣		194	牂	U+4367
15	乯	U+340E	105	坌	U+5788	195	麁	U+2B173

---

① 田博. 浅汉字在韩国的传承与变异 [D]. 解放军外国语学院，2007：1.

② 合字法就是将两个或两个以上的字合并来造字的方法，构成合字的字可以都是汉字，也可以是汉字和韩文字母。按照合字的字形来分，合字有两种，一种是字与字的合并，如"鲎"（U+48C9）；另一种是字与韩文字母的合并，如"豈"（U+4733）。

③ 段甜. 韩国固有汉字分析 [D]. 解放军外国语学院，2007：1-9.

④ 韩国特用汉字表 [OL]. [2016-8-16]. http://dict.variants.moe.edu.tw/fulu/fu5/jap/index.htm.

续表

序号	字	Unicode 编码	序号	字	Unicode 编码	序号	字	Unicode 编码
16	㐑	U+3411	106	垌	U+578C	196	蓁	
17	乫	U+4E6B	107	㒱	U+34B1	197	𦗌	U+265CC
18	㐓	U+3413	108	夻	U+593B	198	𢌤	U+22324
19	㐔	U+3414	109	㭐	U+3B50	199	羘	U+7F98
20	㐐	U+3410	110	娚	U+5A1A	200	艍	U+824D
21	乭	U+4E6D	111	媤	U+5AA4	201	䑸	U+4478
22	乮	U+4E6E	112	厼	U+53BC	202	䓀	U+44C0
23	㐕	U+3415	113	㕾	U+357E	203	莻	U+83BB
24	乬	U+4E6C	114	岾	U+5CBE	204	𦵖	U+26D56
25	㐒	U+3412	115	㟮	U+37EE	205	蒊	U+848A
26	乯	U+4E6F	116	巪	U+5DEA	206	𧀎	U+2700E
27	㐗	U+3417	117	巭	U+5DED	207	虄	U+8644
28	㐘	U+3418	118	巬	U+5DEC	208	𧏮	U+273EE
29	⿱艹乙		119	㠫	U+382B	209	螦	U+87A6
30	⿱叶乙		120	㠬	U+382C	210	⿰虫黃	
31	㐙	U+3419	121	㠳	U+3833	211	襨	U+8968
32	乶	U+4E76	122	㐣	U+3423	212	𧫎	U+27ACE
33	乷	U+4E77	123	廤	U+5EE4	213	⿱亘乙	
34	㐚	U+341A	124	弥		214	䜳	U+4733
35	㐛	U+341B	125	張		215	𧰏	U+27C0F
36	⿱色乙		126	⿰忄只		216	𧿬	U+27FEC
37	㐞	U+341E	127	㓒	U+34D2	217	𨏃	U+283C3
38	乻	U+4E7B	128	𢝿	U+2277F	218	䢏	U+488F
39	乺	U+4E7A	129	㤼	U+393C	219	迲	U+8FF2
40	乼	U+4E7C	130	擂	U+64C2	220	𨒷	U+284B7
41	㐝	U+341D	131	㪲	U+3AB2	221	䢘	U+4898
42	[illegible]		132	㪳	U+3AB3	222	遤	U+9064
43	㐟	U+341F	133	㖍	U+358D	223	𨗚	U+285DA
44	⿱松乙		134	㫇	U+3AC7	224	⿱吉巴	
45	⿳罒土乙		135	旀	U+65C0	225	䣉	U+48C9

序号	字	Unicode 编码	序号	字	Unicode 编码	序号	字	Unicode 编码
46	耋	U+4E7D	136	斿	U+230E5	226	凾	U+2B490
47	泛	3422	137	導	U+3AED	227	銧	U+289A4
48	乿		138	耆		228	鈜	
49	乿	U+3425	139	枭	U+233CF	229	錞	U+28A7F
50	譽	U+3426	140	柱	U+680D	230	鐵	
51	丁		141	柂	U+3B66	231	鑃	U+495C
52	竟	U+359C	142	榆	U+6927	232	鏻	U+28B7A
53	仒	U+4EBD	143	樗	U+23594	233	鑣	U+28BF6
54	仟	U+343F	144	橃	U+698C	234	鑾	
55	仦	U+4F29	145	樺	U+693A	235	鑹	U+4979
56	佾		146	橵	U+3BBD	236	閪	U+95AA
57	伲		147	橷	U+3BD1	237	闣	U+95CF
58	佭	U+4FA4	148	櫒	U+6A74	238	靵	U+4A55
59	癸		149	榲	U+6A7B	239	智	U+4AAA
60	架	U+3516	150	橄	U+6A75	240	鯿	U+4B4F
61	夹	U+351B	151	櫂	U+6AF7	241	鯨	U+4B5C
62	槳		152	櫌	U+6B0C	242	鑓	U+297D0
63	匼		153	欕	U+6B15	243	駢	U+4B97
64	乍		154	正		244	喦	U+4BE9
65	卵		155	毛		245	虹	U+4C33
66	邰		156	沽	U+3CD3	246	蚯	U+4C36
67	斜	U+5381	157	洺	U+3CE3	247	鍋	U+4C69
68	辱		158	泼	U+6D4C	248	鯛	U+9C05
69	凷	U+20BA6	159	承	U+3D0D	249	鰱	U+29ECF
70	茋		160	迷	U+3D39	250	鰔	U+4C88
71	靠		161	潸	U+3D5B	251	鴛	U+9D1C
72	佗	U+358C	162	炑	U+3DB1	252	爇	U+2A34A
73	佂	U+358B	163	焔	U+3DC1	253	嬌	U+2A377
74	斃	U+54DB	164	熢	U+3DDE	254	芴	U+82BF

续表

序号	字	Unicode 编码	序号	字	Unicode 编码	序号	字	Unicode 编码
75	岾	U+517A	165	焝	U+3DDD	255	魵	U+9B75
76	崼	U+5DFC	166	军	U+3E34			
77	耂	U+3588	167	麀				
78	崚	U+359A	168	狂				
79	酙	U+3599	169	犰	U+3E70			
80	唟	U+551F	170	狠	U+7320			
81	唜	U+551C	171	獤	U+7364			
82	夞	U+591E	172	琓	U+7413			
83	啹	U+5579	173	垚				
84	哒	U+20D7D	174	畓	U+7553			
85	嗭	U+35AF	175	畎	U+24C62			
86	嗧	U+35B0	176	暖	U+24CAA			
87	㖳	U+35B3	177	硳	U+7873			
88	㖱	U+35B1	178	碤	U+40D0			
89	喆	U+20E0B	179	碶	U+78B6			
90	喥	U+20E0C	180	补	U+40FC			

（三）越南

越南文字经过三个不同的历史时代：一是使用汉字时代，举国上下统一使用汉字汉文，历时近两千余载；二是喃字汉字并用时期，约历时八百年左右，但喃字仅在民间文学中使用，没有变成官方、形成全国通用的文字；三是使用拼音文字国语字时代，从 20 世纪中叶拉丁字母拼音文字出现到现在，作为全国通用的文字才刚形成和初步完善；至今，拼音文字已成为越南官方正式使用的文字①。

喃字形成的时候，汉字早就出现了，它的结构已经完备、标准性比较高。喃字从借用汉字到越南人创造、发展，中间经过一段很长的时间，喃字没有汉字的象形、转注、指事几种原始造字法，可是它本身有另外一种叫做"会音造字法"，这是越南人根据自己的语言而灵活地创造出来的②。

①阮秋香.喃字发展演变初探 [D].华东师范大学，2011：6.
②武文银.喃字与汉字造字法比较研究 [D].湖南师范大学，2015：64.

第四节 规 范 性

在汉字规范历史上，地位较重要的是唐开成石经与明代的《洪武正韵》；开成石经是隋唐楷字定型的集中代表成果，从汉字发展史角度而言，开成石经在一定程度上改变了隶变以来汉字异体纷呈的局面，为之后历代汉字规范打下了坚实基础；明代《洪武正韵》将适于印刷的一些汉字字形作为汉字规范巩固下来，并与明代中叶形成的印刷宋体字合流，导致了汉字由手写汉字为主导的体系变成了手写汉字体系与印刷体汉字体系并存的局面；在这之后，在清代汉字规范《康熙字典》的推动下，印刷体汉字体系逐渐在汉字整个体系中占据主导位置；直到新中国成立后的《印刷通用汉字表》，以手写字形改印刷字形，二者在一定程度上实现合流，同时产生了所谓的"新旧字形"问题[①]。

一、中国大陆

中国大陆现行的字形标准是"印简写简"，从 20 世纪 50 年代开始，针对汉字存在的难、繁、乱的弊端，国家对汉字进行了大规模的简化和整理工作，并陆续出台了一系列有关汉字规范的文件：1955 年 12 月 22 日，文化部和中国文字改革委员会公布了《第一批异体字整理表》表内收异体字 810 组，共收录异体字 1865 字，选取规范字形 810 字，淘汰 1055 字；1964 年 5 月，公布了《简化字总表》，共收 2235 个简化字，平均每字 10.3 画，共简化繁体字 2264 字，平均每字 15.6 画；1965 年 1 月 30 日文化部和中国文字委员会公布了《印刷通用汉字字形表》。《字形表》收印刷用宋体铅字 6196字，确定了印刷宋体的字形，包括笔画数和字的结构、笔顺；1988 年 3 月 25 日，国家语言文字工作委员会和新闻出版署公布了《现代汉语通用字表》，包括笔画数、结构和笔顺，共收通用字 7000 字，其中含常用字 3500 字；2000 年 10 月 31 日，经第九届全国人民代表大会常务委员会第十八次会议通过了《中华人民共和国通用语言文字法》，并于 2001 年 1 月 1 日起正式实施，规定"规范汉字是指新中国建立以来，经过整理简化的汉字和未整理简化的汉字，并且由国家主管部门公布推行，是我国全国范围内通用的法定文字"[②]。

2013 年 6 月 5 日，教育部、国家语言文字工作委员会组织制定的《通用规范汉字

① 王泉 . 历代印刷汉字及相关规范问题 [D]. 华东师范大学，2013：380.
② 曹传梅 . 海峡两岸四地汉字"书同文"研究 [D]. 山东师范大学，2011：6—7.

表》正式发布，该表是《中华人民共和国国家通用语言文字法》的配套规范，是现代记录汉语的通用规范字集，体现着现代通用汉字在字量、字级和字形等方面的规范。《通用规范汉字表》共收录汉字 8105 个：一级字表为常用字集，收字 3500 个，主要满足基础教育和文化普及的基本用字需要；二级字表收字 3000 个，使用度仅次于一级字；一、二级字表合计 6500 字，主要满足出版印刷、辞书编纂和信息处理等方面的一般用字需要；三级字表收字 1605 个，是姓氏人名、地名、科学技术术语和中小学语文教材文言文用字中未进入一、二级字表的较通用的字。

二、台湾地区

台湾地区自 20 世纪 60 年代末期开始重视汉字的标准化问题，着手整理汉字。先后确定了《常用国字标准字体表》为主，辅以《次常用字国字标准字体表》、《罕用字体表》的字形标准。《常用国字标准字体表》，又叫甲表，收常用字 4808 字，在经过两次修订后，于 1982 年 9 月 1 日公告启用。《次常用国字标准字体表》，也叫乙表，收次常用字 6341 字，于 1982 年 12 月问世。《罕用字体表》，有叫丙表，收罕用字 18480 字，于 1983 年 10 月问世。1983 年 8 月，通过整理收录甲、乙、丙三个字表所收的字，编成《异体字表》，也叫丁表，收异体字 18609 字 [①]。

三、香港特区

香港过去一直是双语（英语、汉语 / 粤语）双文（英文、中文 / 繁体汉字），香港回归后，按照《中华人民共和国香港特别行政区基本法》第一章总则第九条规定"香港特别行政区的行政机关、立法机关和司法机关，除使用中文外，还可使用英文，英文也是正式语文"。汉字字形标准方面，香港是印繁写繁的，香港的公文、报刊及教科书等各类书籍，基本以繁体字为规范。在字形规范方面，香港教育署于 1986 年委托教育学院中文系编定了《常用字字形表》，表中列举了 4719 个常用字的标准字形，作为香港小学及初中课文的中文字型标准 [②]。

---

① 苏培成 . 现代汉字学纲要（增订本）[M]. 北京：北京大学出版社 ,2001：231.
② 曹传梅 . 海峡两岸四地汉字"书同文"研究 [D]. 山东师范大学，2011：7.

第三章　Unicode

Unicode（统一码）给每个字符提供了一个唯一的数字，不论是什么平台、不论是什么程序、不论是什么语言；在创造 Unicode 之前，有数百种指定这些数字的编码系统，没有一个编码可以包含足够的字符，这些编码系统也会互相冲突；Unicode 标准已经被 Apple、HP、IBM、JustSystem、Microsoft、Oracle、SAP、Sun、Sybase、Unisys 和 其 他 许多公司采用，XML（Extensible Markup Language）、Java、ECMAScript（JavaScript）、LDAP（Lightweight Directory Access Protocol）、CORBA 3.0、WML（Wireless Markup Language）等标准都需要 Unicode，并且 Unicode 是实现 ISO/IEC 10646 的正规方式，许多操作系统、所有最新的浏览器和许多其他产品都支持它；Unicode 标准的出现和支持它工具的存在，是近来全球软件技术最重要的发展趋势；Unicode 使单一软件产品或单一网站能够贯穿多个平台、语言和国家而不需要重建，可将数据传输到许多不同的系统而无损坏①。

第一节　Unicode 概述

Unicode 标准是由计算机专家、语言学家和学者团队创建的，成为一个世界范围的字符标准，使易用的文本编码无处不在；因此，Unicode 标准遵循一系列基本原则：广泛性（Universal repertoire）；逻辑顺序（Logical Order）；高效性（Efficiency）；统一性（Unification）；字符编码，而非字形编码（Character，Not Glyph）；动态组合（Dynamic Composition）；语义性（Semantic）；稳定性（Stability）；纯文本（Plain Text）；可转换性（Convertibility）②。Unicode 的发展历程如表 3-1 所示。

---

① 什么是 Unicode（统一码）［OL］.［2016-8-16］.http://www.unicode.org/standard/translations/s-chinese.html.
② The Unicode Standard: A Technical Introduction［OL］.［2016-8-16］.http://www.unicode.org/standard/principles.html.

表 3-1　Unicode 发展历程表 ①

版本	发布时间	版本	发布时间	版本	发布时间
1.0.0	1991 年 10 月	3.0.0	1999 年 9 月	5.1.0	2008 年 4 月
1.0.1	1992 年 6 月	3.0.1	2000 年 8 月	5.2.0	2009 年 10 月
1.1.0	1993 年 6 月	3.1.0	2001 年 3 月	6.0.0	2010 年 10 月
1.1.5	1995 年 7 月	3.1.1	2001 年 8 月	6.1.0	2012 年 1 月
2.0.0	1996 年 7 月	3.2.0	2002 年 3 月	6.2.0	2012 年 9 月
2.1.2	1998 年 5 月	4.0.0	2003 年 4 月	6.3.0	2013 年 9 月
2.1.5	1998 年 8 月	4.0.1	2004 年 3 月	7.0.0	2014 年 6 月
2.1.8	1998 年 12 月	4.1.0	2005 年 3 月	8.0.0	2015 年 6 月
2.1.9	1999 年 4 月	5.0.0	2006 年 7 月	9.0.0	2016 年 6 月

一、编码范围

Unicode 的编码范围为 0x000000 至 0x10FFFF（16 进制），最多可以容纳 1114112 个字符。目前，Unicode 的最新版本为 9.0.0，包含 128172 个字符 ②，文字集如表 3-2 所示，符号集如表 3-3 所示。

表 3-2　Unicode 文字表 ③

集合	子集	补集
欧洲文字（European Scripts）	亚美尼亚文（Armenian）	亚美尼亚连字（Armenian Ligatures）
	高加索阿尔巴尼亚文（Caucasian Albanian）	
	塞浦路斯音节文字（Cypriot Syllabary）	
	西里尔文（Cyrillic）	西里尔文增补（Cyrillic Supplement）
		西里尔文扩展 A（Cyrillic Extended-A）
		西里尔文扩展 B（Cyrillic Extended-B）
		西里尔文扩展 C（Cyrillic Extended-C）

续表

集合	子集	补集
欧洲文字（European Scripts）	爱尔巴桑文（Elbasan）	
	格鲁吉亚文（Georgian）	格鲁吉亚文增补（Georgian Supplement）
	格拉哥里文（Glagolitic）	格拉哥里文增补（Glagolitic Supplement）
	哥特文（Gothic）	
	希腊文（Greek）	希腊文扩展（Greek Extended）
		古希腊数字（Ancient Greek Numbers）
	拉丁文（Latin）	基本拉丁文（Basic Latin (ASCII)）
		拉丁文增补 1（Latin-1 Supplement）
		拉丁文扩展 A（Latin Extended-A）
		拉丁文扩展 B（Latin Extended-B）
		拉丁文扩展 C（Latin Extended-C）
		拉丁文扩展 D（Latin Extended-D）
		拉丁文扩展 E（Latin Extended-E）
		拉丁文扩展附加（Latin Extended Additional）
		拉丁文连字（Latin Ligatures）
		全角拉丁字母（Fullwidth Latin Letters）
		国际音标扩展（IPA Extensions）
		拉丁字母音标扩展（Phonetic Extensions）
		拉丁字母音标扩展增补（Phonetic Extensions Supplement）
	线性文字 A（Linear A）	
	线性文字 B（Linear B）	线形文字 B 音节文字（Linear B Syllabary）
		线形文字 B 表意文字（Linear B Ideograms）
		爱琴海数字（Aegean Numbers）
	欧甘文（Ogham）	
	古匈牙利文（Old Hungarian）	
	古意大利文（Old Italic）	
	古彼尔姆文（Old Permic）	

续表

集合	子集	补集
欧洲文字（European Scripts）	斐斯托斯圆盘文（Phaistos Disc）	
	如尼文（Runic）	
	萧伯纳速记符号（Shavian）	
修饰符号（Modifier Letters）	声调修饰符号（Modifier Tone Letters）	
	进格修饰符号（Spacing Modifier Letters）	
	上标和下标（Superscripts and Subscripts）	
组合符号（Combining Marks）	组合变音符号（Combining Diacritical Marks）	组合变音符号扩展（Combining Diacritical Marks Extended）
		组合变音符号增补（Combining Diacritical Marks Supplement）
	组合变音符号标记（Combining Diacritical Marks for Symbols）	
	组合半角标（Combining Half Marks）	
非洲文字（African Scripts）	Adlam 文（Adlam）	
	Bamum 文（Bamum）	Bamum 文增补（Bamum Supplement）
	Bassa Vah 文（Bassa Vah）	
	科普特文（Coptic）	科普特文用希腊字母（Coptic in Greek block）
		科普特数字（Coptic Epact Numbers）
	埃及象形文字（Egyptian Hieroglyphs）	
	埃塞俄比亚文（Ethiopic）	埃塞俄比亚文增补（Ethiopic Supplement）
		埃塞俄比亚文扩展（Ethiopic Extended）
		埃塞俄比亚文扩展 A（Ethiopic Extended-A）
	Kikakui（Mende）文（Mende Kikakui）	
	梅罗伊文（Meroitic）	梅罗伊草书（Meroitic Cursive）
		梅罗伊象形文字（Meroitic Hieroglyphs）

续表

集合	子集	补集
非洲文字（African Scripts）	N'Ko 文（N'Ko）	
	奥斯曼亚文（Osmanya）	
	提非纳文（Tifinagh）	
	Vai 文（Vai）	
中东文字（Middle Eastern Scripts）	安纳托利亚象形文字（Anatolian Hieroglyphs）	
	阿拉伯文（Arabic）	阿拉伯文增补（Arabic Supplement）
		阿拉伯文扩展 A（Arabic Extended−A）
		阿拉伯文变体 A（Arabic Presentation Forms−A）
		阿拉伯文变体 B（Arabic Presentation Forms−B）
	阿拉姆文（Aramaic，Imperial）	
	阿维斯文（Avestan）	
	迦南文（Carian）	
	楔形文字（Cuneiform）	楔形文字数字和标点（Cuneiform Numbers and Punctuation）
		王朝早期楔形文字（Early Dynastic Cuneiform）
		古波斯文（Old Persian）
		乌加里特文（Ugaritic）
	Hatran 文（Hatran）	
	希伯来文（Hebrew）	希伯来文变体（Hebrew Presentation Forms）
	利西亚文（Lycian）	
	吕底亚文（Lydian）	
	Mandaic 文（Mandaic）	
	纳巴泰文（Nabataean）	
	古北阿拉伯文（Old North Arabian）	
	古南阿拉伯文（Old South Arabian）	

续表

集合	子集	补集
中东文字（Middle Eastern Scripts）	巴列维文 铭文（Pahlavi, Inscriptional）	
	巴列维文 圣书（Pahlavi, Psalter）	
	帕尔米伦文（Palmyrene）	
	帕提亚文 铭文（Parthian, Inscriptional）	
	腓尼基文（Phoenician）	
	撒玛利亚文（Samaritan）	
	叙利亚文（Syriac）	
中亚文字（Central Asian Scripts）	摩尼文（Manichaean）	
	Marchen 文（Marchen）	
	蒙古文（Mongolian）	蒙古文增补（Mongolian Supplement）
	古突厥文（Old Turkic）	
	八思巴文（Phags-Pa）	
	藏文（Tibetan）	
南亚文字（South Asian Scripts）	阿霍姆文（Ahom）	
	孟加拉文（Bengali and Assamese）	
	拜库施吉文（Bhaiksuki）	
	婆罗米文（Brahmi）	
	查克玛文（Chakma）	
	梵文（Devanagari）	梵文扩展（Devanagari Extended）
	Grantha 文（Grantha）	
	古吉拉特文（Gujarati）	
	果鲁穆奇文（Gurmukhi）	
	Kaithi 文（Kaithi）	
	卡纳达文（Kannada）	
	迦娄士悌文（Kharoshthi）	
	Khojki 文（Khojki）	
	Khudawadi 文（Khudawadi）	
	雷布查文（Lepcha）	
	林布文（Limbu）	
	Mahajani 文（Mahajani）	

续表

集合	子集	补集
南亚文字（South Asian Scripts）	马拉雅拉姆文（Malayalam）	
	曼尼普尔文（Meetei Mayek）	曼尼普尔文扩展（Meetei Mayek Extensions）
	Modi 文（Modi）	
	Mro 文（Mro）	
	Multani 文（Multani）	
	涅瓦文（Newa）	
	Ol Chiki 文（Ol Chiki）	
	奥里雅文（Oriya (Odia)）	
	索拉什特拉文（Saurashtra）	
	Sharada 文（Sharada）	
	悉昙文（Siddham）	
	僧伽罗文（Sinhala）	僧伽罗数字（Sinhala Archaic Numbers）
	Sora Sompeng 文（Sora Sompeng）	
	Syloti Nagri 文（Syloti Nagri）	
	Takri 文（Takri）	
	泰米尔文（Tamil）	
	泰卢固文（Telugu）	
	塔纳文（Thaana）	
	Tirhuta 文（Tirhuta）	
	吠陀梵文扩展（Vedic Extensions）	
	Warang Citi 文（Warang Citi）	
东南亚文字（Southeast Asian Scripts）	占文（Cham）	
	克耶文（Kayah Li）	
	高棉文（Khmer）	高棉符号（Khmer Symbols）
	老挝文（Lao）	
	缅甸文（Myanmar）	缅甸文扩展 A（Myanmar Extended-A）
		缅甸文扩展 B（Myanmar Extended-B）
	新傣文（New Tai Lue）	
	杨松录苗文（Pahawh Hmong）	
	Pau Cin Hau 文（Pau Cin Hau）	

集合	子集	补集
东南亚文字（Southeast Asian Scripts）	德宏傣文（Tai Le）	
	西双版纳傣文（Tai Tham）	
	越南傣文（Tai Viet）	
	泰文（Thai）	
印尼 澳洲文字（Indonesia & Oceania Scripts）	巴厘文（Balinese）	
	巴塔克文（Batak）	
	布吉文（Buginese）	
	布迪文（Buhid）	
	哈努诺文（Hanunoo）	
	爪哇文（Javanese）	
	Rejang 文（Rejang）	
	巽他文（Sundanese）	巽他文增补（Sundanese Supplement）
	塔加路文（Tagalog）	
	Tagbanwa 文（Tagbanwa）	
东亚文字（East Asian Scripts）	注音符号（Bopomofo）	注音符号扩展（Bopomofo Extended）
	中日韩统一表意文字（CJK Unified Ideographs (Han))	中日韩统一表意文字扩展 A（CJK Extension-A）
		中日韩统一表意文字扩展 B（CJK Extension-B）
		中日韩统一表意文字扩展 C（CJK Extension-C）
		中日韩统一表意文字扩展 D（CJK Extension-D）
		中日韩统一表意文字扩展 E（CJK Extension-E）
	中日韩兼容表意文字（CJK Compatibility Ideographs）	中日韩兼容表意文字增补（CJK Compatibility Ideographs Supplement）
	中日韩统一表意文字部首 / 康熙字典部首（CJK Radicals / KangXi Radicals）	中日韩统一表意文字部首增补（CJK Radicals Supplement）
		中日韩统一表意文字笔画（CJK Strokes）
		表意文字描述字符（Ideographic Description Characters）

集合	子集	补集
东亚文字（East Asian Scripts）	朝鲜文（Hangul Jamo）	朝鲜文扩展 A（Hangul Jamo Extended-A）
		朝鲜文扩展 B（Hangul Jamo Extended-B）
		朝鲜兼容文字（Hangul Compatibility Jamo）
		半角朝鲜文（Halfwidth Jamo）
	朝鲜文音节（Hangul Syllables）	
	平假名（Hiragana）	
	片假名（Katakana）	片假名音标扩充（Katakana Phonetic Extensions）
		片假名增补（Kana Supplement）
		半角片假名（Halfwidth Katakana）
	汉字注释（Kanbun）	
	傈僳文（Lisu）	
	苗文（Miao）	
	西夏文（Tangut）	西夏文部件（Tangut Components）
	彝文（Yi）	彝文音节（Yi Syllables）
		彝文字根（Yi Radicals）
美洲文字（American Scripts）	切罗基文（Cherokee）	切罗基文增补（Cherokee Supplement）
	德塞雷特大学音标（Deseret）	
	奥色治文（Osage）	
	加拿大印第安方言（Unified Canadian Aboriginal Syllabics）	加拿大印第安方言扩展（UCAS Extended）
其他（Other）		字母变体（Alphabetic Presentation Forms）
		ASCII 字符（ASCII Characters）
		半角及全角字符（Halfwidth and Fullwidth Forms）

表 3-3　Unicode 符号表 ①

集合	子集	补集
符号系统（Notational Systems）	盲文（Braille Patterns）	
	音乐符号（Musical Symbols）	古希腊音乐符号（Ancient Greek Musical Notation）
		拜占庭音乐符号（Byzantine Musical Symbols）
	杜普雷严符号（Duployan）	速记格式控制符（Shorthand Format Controls）
	萨顿书写符号（Sutton SignWriting）	
标点符号（Punctuation）	通用标点符号（General Punctuation）	ASCII 标点符号（ASCII Punctuation）
		拉丁 -1 标点符号（Latin-1 Punctuation）
		标点符号增补（Supplemental Punctuation）
	中日韩符号和标点（CJK Symbols and Punctuation）	表义符号和标点（Ideographic Symbols and Punctuation）
	中日韩兼容形式标点（CJK Compatibility Forms）	半角和全角形式标点（Halfwidth and Fullwidth Forms）
		小型变体形式标点（Small Form Variants）
		竖排符号（Vertical Forms）
字母数字符号（Alphanumeric Symbols）	似字母符号（Letterlike Symbols）	罗马符号（Roman Symbols）
	数学用字母数字符号（Mathematical Alphanumeric Symbols）	
	阿拉伯数学用数学字母符号（Arabic Mathematical Alphabetic Symbols）	
	带括号的字母数字符号（Enclosed Alphanumerics）	带括号的字母数字符号增补（Enclosed Alphanumeric Supplement）
	带括号的中日韩字母及月份（Enclosed CJK Letters and Months）	带括号的表意文字增补（Enclosed Ideographic Supplement）
	中日韩兼容字符（CJK Compatibility）	附加平方符号（Additional Squared Symbols）

---

① Unicode 9.0 Character Code Charts［OL］.［2016-8-16］. http://www.unicode.org/charts/.

续表

集合	子集	补集
技术符号（Technical Symbols）		APL 符号（APL symbols）
		控制图符（Control Pictures）
		零杂技术符号（Miscellaneous Technical）
		光学字符识别符号（Optical Character Recognition (OCR)）
数字（Numbers & Digits）	ASCII 数字（ASCII Digits）	全角 ASCII 数字（Fullwidth ASCII Digits）
	通用印度数字形式（Common Indic Number Forms）	
	科普特闰余数字（Coptic Epact Numbers）	
	计数棒数字（Counting Rod Numerals）	
	楔形文字数字和标点（Cuneiform Numbers and Punctuation）	
	数字形式（Number Forms）	
	鲁米数字符号（Rumi Numeral Symbols）	
	僧伽罗语古代数字（Sinhala Archaic Numbers）	
	上标和下标（Super and Subscripts）	
数学符号（Mathematical Symbols）	箭头符号（Arrows）	箭头符号增补 A（Supplemental Arrows-A）
		箭头符号增补 B（Supplemental Arrows-B）
		箭头符号增补 C（Supplemental Arrows-C）
		附加箭头符号（Additional Arrows）
		零杂符号和箭头（Miscellaneous Symbols and Arrows）
	数学用字母数字符号（Mathematical Alphanumeric Symbols）	阿拉伯数学用数学字母符号（Arabic Mathematical Alphabetic Symbols）
		似字母符号（Letterlike Symbols）
	数学运算符号（Mathematical Operators）	基础数学运算符号（Basic operators: Plus, Factorial, Division, Multiplication）

续表

集合	子集	补集
数学符号（Mathematical Symbols）	数学运算符号（Mathematical Operators）	数学运算符号增补（Supplemental Mathematical Operators）
		零杂数学符号 A（Miscellaneous Mathematical Symbols−A）
		零杂数学符号 B（Miscellaneous Mathematical Symbols−B）
		下限和上限（Floors and Ceilings）
		不可见运算符号（Invisible Operators）
	几何形状（Geometric Shapes）	附加几何形状（Additional Shapes）
		制表符（Box Drawing）
		方块元素符（Block Elements）
		几何形状扩展（Geometric Shapes Extended）
表情符号和象形文字（Emoji & Pictographs）	装饰符（Dingbats）	观赏性装饰符（Ornamental Dingbats）
	表情符号（Emoticons）	
	零杂符号（Miscellaneous Symbols）	
	零杂符号和标点（Miscellaneous Symbols And Pictographs）	
	零杂符号和标点增补（Supplemental Symbols and Pictographs）	
	交通和地图符号（Transport and Map Symbols）	
其他符号（Other Symbols）	炼金术符号（Alchemical Symbols）	
	古代符号（Ancient Symbols）	
	货币符号（Currency Symbols）	美元欧元符号（Dollar Sign, Euro Sign）
		日元、磅和分符号（Yen, Pound and Cent）
		全角货币符号（Fullwidth Currency Symbols）
		里亚尔符号（Rial Sign）
	游戏符号（Game Symbols）	国际象棋，西洋跳棋 / 国际跳棋符号（Chess, Checkers/Draughts）

续表

集合	子集	补集
其他符号（Other Symbols）	游戏符号（Game Symbols）	多米诺骨牌符号（Domino Tiles）
		日本棋（Japanese Chess）
		麻将牌符号（Mahjong Tiles）
		扑克花色符号（Playing Cards）
		卡牌套装（Card suits）
	杂项符号和箭头（Miscellaneous Symbols and Arrows）	
	易经符号（Yijing Symbols）	易经阴阳和卦象符号（Yijing Mono-, Di- and Trigrams）
		易经六十四卦象（Yijing Hexagram Symbols）
		太玄经符号（Tai Xuan Jing Symbols）
特殊符号（Specials）		控制符 C0，C1（Controls: C0, C1）
		版面控制符（Layout Controls）
		不可见操作符（Invisible Operators）
	特殊符号（Specials）	
	标签（Tags）	
	字型变换选取器（Variation Selectors）	字型变换选取器增补（Variation Selectors Supplement）

Unicode 将编码空间划分为 17 个平面（Plane），第 0 平面为 BMP（Basic Multilingual Plane，基本多文种平面），编码范围为 U+0000 至 U+FFFF，如图 3-1 所示；第 1 平面为 SMP（Supplementary Multilingual Plane，多文种补充平面），编码范围为 U+10000 至 U+1FFFF，如图 3-2 所示；第 2 平面为 SIP（Supplementary Ideographic Plane，表意文字补充平面），编码范围为 U+20000 至 U+2FFFF，如图 3-3 所示；第 3 平面为 TIP（Tertiary Ideographic Plane，表意文字第三平面），编码范围为 U+30000 至 U+3FFFF，如图 3-4 所示；第 4 平面至第 13 平面，编码范围为 U+40000 至 U+DFFFF，尚未使用；第 14 平面为 SSP（Supplementary Special-purpose Plane，特用补充平面），编码范围为 U+E0000 至 U+EFFFF，如图 3-5 所示；第 15 平面为 PUA-A（Private Use Area-A，私用A区），编码范围为 U+F0000 至 U+FFFFF；第 16 平面为 PUA-B（Private Use Area-B，私用 B 区），编码范围为 U+100000 至 U+10FFFF。

	0	1	2	3	4	5	6	7	8	9	A	B	C	D	E	F
00	C0 Controls		Basic Latin						C1 Controls		Latin 1 Supplement					
01	Latin Extended-A								Latin Extended-B							
02	Latin Extended-B					IPA Extensions						Spacing Modifiers				
03	Combining Diacritics							Greek								
04	Cyrillic															
05	Cyrillic Sup.			Armenian						Hebrew						
06	Arabic															
07	Syriac					Arabic Sup.			Thaana				N'Ko			
08	Samaritan				Mandaic		(SyrSup)	???	???	???	Arabic Extended-A					
09	Devanagari								Bengali							
0A	Gurmukhi								Gujarati							
0B	Oriya								Tamil							
0C	Telugu								Kannada							
0D	Malayalam								Sinhala							
0E	Thai								Lao							
0F	Tibetan															
10	Myanmar										Georgian					
11	Hangul Jamo															
12	Ethiopic															
13	Ethiopic								Eth. Sup.		Cherokee					
14	Unified Canadian Aboriginal Syllabics															
15	Unified Canadian Aboriginal Syllabics															
16	Unified Canadian Aboriginal Syllabics								Ogham		Runic					
17	Tagalog		Hanunóo		Buhid		Tagbanwa		Khmer							
18	Mongolian											Canadian Syllabics Ext.				
19	Limbu					Tai Le			New Tai Lue						Khmer Symb.	
1A	Buginese		Tai Tham									Comb. Diacritics Ext.				
1B	Balinese								Sundanese				Batak			
1C	Lepcha					Ol Chiki			Cyr-xC	(Georgian Ext.)			Sund	Vedic Extensions		
1D	Phonetic Extensions								Phonetic Ext. Sup.				Comb. Diacritics Sup.			
1E	Latin Extended Additional															
1F	Greek Extended															
20	General Punctuation							Subs/Supers			Currency			Diac. Symbs.		
21	Letterlike Symbols					Number Forms				Arrows						
22	Mathematical Symbols															
23	Miscellaneous Technical															
24	Control Pictures				OCR		Enclosed Alphanumerics									
25	Box Drawing								Blocks		Geometric Shapes					
26	Miscellaneous Symbols															
27	Dingbats												MiscMathA			Arrows
28	Braille Patterns															
29	Supplemental Arrows-B								Misc. Mathematical Symbols-B							
2A	Supplemental Mathematical Operators															
2B	Miscellaneous Symbols and Arrows															
2C	Glagolitic						Latn Ext-C		Coptic							
2D	Georgian Sup.			Tifinagh					Ethiopic Extended						Cyrl Ext-A	
2E	Supplemental Punctuation								CJK Radicals							
2F	Kangxi Radicals														???	IDC
30	CJK Syms. & Punct.				Hiragana						Katakana					
31	Bopomofo			Hangul Compatibility Jamo						Kbn	Bpmf Ext.		CJK Strokes			Kk.

32	Enclosed CJK Letters & Months		
33	CJK Compatibility		
34	CJK Unified Ideographs Extension A		
35	CJK Unified Ideographs Extension A		
36	CJK Unified Ideographs Extension A		
37	CJK Unified Ideographs Extension A		
……			
4B	CJK Unified Ideographs Extension A		
4C	CJK Unified Ideographs Extension A		
4D	CJK Unified Ideographs Extension A		Yijing Hexagrams
4E	CJK Unified Ideographs		
4F	CJK Unified Ideographs		
50	CJK Unified Ideographs		
51	CJK Unified Ideographs		
……			
9E	CJK Unified Ideographs		
9F	CJK Unified Ideographs		
A0	Yi		
A1	Yi		
A2	Yi		
A3	Yi		
A4	Yi	Yi Radicals	Lisu
A5	Vai		
A6	Vai	Cyrillic Extended-B	Bamum
A7	Mod. Tone	Latin Extended-D	
A8	Syloti Nagri	Ind№	Phags-pa	Saurashtra	Deva Ext.
A9	Kayah Li	Rejang	HangulA	Javanese	Mymr Ext.B
AA	Cham	Mymr Ext.A	Tai Viet	Mtei Ext
AB	Ethiopic Ext-A	Latin Extended-E	Cherokee Supplement	Meetei Mayek
AC	Hangul Syllables		
AD	Hangul Syllables		
AE	Hangul Syllables		
……			
D5	Hangul Syllables		
D6	Hangul Syllables		
D7	Hangul Syllables		Hangul Jamo Extended-B
D8	High-half Surrogates Area for UTF-16		
D9	High-half Surrogates Area for UTF-16		
DA	High-half Surrogates Area for UTF-16		
DB	High-half Surrogates Area for UTF-16		
DC	Low-half Surrogates Area for UTF-16		
DD	Low-half Surrogates Area for UTF-16		
DE	Low-half Surrogates Area for UTF-16		
DF	Low-half Surrogates Area for UTF-16		
E0	Private Use Area		
E1	Private Use Area		
E2	Private Use Area		
E3	Private Use Area		
E4	Private Use Area		

E5	Private Use Area											
E6	Private Use Area
E7	Private Use Area
……	
F6	Private Use Area
F7	Private Use Area
F8	Private Use Area
F9	CJK Compatibility Ideographs
FA	CJK Compatibility Ideographs
FB	Alphabetic Pres. Forms / Arabic Presentation Forms A
FC	Arabic Presentation Forms A
FD	Arabic Presentation Forms A / Nonchars. / APF-A
FE	Vars. / Vert. / Half / CJKcomp / Small / Arabic Presentation Forms B
FF	Halfwidth & Fullwidth Forms / Spec.

图 3-1　Unicode 第 0 平面编码区域图 [1]

	0	1	2	3	4	5	6	7	8	9	A	B	C	D	E	F
100	Linear B Syllabary								Linear B Ideograms
101	Aegean Numbers			Ancient Greek Numbers					Ancient Symbols				Phaistos Disc
102	(Iberian)			???					Lycian		Carian				Coptic Ep №
103	Old Italic		Gothic		Old Permic				Ugaritic		Old Persian				¿ShavianQS?
104	Deseret				Shavian				Osmanya				Osage
105	Elbasan		Cauc. Albanian			¿Veqilharxhi (Buthakukye)?						¿Todhri?
106	Linear A															
107	Linear A								¿Cypro-Minoan?
108	Cypriot		Imp.Aramaic		Palmyrene				Nabataean	???	¿Numidian?		Hatran
109	Phoenician	Lydian	???	???	???	???	Meroitic H.			Meroitic Cursive
10A	Kharoshthi			O.S.Arabian		O.N.Arabian	(Balti)		Manichaean
10B	Avestan		Parthian		Insc. Phlv.		Psalt. Phlv.		(Book Pahlavi)		(Baburi)
10C	Old Turkic		???	???	???		Old Hungarian
10D	(Hanifi Rohingya)		(Garay (Wolof))				¿Byblos?
10E	(Old Sogdian)		(Sogdian)		Rumi Symb.		¿Uyghur?				¿Elymaic?
10F	???						???
110	Brahmi						Kaithi				Sora Sompeng
111	Chakma			Mahajani			Sharada				Sinh Arch №
112	Khojki			(Landa)			Multani			Khudawadi
113	Grantha						(Tulu)			¿Sharada Ext.?
114	Newa				Tirhuta			(Tani)
115	(Ranjana)					Siddham
116	Modi			Mong. Supp.			Takri			(Jenticha)
117	Ahom			(Zou)			(Pyu)
118	(Dogra)			¿Sirmauri?		???		Warang Citi
119	(Tolong Siki)		(Tikamuli)		(Khambu Rai)		(Kirat Rai)
11A	(Zanabazar Square)		(Soyombo)			???	Pau Cin Hau
11B	(Dhives Akuru)		(Leke)		(Nandinagari)			???
11C	Bhaiksuki			Marchen			(Balti-B)
11D	(Masaram Gondi)		(Gunjala Gondi)			(Kawi)
11E	(Tocharian)		(Khotanese)		???	(Makasar)

① Roadmap to the BMP[OL].[2016-8-16].http://www.unicode.org/roadmaps/bmp/.

11F	(Vatteluttu)	???	???	¿Chola?	(Tamil Supplement)
11F	(Vatteluttu)	???	???	¿Chola?	(Tamil Supplement)
120	Cuneiform				
121	Cuneiform				
122	Cuneiform				
123	Cuneiform				
124	Cuneiform Numbers			Early Dynastic Cuneiform	
125	Early Dynastic Cuneiform	???	???	???	???
126	¿Proto-Cuneiform?				
127	¿Proto-Cuneiform?				
128	¿Proto-Cuneiform?				
129	¿Proto-Cuneiform?				
12A	¿Proto-Cuneiform?				
12B	¿Proto-Cuneiform?				
12C	¿Proto-Cuneiform?				
12D	¿Proto-Cuneiform?				
12E	(Indus)				
12F	(Indus)	???	???	???	???	???	???	???
130	Egyptian Hieroglyphs				
131	Egyptian Hieroglyphs				
132	Egyptian Hieroglyphs				
133	Egyptian Hieroglyphs				
134	Egyptian Hier.	(Egyptian Hieroglyphs Extended-A)			
135	(Egyptian Hieroglyphs Extended-A)				
136	(Egyptian Hieroglyphs Extended-A)				
137	(Egyptian Hieroglyphs Extended-A)				
......					
142	(Egyptian Hieroglyphs Extended-A)				
143	(Egyptian Hieroglyphs Extended-A)				
144	Anatolian Hieroglyphs				
145	Anatolian Hieroglyphs				
146	Anatolian Hieroglyphs		(Egyptian Hieroglyphs Extended-B)		
147	(Egyptian Hieroglyphs Extended-B)				
148	(Egyptian Hieroglyphs Extended-B)				
149	(Egyptian Hieroglyphs Extended-B)				
14A	(Egyptian Hieroglyphs Extended-B)				
14B	(Egyptian Hieroglyphs Extended-B)				
14C	(Egyptian Hieroglyphs Extended-B)				
14D	(Egyptian Hieroglyphs Extended-B)				
14E	(Egyptian Hieroglyphs Extended-B)				
14F	(Egyptian Hieroglyphs Extended-B)				
150	(Lampung)	(Kerinci)	???	(Mandombe)	
151	(Mandombe)				
152	(Mandombe)				
153	(Mandombe)				
154	(Mandombe)				
155	¿Maya Hieroglyphs?				
156	¿Maya Hieroglyphs?				
157	¿Maya Hieroglyphs?				
158	¿Maya Hieroglyphs?				
159	¿Maya Hieroglyphs?				
15A	???		???		
15B	???		???		
15C	¿Aztec Pictograms?				

15D	¿Aztec Pictograms?					
15E	¿Aztec Pictograms?					
15F	¿Aztec Pictograms?					
160	(Cirth)			(Tengwar)		
161	(Khema (Gurung))	¿Khe Prih (Gurung)?	???	(Moon)		
162	(Blissymbols)					
163	(Blissymbols)					
164	(Blissymbols)					
165	(Blissymbols)					
166	(Blissymbols)					
167	(Bagam)			¿Iban?		
168	**Bamum Supplement**					
169	**Bamum Supplement**					
16A	**Bamum Suppl.**	**Mro**	(Tangsa(Mossang))	**Bassa Vah**		
16B	**Pahawh Hmong**		(Woleai)			
16C	(Kpelle)		(Afaka)	(Tangsa(Khimhun))		
16D	(Loma)			(Kulitan)		
16E	(Mwangwego)	(Medefaidrin)		(Buginese Supplement)		
16F	**Miao**		¿Lontara bilang-bilang?	Ideo.Sym&Punc.		
170	**Tangut**					
171	**Tangut**					
172	**Tangut**					
......						
185	**Tangut**					
186	**Tangut**					
187	**Tangut**					
188	**Tangut Components**					
189	**Tangut Components**					
18A	**Tangut Components**					
18B	(Khitan Small Script)					
18C	(Khitan Small Script)					
18D	(Khitan Ideographs)					
......						
194	(Khitan Ideographs)					
195	(Khitan Ideographs)					
196	(Jurchen)					
197	(Jurchen)					
198	(Jurchen)					
199	(Jurchen)					
19A	(Jurchen)					
19B	(Jurchen)	(Jurchen Radicals)	???	???	???	??? ??? ???
19C	???					
19D	???					
19E	(Pau Cin Hau Syllabary)					
19F	(Pau Cin Hau Syllabary)					
1A0	(Pau Cin Hau Syllabary)					
1A1	(Pau Cin Hau Syllabary)					
1A2	(Pau Cin Hau Syllabary)					
1A3	(Eskaya)					
1A4	(Eskaya)					
1A5	(Eskaya)					
1A6	(Eskaya)					

1A7	(Eskaya)	???	???	???	
1A8	¿Naxi Geba?				
1A9	¿Naxi Geba?				
1AA	¿Naxi Geba?		???	(Naxi Dongba)	
1AB	(Naxi Dongba)				
1AC	(Naxi Dongba)				
1AD	(Naxi Dongba)				
1AE	(Naxi Dongba)				
1AF	(Naxi Dongba)				
1B0	**Kana Supplement**				
1B1	¿Kaida?		(Nushu)		
1B2	(Nushu)				
1B3	(Shuishu)				
1B4	(Shuishu)				
1B5	¿Proto-Elamite?				
1B6	¿Proto-Elamite?				
1B7	¿Proto-Elamite?				
1B8	¿Proto-Elamite?				
1B9	¿Proto-Elamite?				
1BA	¿Proto-Elamite?				
1BB	¿Proto-Elamite?				
1BC	**Duployan**		**ShFC**	(Pitman Sh)	
1BD	¿Shorthands?				
1BE	¿Shorthands?				
1BF	¿Shorthands?				
1C0	¿Micmac Hieroglyphs?				
1C1	¿Micmac Hieroglyphs?				
1C2	¿Micmac Hieroglyphs?				
1C3	¿Micmac Hieroglyphs?				
1C4	¿Micmac Hieroglyphs?				
1C5	¿Micmac Hieroglyphs?				
1C6	¿Micmac Hieroglyphs?				
1C7	¿Micmac Hieroglyphs?				
1C8	¿Micmac Hieroglyphs?				
1C9	¿Micmac Hieroglyphs?				
1CA	¿Micmac Hieroglyphs?		¿Rongorongo?		
1CB	¿Rongorongo?				
1CC	¿Rongorongo?				
1CD	¿Rongorongo?		???	???	???	???
1CE	???		???		
1CF	???		???		
1D0	**Byzantine Musical Symbols**				
1D1	**Musical Symbols**				
1D2	**Anc. Greek Music. Notation**	???	???	???	???
1D3	**Tai Xuan Jing Symbols**	**Rod Nums**	¿Mathematical Alphanumeric Symbols Supplement?		
1D4	**Mathematical Alphanumeric Symbols**				
1D5	**Mathematical Alphanumeric Symbols**				
1D6	**Mathematical Alphanumeric Symbols**				
1D7	**Mathematical Alphanumeric Symbols**				
1D8	**Sutton SignWriting**				
1D9	**Sutton SignWriting**				
1DA	**Sutton SignWriting**	???	???	???	???	???
1DB	???		???		
1DC	???		???		

1DC	???			???		
1DD	???			???		
1DE	???			???		
1DF	???			???		
1E0	**Glagolitic Supp.**	¿Pallava?	¿Chalukya (Box-Headed)?		???	???
1E1	(Eebee Hmong)			(Cher Vang Hmong)		
1E2	¿Western Cham?	¿Beria?	???			
1E3	???			???		
1E4	???			???		
1E5	???			???		
1E6	???			???		
1E7	???			???		
1E8	**Mende Kikakui**				???	???
1E9	**Adlam**	???	???	???		
1EA	???			???		
1EB	???			???		
1EC	(Persian Siyaq Numbers)		(Indic Siyaq Numbers)		(Diwani Siyaq Numbers)	
1ED	(Ottoman Siyaq Numbers)	???	???	???	???	
1EE	**Arabic Mathematical Alphabetic Symbols**					
1EF	???			???		
1F0	**Mahjong Tiles**	**Domino Tiles**		**Playing Cards**		
1F1	**Enclosed Alphanumeric Supplement**					
1F2	**Enclosed Ideographic Supplement**					
1F3	**Miscellaneous Symbols and Pictographs**					
1F4	**Miscellaneous Symbols and Pictographs**					
1F5	**Miscellaneous Symbols and Pictographs**					
1F6	**Emoticons**	**Ornamental Dingbats**	**Transport and Map Symbols**			
1F7	**Alchemical Symbols**		**Geometric Shapes Extended**			
1F8	**Supplemental Arrows-C**					
1F9	**Supplemental Symbols and Pictographs**					
1FA	???			???		
1FB	???			???		
1FC	???			???		
1FD	???			???		
1FE	???			???		
1FF	???			???		

图 3-2　Unicode 第 1 平面编码区域图 [1]

	0	1	2	3	4	5	6	7	8	9	A	B	C	D	E	F
200	CJK Unified Ideographs Extension B															
201	CJK Unified Ideographs Extension B															
202	CJK Unified Ideographs Extension B															
203	CJK Unified Ideographs Extension B															
204	CJK Unified Ideographs Extension B															
205	CJK Unified Ideographs Extension B															
206	CJK Unified Ideographs Extension B															
207	CJK Unified Ideographs Extension B															
208	CJK Unified Ideographs Extension B															
209	CJK Unified Ideographs Extension B															

---

① Roadmap to the SMP[OL].[2016-8-16].http://www.unicode.org/roadmaps/smp/.

20A	CJK Unified Ideographs Extension B
20B	CJK Unified Ideographs Extension B
20C	CJK Unified Ideographs Extension B
......	
2A4	CJK Unified Ideographs Extension B
2A5	CJK Unified Ideographs Extension B
2A6	CJK Unified Ideographs Extension B — ??? ???
2A7	CJK Unified Ideographs Extension C
2A8	CJK Unified Ideographs Extension C
2A9	CJK Unified Ideographs Extension C
......	
2B4	CJK Unified Ideographs Extension C
2B5	CJK Unified Ideographs Extension C
2B6	CJK Unified Ideographs Extension C
2B7	CJK Unif. Ids. Ext. C — CJK Unified Ideographs Extension D
2B8	Ext-D — CJK Unified Ideographs Extension E
2B9	CJK Unified Ideographs Extension E
2BA	CJK Unified Ideographs Extension E
......	
2CB	CJK Unified Ideographs Extension E
2CC	CJK Unified Ideographs Extension E
2CD	CJK Unified Ideographs Extension E
2CE	CJK Unified Ideographs Extension E — (CJK Unified Ideographs Ext. F)
2CF	(CJK Unified Ideographs Extension F)
2D0	(CJK Unified Ideographs Extension F)
......	
2E9	(CJK Unified Ideographs Extension F)
2EA	(CJK Unified Ideographs Extension F)
2EB	(CJK Unified Ideographs Extension F) — ???
2EC	??? ???
2ED	??? ???
......	
2F6	??? ???
2F7	??? ???
2F8	CJK Compatibility Ideographs Supplement
2F9	CJK Compatibility Ideographs Supplement
2FA	C.I.S. ??? ??? ??? ??? ??? ??? ???
2FB	??? ???
2FC	??? ???
2FD	??? ???
2FE	??? ???
2FF	??? ???

图 3-3 Unicode 第 2 平面编码区域图 [1]

---

[1] Roadmap to the SIP[OL].[2016-8-16].http://www.unicode.org/roadmaps/sip/.

	0	1	2	3	4	5	6	7	8	9	A	B	C	D	E	F
300	(Small Seal Script)															
301	(Small Seal Script)															
302	(Small Seal Script)															
......																
328	(Small Seal Script)															
329	SS Scr.	???	???	???	???	???	???	???								
32A	(Oracle Bone Script)															
32B	(Oracle Bone Script)															
32C	(Oracle Bone Script)															
......																
340	(Oracle Bone Script)															
341	(Oracle Bone Script)															
342	???								???							
343	???								???							
......																
3FD	???								???							
3FE	???								???							
3FF	???								???							

图 3-4　Unicode 第 3 平面编码区域图 [①]

	0	1	2	3	4	5	6	7	8	9	A	B	C	D	E	F
E00	Tag characters								???							
E01	Variation Selectors Supplement															???
E02	???								???							
E03	???								???							
E04	???								???							
......																
EFC	???								???							
EFD	???								???							
EFE	???								???							
EFF	???								???							

图 3-5　Unicode 第 14 平面编码区域图 [②]

[①] Roadmap to the TIP[OL].[2016-8-16].http://www.unicode.org/roadmaps/tip/.
[②] Roadmap to the SSP[OL].[2016-8-16].http://www.unicode.org/roadmaps/ssp/.

二、编码方式

每个字符的 Unicode 编码称为码点（Unicode），表示为"U+X"（X 表示 4 位至 6 位 16 进制数，0000 至 10FFFF 之间）。Unicode 支持 3 种机内编码方式 UTF-8、UTF-16 和 UTF-32，UTF（Unicode transformation format，Unicode 转换格式；或 UCS[①] transformation format，UCS 转换格式），支持 2 种字节顺序 big-endian（大端字节顺序）和 little-endian（小端字节顺序）。如表 3-4 所示。

表 3-4　UTF 属性表 [②]

名称	UTF-8	UTF-16	UTF-16BE	UTF-16LE	UTF-32	UTF-32BE	UTF-32LE
最小码点	0000	0000	0000	0000	0000	0000	0000
最大码点	10FFFF	10FFFF	10FFFF	10FFFF	10FFFF	10FFFF	10FFFF
编码单元大小	8 bits	16 bits	16 bits	16 bits	16 bits	16 bits	16 bits
字节顺序	N/A	BOM	big-endian	little-endian	BOM	big-endian	little-endian
最少字节 / 字符	1	2	2	2	4	4	4
最多字节 / 字符	4	4	4	4	4	4	4

（一）UTF-8

UTF-8 是一种变长编码方式，用 1 至 4 个字节表示一个字符，编码格式如表 3-5 所示，UTF-8 编码与 ASCII 码兼容。例如："A"（U+0041），UTF-8 编码为"01000001"；"Ā"（U+0100），UTF-8 编码为"11000100 10000000"；"一"（U+4E00），UTF-8 编码为"11100100 10111000 10000000"；"𠀀"（U+20000），UTF-8 编码为"11110000 10100000 10000000 10000000"。

表 3-5　UTF-8 编码格式表

码点范围	编码格式（x 表示二进制数）	有效位数	字节数
U+0000 至 U+007F	0xxxxxxx	7 bits	1
U+0080 至 U+07FF	110xxxxx 10xxxxxx	11 bits	2
U+0800 至 U+FFFF	1110xxxx 10xxxxxx 10xxxxxx	16 bits	3
U+10000 至 U+10FFFF	11110xxx 10xxxxxx 10xxxxxx 10xxxxxx	21 bits	4

[①] 通用字符集，Universal Character Set，缩写作 UCS。
[②] UTF-8, UTF-16, UTF-32 & BOM[OL]．[2016-8-16]．http://www.unicode.org/faq/utf_bom.html.

（二）UTF-16

UTF-16 也是一种变长编码方式，用 2 个字节或 4 个字节表示一个字符；码点范围在 U+0000 至 U+FFFF 之间，用 2 字节编码 U，U 为码点；码点范围在 U+10000 至 U+10FFFF 之间，用 4 字节编码，先计算 U'，U'=U-0x10000，U' 的二进制形式为"yyyy yyyy yyxx xxxx xxxx"，UTF-16 编码为"110110yy yyyyyyyy 110111xx xxxxxxxx"。如表 3-6 所示。为了区分 2 字节编码和 4 字节编码，Unicode 将码点 U+D800 至 U+DFFF 保留下来，作为代理区（Surrogate），包括高位替代区（High Surrogates），U+D800 至 U+DB7F；高位私用替代区（High Private Use Surrogates），U+DB80 至 U+DBFF；低位替代区（Low Surrogates），U+DC00 至 U+DFFF。UTF-16 编码使 BMP 内的码点都采用 2 字节编码，但与 ASCII 码不兼容。例如："A"（U+0041），UTF-16 编码为"00000000 01000001"；"Ā"（U+0100），UTF-16 编码为"00000001 00000000"；"一"（U+4E00），UTF-16 编码为"01001110 00000000"；"𠀀"（U+20000），UTF-16 编码为"11011000 01000000 11011100 00000000"。

表 3-6　UTF-16 编码格式表

码点范围	编码格式（x、y 表示二进制数）	有效位数	字节数
U+0000 至 U+FFFF	xxxxxxxx xxxxxxxx	16 bits	2
U+10000 至 U+10FFFF	110110yy yyyyyyyy 110111xx xxxxxxxx	20 bits	4

（三）UTF-32

UTF-32 是一种定长编码方式，用 4 个字节表示一个字符。例如："A"（U+0041），UTF-32 编码为"00000000 00000000 00000000 01000001"；"Ā"（U+0100），UTF-32 编码为"00000000 00000000 00000001 00000000"；"一"（U+4E00），UTF-32 编码为"00000000 00000000 01001110 00000000"；"𠀀"（U+20000），UTF-32 编码为"00000000 00000010 00000000 00000000"。

（四）字节顺序

UTF-8 以单字节为编码单元，没有字节顺序的问题。而 UTF-16 和 UTF-32 以双字节为编码单元，在解析一个 UTF-16 或 UTF-32 文本前，必须要确定编码单元的字节顺序，以 UTF-16 为例，收到 UTF-16 字节流"8096"，U+8096 为"肖"，而 U+9680 为"陀"。Unicode 支持 BE（big-endian，大端字节顺序）和 LE（little-endian，小端字节顺序）。"肖"（U+8096）UTF-16BE 编码为"80 96"，UTF-16LE 编码为"96 80"，UTF-32BE 编码为"00 00 80 96"，UTF-32LE 编码为"96 80 00 00"；

"丂"（U+20000）UTF-16BE 编码为"D8 40 DC 00"，UTF-16LE 编码为"00 DC 40 D8"，UTF-32BE 编码为"00 02 00 00"，UTF-32LE 编码为"00 00 02 00"。

Unicode 推荐使用 BOM（Byte Order Mark，字节顺序标记）来区分字节顺序，即在传输字节流之前，先传输作为 BOM 的字符"ZERO WIDTH NO-BREAK SPACE"（零宽无中断空格），如表 3-7 所示。UTF-8 不需要用 BOM 来表示字节顺序，但可以用 BOM 来表明编码方式。

表 3-7　BOM 编码表

UTF	BOM（十六进制）
UTF-8	N/A
UTF-8 with BOM	EF BB BF
UTF-16BE	FE FF
UTF-16LE	FF FE
UTF-32BE	00 00 FE FF
UTF-32LE	FF FE 00 00

三、Unicode 与 ISO 10646

ISO 10646 由 ISO/IEC JTC1/SC2/WG2 制定，ISO/IEC JTC1 是一个 IT（Information Technology，信息技术）方面的联合委员会（成立于 1987 年），由（International Organization for Standardization，国际标准化组织）与 IEC（International Electro technical Commission，国际电工委员会）ISO 协作而构成的，目的是协调 ISO 和 IEC 在 IT 行业中的相关标准；ISO/IEC JTC1/SC2 是负责编码字符集的国际标准化组织分支机构，由 ISO/IEC JTC1 建立，其下有一个称为 ISO/IEC JTC1/SC2/WG2 的工作组，该工作组的任务就是制定 UCS（Universal Character Set，通用字符集），即 ISO 10646 标准[①]。

1991 年，ISO/IEC JTC1/SC2/WG2 和 Unicode 决定创建一个多文种通用编码标准。此后，ISO/IEC JTC1/SC2/WG2 和 Unicode 一起密切合作、扩展标准、保持各自的版本同步。尽管 Unicode 和 ISO 10646 在字符编码和编码形式上同步，Unicode 加入了额外的限制，以确保跨平台、跨应用下字符处理的一致性。为此，Unicode 提供了一系列扩展，包括功能性字符规范、字符数据、算法和重要背景材料，ISO 10646 不提供上述

---

① ISO 10646[OL]. [2016-8-16]. http://baike.baidu.com/link?url=q6A6WVHZ1dnswzEww1raFnlkY_ hXC8qKzhvxPz2WI_-OTsqLjwGPz50BuJmUFEGs6EtQLYSJXtBc1WNXAXnmS_.

内容[①]。

Unicode 与 ISO 10646 的版本对应关系如表 3-8 所示。

表 3-8　Unicode 与 ISO 10646 版本对应关系表[②]

Unicode		ISO 10646	
版本	备注	版本	备注
1.1		ISO/IEC 10646-1:1993	
2.0		ISO/IEC 10646-1:1993 + 修订 5 至 7	
3.0		ISO/IEC 10646-1:2000	
3.1		ISO/IEC 10646-1:2000 ISO/IEC 10646-2:2001	
3.2		ISO/IEC 10646-1:2000+ 修订 1 ISO/IEC 10646-2:2001	
4.0		ISO/IEC 10646:2003	
4.1		ISO/IEC 10646:2003+ 修订 1	
5.0	不包括梵文字母（Devanagari Letters）GGA，JJA，DDDA 和 BBA	ISO/IEC 10646:2003+ 修订 1 至 2	
5.1		ISO/IEC 10646:2003+ 修订 1 至 4	
5.2		ISO/IEC 10646:2003+ 修订 1 至 6	
6.0	不包括印度卢比符号（Indian Rupee Sign）	ISO/IEC 10646:2011	即 ISO/IEC 10646:2003+ 修订 1 至 8
6.1		ISO/IEC 10646:2012	
6.2	不包括土耳其里拉符号（Turkish Lira Sign）	ISO/IEC 10646:2012	
6.3	不包括土耳其里拉符号和 5 个双向控制符号（bidirectional control character）	ISO/IEC 10646:2012	

---

① Unicode and ISO 10646［OL］. ［2016-8-16］. http://www.unicode.org/faq/unicode_iso.html.

② Universal Coded Character Set［OL］. ［2016-8-16］. https://en.wikipedia.org/wiki/Universal_Coded_Character_Set.

续表

Unicode		ISO 10646	
版本	备注	版本	备注
7.0	不包括卢布符号（Ruble sign）	ISO/IEC 10646:2012+ 修订 1 至 2	
8.0	不包括拉里符号（Lari sign）、9 个 CJK 统一表意文字（CJK unified ideographs）和 41 个表情符号（emoji character）	ISO/IEC 10646:2014+ 修订 1	
9.0	不包括阿德拉姆（Adlam）、涅瓦（Newa）、日本电视符号（Japanese TV symbol）和 74 个表情符号	ISO/IEC 10646:2012+ 修订 1 至 4	

第二节　CJK 子集

　　CJK（Chinese Japanese Korean）通常是"中国、日本和韩国"的缩写，术语"CJK 字符"（CJK character）一般是指"中国字"，或者更具体地说，是用于中文和日文书写系统、偶尔用于韩国或历史上越南的中国表意文字，即汉（Han）字[①]。术语"汉"源自中国汉朝，指中国传统文化；汉字，在 Unicode 中翻译为 Han character、Han ideographic character、East Asian ideographic character、CJK ideographic character 等，汉语拼音写作 hànzì，日文罗马拼音写作 kanzi，日文口语罗马拼音写作 kanji，韩文罗马拼音写作 hanja，越南语拼音写作 chữ hán[②]。

　　中日韩统一表意文字（CJK Unified Ideographs），目的是要把分别来自中文、日文、韩文、越文中，本质、意义相同、形状一样或稍异的表意文字（主要为汉字，但也有仿汉字如日本国字、韩国独有汉字、越南的喃字）于 ISO 10646 及 Unicode 标准内赋予相同编码[③]。ISO10646 中的汉字部分，即其 CJK 子集[④]。

---

① What does the term "CJK" mean?［OL］.［2016-8-16］. http://www.unicode.org/faq/han_cjk.html.
② General Characteristics of Han Ideographs［OL］.［2016-8-16］. http://www.unicode.org/versions/Unicode9.0.0/ch18.pdf.
③ CJK［OL］.［2016-8-16］.http://baike.baidu.com/link?url=qGpBzVY-r79AvN1s-7rZsLUiV8rgyEuecVdt8i8NSLA1UtG-1pMZwEVxC5WEBuDVDRSwYn4UXB1yK7d8-dzXpa.
④ 张小衡.正易全：一个动态结构笔组汉字编码输入法［J］.中文信息学报，2003(3)：59—65.

一、CJK 子集的发展历程

在 Unicode 字符集的文字部分的东亚文字中，CJK 子集中包含简体汉字、繁体汉字、方块壮字、日本国字、韩国独有汉字、越南喃字等[①]。目前，Unicode 的最新版本为 9.0.0[②]，CJK 子集的发展过程如表 3-9 所示。

表 3-9　CJK 集发展情况表 [③]

ISO10646 版本	Unicode 版本	新增	字数	累计字数
1993	1.1	CJK（U+4E00—U+9FA5）	20902	
1993 第七修订版	2.0	位于"相容表意文字区"中但实则独一的汉字（U+FA0E，U+FA0F，U+FA11，U+FA13，U+FA14，U+FA1F，U+FA21，U+FA23，U+FA24，U+FA27，U+FA28，及 U+FA29）	12	20914
2000	3.0	CJK 扩展 A 区（U+3400—U+4DB5）	6582	27496
2001	3.1	CJK 扩展 B 区（U+20000—U+2A6D6）	42711	70207
2003 第一修订版	4.1	HKSCS-2004 和 GB18030-2000 中仍未加入 ISO10646 的汉字（分别为 U+9FA6—U+9FB3，U+9FB4—U+9FBB）	22	70229
2003 第四修订版	5.1	7 个日语汉字（U+9FBC—U+9FC2），U+4039 拆分为 U+4039 和 U+9FC3	8	70237
2003 第五修订版	5.2	CJK 扩展 C 区（U+2A700—U+2B734）	4149	74394
2003 第六修订版	5.2	3 个日语汉字（U+9FC4—U+9FC6）、在 HKSCS-2004 推出后新增的 5 个香港特区汉字（U+9FC7 — U+9FCB）	8	
2011	6.0	中日韩统一表意文字扩展 D 区（U+2B740—U+2B81F）	222	74616
2012	6.2	1 个日语用汉字（U+9FCC）	1	74617
2014 第一修订版	8.0	中日韩统一表意文字扩展 E 区（U+2B820—U+2CEAF）	5762	80379
2014 第一修订版	8.0	3 个汉字（U+9FCD，U+9FCE，U+9FCF），1 个香港特区汉字（9FD0），5 个 UTC 汉字（9FD1—9FD5）	9	80388

[①] 王荟，肖禹. 汉语文古籍全文文本化研究 [M]. 北京：国家图书馆出版社，2012：27.

[②] Unicode 9.0.0 [OL]. [2016-8-16]. http://www.unicode.org/versions/Unicode9.0.0/.

[③] 王荟，肖禹. 汉语文古籍全文文本化研究 [M]. 北京：国家图书馆出版社，2012：27.

　　CJK 字符的发展和扩充是由 IRG（Ideographic Rapporteur Group，表意文字起草小组）完成，其中包括中国、香港（特别行政区）、澳门（特别行政区）、新加坡、日本、韩国、朝鲜、台湾地区和越南的官方代表，再加上一个 Unicode 的代表 [1]。IRG 隶属于 ISO/IEC JTC1/SC2/WG2，其当前的工作范围包括：CJK 统一汉字库及其扩展；康熙部首和 CJK 部首扩充（已完成）；制作表意文字描述序列；国际表意文字核心（IICore，已完成）；CJK 笔画（已完成）；更新 CJK 统一规则。

二、CJK 子集的编码范围

　　目前，CJK 子集包括基本集、扩展 A 集、扩展 B 集、扩展 C 集、扩展 D 集和扩展 E 集。基本集的编码范围为 U+4E00 至 U+9FD5，收字 20950 个 [2]；扩展 A 集的编码范围为 U+3400 至 U+4DB5，收字 6582 个 [3]；扩展 B 集的编码范围为 U+20000 至 U+2A6D6，收字 42711 个 [4]；扩展 C 集的编码范围为 U+2A700 至 U+2B734，收字 4149 个 [5]；扩展 D 集的编码范围为 U+2B740 至 U+2B81D，收字 222 个 [6]；扩展 E 集的编码范围为 U+2B820 至 U+2CEA1，收字 5762 个 [7]。

　　以下子集与 CJK 子集密切相关：

　　CJK 兼容表意文字子集（CJK Compatibility Ideographs）包括基本集和补充集。基本集的编码范围为 U+F900 至 U+FAD9，收字 472 个 [8]；补充集的编码范围为 U+2F800 至 U+2FA1D，收字 542 个 [9]。

　　CJK 部首 / 康熙部首子集（CJK Radicals/KangXi Radicals）包括基本集、补充集、CJK 笔画集（CJK Strokes）和表意文字描述符集（Ideographic Description Characters）。基本集的编码范围为 U+2F00 至 U+2FD5，收录康熙部首 214 个 [10]；补充集的编码范围为 U+2E80 至 U+2EF3，收录 CJK 部首 115 个 [11]；CJK 笔画集的编码范围为 U+31C0 至 U+31E3，收录 CJK 笔画 36 个 [12]；表意文字描述符集的编码范围为 U+2FF0 至 U+2FFB，收录表意文字描述符 12 个 [13]。

---

[1] Who is responsible for future CJK characters? [OL]. [2016-8-16]. http://www.unicode.org/faq/han_cjk.html.

[2] CJK Unified Ideographs (Han) [OL]. [2016-8-16]. http://www.unicode.org/charts/PDF/U4E00.pdf.

[3] CJK Extension A [OL]. [2016-8-16]. http://www.unicode.org/charts/PDF/U3400.pdf.

[4] CJK Extension B [OL]. [2016-8-16]. http://www.unicode.org/charts/PDF/U20000.pdf.

[5] CJK Extension C [OL]. [2016-8-16]. http://www.unicode.org/charts/PDF/U2A700.pdf.

[6] CJK Extension D [OL]. [2016-8-16]. http://www.unicode.org/charts/PDF/U2B740.pdf.

[7] CJK Extension E [OL]. [2016-8-16]. http://www.unicode.org/charts/PDF/U2B820.pdf.

[8] CJK Compatibility Ideographs [OL]. [2016-8-16]. http://www.unicode.org/charts/PDF/UF900.pdf.

[9] CJK Compatibility Ideographs Supplement [OL]. [2016-8-16]. http://www.unicode.org/charts/PDF/U2F800.pdf.

[10] CJK Radicals/KangXi Radicals [OL]. [2016-8-16]. http://www.unicode.org/charts/PDF/U2F00.pdf.

[11] CJK Radicals Supplement [OL]. [2016-8-16]. http://www.unicode.org/charts/PDF/U2E80.pdf.

[12] CJK Strokes [OL]. [2016-8-16]. http://www.unicode.org/charts/PDF/U31C0.pdf.

[13] Ideographic Description Characters [OL]. [2016-8-16]. http://www.unicode.org/charts/PDF/U2FF0.pdf.

汉文注释符号子集（Kanbun）的编码范围为 U+3190 至 U+319F，收录汉文注释符号 16 个[1]。

带圈的 CJK 字符和月份子集(Enclosed CJK Letters and Months)包括基本集和补充集。基本集的编码范围为 U+3200 至 U+321E、U+3220 至 U+32FE，收录带圈的 CJK 字符和月份 254 个[2]；补充集的编码范围为 U+1F200 至 U+1F202、U+1F210 至 U+1F23B、U+1F240 至 U+1F248、U+1F250 至 U+1F251，收录带圈的 CJK 字符和月份 58 个[3]。

CJK 符号和标点子集（CJK Symbols and Punctuation）包括基本集和补充集。基本集的编码范围为 U+3000 至 U+303F，收录 CJK 符号和标点 64 个[4]；补充集的编码范围为 U+16FE0，收录 CJK 符号 1 个[5]。

CJK 兼容符号子集（CJK Compatibility）的编码范围为 U+3300 至 U+33FF，收录 CJK 兼容符号 256 个[6]。

三、Unihan 数据库

Unihan（Unicode Han Database）是与 Unicode 标准中所含表意文字相关的知识库，包含支持间相互转换的映射数据和允许转换和支持不同语言使用表意文字的附加信息[7]。Unihan 包含 10 类数据，包括字形（Glyphs）、编码形式（Encoding Forms）、IRG 来源（IRG Sources）、字典索引（Dictionary Indices）、字典数据（Dictionary-like Data）、数值（Numeric Values）、其他映射（Other Mappings）、部首笔画索引（Radical-Stroke Indices）、读音（Readings）和异体（Variants）。以"一"（U+4E00）的 Unihan 数据为例，如表 3-10 所示，表中的数据类型见附件一。

表 3-10　Unihan 数据样例表[8]

字形	Unicode 标准（版本 3.2）		你的浏览器	
	一		一	
编码形式	十进制	UTF-8	UTF-16	UTF-32
	19968	E4 B8 80	4E00	00004E00

① Kanbun[OL].[2016-8-16].http://www.unicode.org/charts/PDF/U3190.pdf.
② Enclosed CJK Letters and Months[OL].[2016-8-16].http://www.unicode.org/charts/PDF/U3200.pdf.
③ Enclosed Ideographic Supplement[OL].[2016-8-16].http://www.unicode.org/charts/PDF/U1F200.pdf.
④ CJK Symbols and Punctuation[OL].[2016-8-16].http://www.unicode.org/charts/PDF/U3000.pdf.
⑤ Ideographic Symbols and Punctuation[OL].[2016-8-16].http://www.unicode.org/charts/PDF/U16FE0.pdf.
⑥ CJK Compatibility[OL].[2016-8-16].http://www.unicode.org/charts/PDF/U3300.pdf.
⑦ Unicode Standard Annex #38 Unicode Han Database (Unihan)[OL].[2016-8-16].http://www.unicode.org/reports/tr38/#N100FB.
⑧ Unihan data for U+4E00[OL].[2016-8-16]. http://www.unicode.org/cgi-bin/GetUnihanData.pl?codepoint=4e00.

续表

	数据类型	值
IRG 来源	kIICore	AGTJHKMP
	kIRG_GSource	G0−523B
	kIRG_HSource	HB1−A440
	kIRG_JSource	J0−306C
	kIRG_KPSource	KP0−FCD6
	kIRG_KSource	K0−6C69
IRG 来源	kIRG_TSource	T1−4421
	kIRG_VSource	V1−4A21
	数据类型	值
字典索引	kCowles	5133
	kDaeJaweon	0129.010
	kFennIndex	216.01 217.06 218.01 220.06
	kGSR	0394a
	kHanYu	10001.010
	kIRGDaeJaweon	0129.010
	kIRGDaiKanwaZiten	00001
	kIRGHanyuDaZidian	10001.010
	kIRGKangXi	0075.010
	kKangXi	0075.010
	kKarlgren	175
	kLau	3341
	kMatthews	3016
	kMeyerWempe	3837
	kMorohashi	00001
	kNelson	0001
	kSBGY	468.40
字典数据	数据类型	值
	kCangjie	M

续表

	kCihaiT	1.101
字典数据	kFenn	1A
	kFourCornerCode	1000.0
	kFrequency	1
	kGradeLevel	1
	kHDZRadBreak	一 [U+2F00 一]:10001.010
	kHKGlyph	0001
	kPhonetic	1499
	kTotalStrokes	1
数值	数据类型	值
	kPrimaryNumeric	1
其他映射	数据类型	值
	kBigFive	A440
	kCCCII	213021
	kCNS1986	1−4421
	kCNS1992	1−4421
	kEACC	213021
	kGB0	5027
	kGB1	5027
	kJis0	1676
	kKPS0	FCD6
	kKSC0	7673
	kMainlandTelegraph	0001
	kTaiwanTelegraph	0001
	kXerox	241:042
部首笔画索引	数据类型	值
	kRSAdobe_Japan1_6	C+1200+1.1.0
	kRSKangXi	1.0
	kRSUnicode	1.0

续表

读音	数据类型	值
	kCantonese	jat1
	kDefinition	one; a, an; alone
	kHangul	일
	kHanyuPinlu	yī(32747)
	kHanyuPinyin	10001.010:yī
	kJapaneseKun	HITOTSU HITOTABI HAJIME
	kJapaneseOn	ICHI ITSU
	kKorean	IL
	kMandarin	yī
	kTang	*qit qit
	kVietnamese	nhất
	kXHC1983	1351.020: yī 1360.040:yí 1368.160:yì

异体	数据类型	值
	kSemanticVariant	U+5F0C 弌　U+58F9 壹
	kSpecializedSemanticVariant	U+58F9 壹

　　作为表意文字知识库，Unihan 包含汉字属性字典中的大部分信息，以"古籍用字（包括生僻字、避讳字）属性字典"作为参照，它由 5 个数据表组成：古籍用字属性表，包含 ID、字形、总笔序值、总笔数、总笔顺、214 部首、214 部首序值、214 部外笔数、214 部外笔顺、201 部首、201 部首序值、201 部外笔数、201 部外笔顺、四角号码序值、四角号码、Unicode 编码、Unicode 编码十进制码、UTF-8、UTF-16、GB（十六进制）、GB（十进制）、GB2312-80、GB12345-90、GB13131-91、GB13132-91、18030 代码、GBK 码、CCCII、CNS、Big-5、台湾地区码、JIS、日本码、韩国码、朝鲜码、越南码、澳门特区码、EACC、EACC-1 码、EACC-2 码、EACC-3 码、EACC-4 码、EACC-5 码、KSC、ASCII 编码、EBCDIC 编码、ANSI 码、五笔字型编码、IDS 编码、《康熙字典》位置、《康熙字典》有无标识、《汉语大字典》位置、《汉语大字典》有无标识、使用频度、文件名等字段；部首数据表，包含 ID、部首字、201 部首连接字、201 部首序号、201 正部首、201 附形部首、214 部首连接字、214 部首序号、214 正部首、214 附形部首、部首笔数、部首笔顺等字段；读音数据表，包含 ID、字形、拼音序值、汉语拼音、注音字母、韦氏拼音、拼音、声调、上古音声组、上古音韵部、上古音声调、上古音

拟音、中古音韵摄、中古音开合、中古音等、中古音反切、中古音声组、中古音韵部、中古音声调、中古音拟音、近古音韵部、近古音声调、近古音拟音、备注 1、备注 2、总笔序值、Unicode 编码十进制码、Unicode 编码等字段；异体字数据表，包括 ID、字形、对应字、字际关系、备注 1、备注 2、Unicode 编码十进制码、Unicode 编码等字段；避讳字数据表，包括 ID、字形、Unicode 编码、Unicode 编码十进制码、避讳本字、避讳代字、避讳方式、备注等字段[①]。

第三节   CJK 深度分析

CJK 子集要容纳东亚各个国家和地区的汉字，并形成统一汉字（Unified Han），如图 3-6 所示，需要一系列规则与方法，其中包括用 IRG 来源区分来自不同国家和地区的汉字，使用 UTC 来源来标记非东亚国家提交给 IRG 的汉字，执行"统一规则"形成统一汉字，通过 IVD 登记异体字等。

图 3-6   CJK 文字示例[②]

---

① 张力伟，翟喜奎. 古籍用字（包括生僻字、避讳字）属性字典规范和应用指南［M］. 北京：国家图书馆出版社，2010：17-22.

② CJK Unified Ideographs (Han)［OL］.［2016-8-16］.http://www.unicode.org/charts/PDF/U4E00.pdf.

一、IRG 来源

IRG 来源表示某个字是由哪个国家或地区的成员向 IRG 提交，是统一汉字的基本属性之一。IRG 来源包括 G、H、M、T、J、K、KP、V、MY 和 U，其中 G 表示中国大陆和新加坡，H 表示香港（特别行政区），M 表示澳门（特别行政区），T 表示中国台湾，J 表示日本，K 表示韩国，KP 表示朝鲜，V 表示越南，MY 表示马来西亚，U 表示 Unicode。IRG 来源编码如表 3-11 所示。

表 3-11　IRG 来源编码表 ①

来源	编码	说明
G	G0	GB 2312-80
	G1	GB 12345-90（含 58 个香港字和 92 个吏读字）
	G3	GB 7589-87 繁体版
	G5	GB 7590-87 繁体版
	G7	《现代汉语通用字表》
	GS	新加坡汉字
	G8	GB8565-88
	G9	GB18030-2000
	GE	GB 16500-1998
	GH	GB15564-1995
	GK	GB12052-89
	G4K	《四库全书》
	GBK	《中国大百科全书》
	GCH	《辞海》
	GCY	《辞源》
	GCYY	中国测绘科学院用字
	GGDZ	地质出版社用字
	GFZ	方正排版系统
	GHC	《汉语大词典》
	GHZ	《汉语大字典》

① IRG Principle and Procedures［OL］.［2016-8-16］.http://appsrv.cse.cuhk.edu.hk/~irg/irg/irg45/IRGN2092 PnPv8Confirmed.pdf.

来源	编码	说明
G	GIDC	中国公安部身份识别系统用字
	GGJZ	商务印书馆用字
	GGKX	《康熙字典》（含补遗）
	GGRM	人民日报用字
	GGXC	《现代汉语词典》
	GXH	《新华字典》
	GWZ	汉语大词典出版社用字
	GZFY	《汉语方言大辞典》
	GZH	《中华字海》
	GZJW	《殷周金文集成引得》
H	H	香港特区增补字符集（HKSCS）
M	MAC	澳门特区信息系统字符集
T	T1	CNS 11643−1992 第 1 平面
	T2	CNS 11643−1992 第 2 平面
	T3	CNS 11643−1992 第 3 平面（含一些附加字符）
	T4	CNS 11643−1992 第 4 平面
	T5	CNS 11643−1992 第 5 平面
	T6	CNS 11643−1992 第 6 平面
	T7	CNS 11643−1992 第 7 平面
	TB	CNS 11643−1992 第 11 平面
	TC	CNS 11643−1992 第 12 平面
	TD	CNS 11643−1992 第 13 平面
	TE	CNS 11643−1992 第 14 平面
	TF	CNS 11643−1992 第 15 平面
J	J0	JIS X 0208−1990
	J1	JIS X 0212−1990
	J3	JIS X 0213:2000 第 3 平面
	J3A	JIS X 0213:2004 第 3 平面
	J4	JIS X 0213:2000 第 4 平面

续表

来源	编码	说明
J	JA	日本 IT 厂商用字（1993 年）
	JH	Hanyo-Denshi 项目（2002—2009 年）
	JK	日本国字集
	JARIB	ARIB STD-B24（5.1 版，2007 年 3 月 14 日）
K	K0	KS X 1001:2004 (KS C 5601-1987)
	K1	KS X 1002:2001 (KS C 5657-1991)
	K2	PKS C 5700-1 1994
	K3	PKS C 5700-2 1994
	K4	PKS 5700-3:1998
	K5	韩国 IRG 汉字集（第 5 版）
KP	KP0	KPS 9566-97
	KP1	KPS 10721-2000 和 KPS 10721:2003
V	V0	TCVN 5773:1993
	V1	TCVN 6056:1995
	V2	VHN 01:1998
	V3	VHN 02: 1998
	V4	《喃字词典》
MY	MY	《南洋华语俚俗辞典》
U	UTC	Unicode
	UCI	来源未知

（一）IRG 来源统计

CJK 子集的 IRG 来源如表 3-12 所示。CJK 子集收字 80376 个，IRG 来源 204597 个，每个字的 IRG 来源数量为 2.545，其中 CJK 基本集收字 20950 个，每个字的 IRG 来源数量为 4.886；扩展 A 集收字 6582 个，每个字的 IRG 来源数量为 2.849；扩展 B 集收字 42711 个，每个字的 IRG 来源数量为 1.707；扩展 C 集收字 4149 个，每个字的 IRG 来源数量为 1.092；扩展 D 集收字 222 个，每个字的 IRG 来源数量为 1.018；扩展 E 集收字 5762 个，每个字的 IRG 来源数量为 1.005。IRG 来源统计如表 3-12 所示。

表 3-12　IRG 来源统计表

来源	基本集	扩 A 集	扩 B 集	扩 C 集	扩 D 集	扩 E 集	合计
G	20913	6192	30525	1120	76	2814	61640
H	15353	572	1702	1	0	0	17628
M	0	0	1	16	0	48	65
T	18370	5906	30178	1750	24	1257	57485
J	12563	738	303	367	107	415	14493
K	15391	1835	166	404	0	0	17796
KP	15011	3189	5766	8	0	0	23974
V	4757	308	4231	785	0	1028	11109
U	13	13	52	81	19	227	405

在 CJK 子集中，31269 个字的 IRG 来源数量为 1，20715 个字的 IRG 来源数量为 2，10300 个字的 IRG 来源数量为 3，3773 个字的 IRG 来源数量为 4，4024 个字的 IRG 来源数量为 5，6279 个字的 IRG 来源数量为 6，4016 个字的 IRG 来源数量为 7。若某个字的 IRG 来源数量大于等于 2，称为多来源文字；某个字的 IRG 来源数量为 1，称为单来源文字，如表 3-13 所示。

表 3-13　单来源文字计表

来源	基本集	扩 A 集	扩 B 集	扩 C 集	扩 D 集	扩 E 集	合计
G	1926	274	7365	935	76	2799	13375
H	20	0	796	0	0	0	816
M	0	0	0	10	0	41	51
T	0	46	6935	1475	24	1245	9725
J	2	37	173	301	103	411	1027
K	1	210	111	337	0	0	659
KP	0	0	0	0	0	0	0
V	0	0	3620	715	0	1020	5355
U	13	0	4	10	15	219	261
合计	1962	567	19004	3783	218	5735	31269

（二）IRG 来源分析

随着 CJK 子集的发展，如表 3-9 所示，多来源文字逐渐减少，单来源文字逐渐增多，CJK 基本集中单来源文字占 9.37%，扩展 A 集中单来源文字占 8.61%，扩展 B 集中单来源文字占 44.49%，扩展 C 集中单来源文字占 91.18%，扩展 D 集中单来源文字占 97.76%，扩展 E 集中单来源文字占 99.55%。

依据汉字的传播历史，可将来源 G、H、M、T 合并为 C（中国），K 和 KP 合并为 K，J、V、U 保持不变，IRG 来源分析如表 3-14 所示。若依据 IRG 来源判断，在 80376 个 CJK 文字中，汉字有 72962 个，占 90.78%。必须特别说明一点，上述数据基于 IRG 来源数据统计获得，未经过严格的字源考证与学术论证，只能作为参考。

表 3-14　IRG 来源分析表

来源数量	来源	基本集	扩 A 集	扩 B 集	扩 C 集	扩 D 集	扩 E 集	合计
1	C	3406	2090	32378	2526	100	4094	44594
	J	2	37	173	301	103	411	1027
	K	1	225	114	339	0	0	679
	V	0	0	3620	715	0	1020	5355
1	U	13	0	4	10	15	219	261
	合计	3422	2352	36289	3891	218	5744	51916
2	CJ	640	351	74	62	1	0	1128
	CK	4452	3242	5651	60	0	0	13405
	CV	121	107	483	56	0	5	772
	CU	0	3	40	61	0	9	113
	JK	0	2	1	1	0	0	4
	JV	0	0	7	2	0	0	9
	JU	0	1	1	0	4	3	9
	KV	0	2	4	3	0	0	9
	KU	0	1	0	1	0	0	2
	VU	0	0	3	4	0	0	7
	合计	5213	3709	6264	250	5	17	15458
3	CJK	7679	316	40	0	0	0	8035
	CJV	33	8	4	1	0	0	46
	CJU	0	0	1	0	0	0	1
	CKV	394	166	107	2	0	0	669

续表

来源数量	来源	基本集	扩A集	扩B集	扩C集	扩D集	扩E集	合计
3	CKU	0	6	3	3	0	0	12
	CVU	0	0	1	2	0	0	3
	合计	8106	496	156	8	0	0	8766
4	CJKV	4209	23	2	0	0	0	4234
	CKVU	0	2	0	0	0	0	2
	合计	4209	25	2	0	0	0	4236
合计		20950	6582	42711	4149	223	5761	80376

二、统一规则

为了制定"统一规则"（Unification Rules），Unicode 定义了汉字三维概念模型，如图 3-7 所示，其中 X 轴表示语义（semantic），即字义；Y 轴表示抽象字形（abstract shape），即通行或规范字形；Z 轴表示实际字形（actual shape），即某一种字形。例如："莦"（shāo），字义为树梢，图 3-7 中"莦"（G3-696D）为抽象字形，其他两种字形为实际字形。

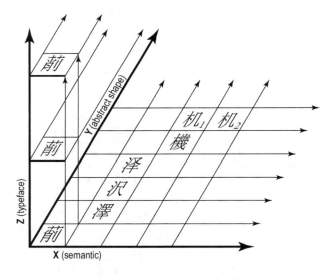

图 3-7　三维概念模型图 [①]

---

① The Unicode Standard 5.0 Chapter 12 East Asian Scripts［OL］.［2016-8-16］.http://www.unicode.org/versions/Unicode5.0.0/ch12.pdf.

（一）来源分离规则

来源分离规则（Source Separation Rule），若两个表意文字出现在同一个主要来源标准（primary source standard）中，不做统一；该规则也称为往返规则（Round-Trip Rule），因为该规则的目的是在 IRG 来源标准和 Unicode 标准件进行无损数据转换；该规则只适用于 CJK 基础集，IRG 在 1992 年废止了该规则，且不会在之后的工作中使用[①]。以"劍"（U+528D）为例，如表 3-15 所示，更多实例见附录三。

表 3-15　来源分离规则示例表[②]

字形	劍	劎	劒	剱	剣	剱
Unicode 编码	U+528D	U+528E	U+5292	U+5294	U+5263	U+5271
来源编码	G1-3D23 HB1-BC43 T1-6C2D J0-5178 K0-4B7C V1-4D36	GE-2347 T3-4B32 K2-2523	GE-2348 T4-4F64 J0-517A	GE-2349 H-FAB5 T3-5037 J0-5179 K2-2525	GE-233C T3-2F66 J0-3775	GE-2340 J0-517B

CJK 基础集的主要来源标准如表 3-16 所示，次要来源标准（secondary source standard）如表 3-17 所示。

表 3-16　CJK 基础集主要来源标准表[③]

分类	标准	来源字符除外
G_0	GB 2312-80	6763
G_1	GB 12345-90	2352
G_3	GB 7589-87	4835
G_5	GB 7590-87	2842
G_7	《现代汉语通用字表》	42
G_8	GB8565-88	290
T_1	CNS 11643-1986 第 1 平面	5401
T_2	CNS 11643-1986 第 2 平面	7650

[①] The Unicode Standard 9.0 Chapter 18 East Asian Scripts[OL].[2016-8-16].http://www.unicode.org/versions/Unicode9.0.0/ch18.pdf.

[②] CJK Unified Ideographs (Han)[OL].[2016-8-16].http://www.unicode.org/charts/PDF/U4E00.pdf.

[③] Table 6-21. Primary Source Standard for Unified Han[OL].[2016-8-16].http://www.unicode.org/versions/Unicode2.0.0/ch06_4.pdf.

续表

分类	标准	来源字符除外
T_e	CNS 11643−1986 第 14 平面	4198
J_0	JIS X 0208−1990	6365
J_1	JIS X 0212−1990	5801
K_0	KS C 5601−1987	4620
K_1	KS C 5657−1991	2856

表 3−17　CJK 基础集次要来源标准表 [1]

分类	来源字符除外
ANSI Z39.64−1989（EACC）	13053
Big−5（台湾地区）	13481
CCCII 第 1 平面	4808
GB12052−89（朝鲜文字）	94
JEF（富士）	3149
中国电报码	~8000
台湾地区电报码（CCDC）	9040
Xerox	9776

　　虽然 IRG 废止了来源分离规则，但是仍然要保证 Unicode 标准与其他标准的兼容性，因此，Unicode 引入了 CJK 兼容表意文字子集。以"虜"（U+865C）为例，如表 3−18 所示。

表 3−18　CJK 兼容表意文字示例表 [2]

来源	G	H	T	J	K	KP	V
CJK 子集	虜 G1-4232	虜 HB1-B8B8	虜 T1-663F	虜 J0-4E3A	虜 K0-5657		虜 V2-8F5E
CJK 兼容子集				虜 J3-7B4F	虜 K0-5249	虜 KP1-70DC	

---

① Table 6−22. Secondary Source Standard for Unified Han［OL］.［2016−8−16］.http://www.unicode.org/versions/Unicode2.0.0/ch06_4.pdf.

② CJK Compatibility Ideographs［OL］.［2016−8−16］.http://www.unicode.org/charts/PDF/UF900.pdf.

CJK 兼容表意文字子集包括基础集和扩展集。基础集用于兼容 KS C 5601-1987（KS X 1001:1998）、JIS X 0213:2000、ARIB STD-B24、KPS 10721-2000 等标准，扩展集用于兼容 CNS 11643-1992 第 3、4、5、6、7、15 平面。CJK 兼容表意文字子集中的 U+FA0E、U+FA0F、U+FA11、U+FA13、U+FA14、U+FA1F、U+FA21、U+FA23、U+FA24、U+FA27、U+FA28 和 U+FA29（12 个）未在 CJK 子集中编码，可作为特例，视作 CJK 子集的小扩展区，如表 3-19 所示。除上述特例外，CJK 兼容表意文字子集不能用作其他目的，特别是不能用于 IDS[①]。

表 3-19 CJK 兼容表意文字特例表[②]

序号	字形	Unicode 编码	部首	部外笔画数	来源编码
1	﨎	U+FA0E	又	11	UTC-00843
2	﨏	U+FA0F	土	7	J3-2F57 UTC-00917
3	﨑	U+FA11	山	9	J3-4F72 UTC-00845
4	﨓	U+FA13	木	9	J4-2E79 UTC-00846
5	﨔	U+FA14	木	10	J3-757A UTC-00847
6	﨟	U+FA1F	艸	13	JA3-7B3A UTC-00848
7	﨡	U+FA21	虫	5	J4-7745 UTC-00849
8	﨣	U+FA23	走	4	JA-2728 UTC-00850
9	﨤	U+FA24	辵	4	J4-796E V2-8544 UTC-00851
10	﨧	U+FA27	金	7	UTC-00852
11	﨨	U+FA28	金	8	TF-584C UTC-00853
12	﨩	U+FA29	阜	10	UTC-00854

（二）不同字源规则

不同字源规则（Noncognate Rule），若两个表意文字出现在字源上无关，不做统一[③]。以“土”（U+571F）和“士”（U+58EB）为例，如表 3-20 所示，更多实例见附录三。

---

① The Unicode Standard 9.0 Chapter 18 East Asian Scripts[OL].[2016-8-16].http://www.unicode.org/versions/Unicode9.0.0/ch18.pdf.

② CJK Compatibility Ideographs[OL].[2016-8-16].http://www.unicode.org/charts/PDF/UF900.pdf.

③ The Unicode Standard 9.0 Chapter 18 East Asian Scripts[OL].[2016-8-16].http://www.unicode.org/versions/Unicode9.0.0/ch18.pdf.

表 3-20　不同字源规则示例表 ①

字形	土	士
字形演变	（字形演变图例：前五·二、前五·二、粹九〇七、孟鼎、召卣、古匋、楚帛书、三體石經·僖公、說文·土部、睡虎地簡一三·五六、老子甲五七、衡方碑、蔡·春秋·僖廿八年）	（字形演变图例：烏吹尊、駱子卣、子璋鐘、中山王壺、說文·士部、春秋事語四二、蔡·論語·里仁、鮮于璜碑）
字义	tǔ 土壤，泥土； 土地，国土； 乡里； 本地的，限于某一区域的； 指民间沿用或本地具有的； 俗气，不合潮流； 平地，平原； 田； 五行之一； 中医学上指脾； 通古代八音之一，指埙类土制乐器； 土功，古代主要指筑城，也指修筑作战工事； 测量（土地）； 土地神，后作"社"； 烟土，粗制的鸦片； 我国少数民族名； 州名； 姓。 dù 通"杜"，根； 古水名。 chǎ 土苴，粪草，糟粕，比喻微贱的东西。	shì 古指未满二十岁的少年和未婚的青壮年男子； 我国古代社会阶层的名称； 诸侯的大夫对天子的自称； 对品德好、有学识或有技艺的人的美称； 古代称法官为士； 古军制，在车上者称士，也称"甲士"，以区别于步卒； 现代军衔的一级； 通"事"，职事； 通"仕"，做官； 姓。

（三）两级分类规则

两级分类规则（Two-Level Classification Rule），依据汉字三维概念模型（如图 3-6 所示），在抽象字形和实际字形两个层级来区分表意文字，若两个表意文字的抽象字形相同，可做统一；必须在满足来源分离规则和不同字源规则的基础上使用两级分类

---

① 汉语大字典编辑委员会. 汉语大字典（第二版 九卷本）[M]. 成都：四川辞书出版社，2010：445—447.

规则 [①]。两级分类规则应用实例如表 3-21 所示，更多实例见附录三。

表 3-21　表意文字统一示例表 [②]

字形	原因	
周 ≈ 周	笔画书写顺序不同（Different writing sequence）	
雪 ≈ 雪	笔画出头不同（Differences in overshoot at the stroke termination）	
酉 ≈ 酉	笔画连接不同（Differences in contact of strokes）	
鉅 ≈ 鉅	笔画折角突起不同（Differences in protrusion at the folded corner of strokes）	
埊 ≈ 埊	笔画弯曲不同（Differences in bent strokes）	
朱 ≈ 朱	笔画收笔不同（Differences in stroke termination）	
父 ≈ 父	笔画起笔不同（Differences in accent at the stroke initiation）	
八 ≈ 八	上部变形不同（Difference in rooftop modification）	
說 ≈ 説	笔画角度不同（Difference in rotated strokes/dots）	

三、UTC

UTC（The Unicode Technical Committee，Unicode 技术委员会）负责 Unicode 标准的开发和维护，包括 UCD（Unicode Character Database，Unicode 字符数据库）、Unicode 技术报告和技术标准，并适时发布更新与勘误 [③]。

U 来源表意文字（U-source Ideographs）是 UTC 向 IRG 提交的，并形成了 U 来源表意文字数据库（U-source database），包含 ID（编号）、status（状态）、Unicode（Unicode 编码）、Radical-stroke count（部首和部外笔画数）、Virtual KangXi dictionary position（《康

---

① The Unicode Standard 9.0 Chapter 18 East Asian Scripts［OL］.［2016-8-16］.http://www.unicode.org/versions/ Unicode9.0.0/ch18.pdf.

② The Unicode Standard 9.0 Chapter 18 East Asian Scripts［OL］.［2016-8-16］.http://www.unicode.org/versions/ Unicode9.0.0/ch18.pdf.

③ Unicode Technical Committee［OL］.［2016-8-16］.http://www.unicode.org/consortium/utc.html.

熙字典》虚拟位置）、IDS（IDS 描述）、Source（来源）等，如表 3-22 所示。目前，
U 来源表意文字数据库共有数据 2969 条 ①。

表 3-22　U 来源表意文字数据示例表 ②

编号	UTC-00986
状态	H
Unicode 编码	
部首和部外笔画数	29.4
《康熙字典》虚拟位置	0165.351
IDS 描述	□又化
来源	UTCDoc L2-12/333 18

并非所有的 U 来源表意文字都能获得 Unicode 码位 ③，因此，U 来源表意文字数据
中包含状态字段，取值如表 3-23 所示。同时，U 来源表意文字的来源较为复杂，如表
3-24 所示。

表 3-23　U 来源表意文字状态取值表 ④

来源	状态	说明
U	C	收录于扩展 C 集
	D	收录于扩展 D 集
	E	收录于扩展 E 集
	F	提交至扩展 F 集
	H	UTC 提交至 IRG 工作会议 2015
	N	计划提交至下一扩展集
	U	已有 Unicode 编码
	UNC-2013	收录于 UTC2013 急需字符建议中

---

① U-Source Ideographs Data File（Latest version）[OL].[2016-8-16].http://www.unicode.org/Public/UCD/latest/ucd/USourceData.txt.

② U-Source Ideographs Data File（Latest version）[OL].[2016-8-16].http://www.unicode.org/Public/UCD/latest/ucd/USourceData.txt.

③ U-source Ideographs（Unicode Standard Annex #45）[OL].[2016-8-16].http://www.unicode.org/reports/tr45/.

④ U-Source Ideographs Data File（Latest version）[OL].[2016-8-16].http://www.unicode.org/Public/UCD/latest/ucd/USourceData.txt.

续表

来源	状态	说明
U	UNC-2015	收录于 UTC2015 急需字符建议中
	UK-2015	UK 提交至 IRG 工作会议 2015
	V	已编码字符的异体
	W	不编码
	X	未处理
	(UTC-\d{5})|(UCI-\d{5})	重复或来源不详

表 3-24　U 来源表意文字来源编码表 [①]

来源	编码	说明
U	ABC2	《ABC 汉英词典》（ABC Chinese-English Dictionary），约翰·德范克（DeFrancis，John），夏威夷大学出版社，1999 年出版
	Adobe-CNS1	Adobe-CNS1 字符集（台湾地区）
	Adobe-Japan1	Adobe-Japan1 字符集（日本）
	Cheng	《中国鸟类种和亚种分类名录大全》，郑作新，科学出版社，2000 年出版
	CN	Vũ Văn Kính，ed. Đại Tự Điển Chữ Nôm. Ho Chi Minh City: Nhà xuấ bản văn nghệ. 1998
	DYC	《说文解字注》，（清）段玉裁注，上海古籍出版社，1981 年出版
	GB18030-2000	GB18030-2000
	LDS	LDS（犹他家谱学会）用字
	Shangwu	《商务新词典》，黄港生，（香港）商务印书馆，1991 年出版
	TUS	Unicode 标准
	UDR	Unicode 缺陷报告
	UTCDoc	UTC 文档
	XHC	《现代汉语词典》，中国社会科学院语言研究所词典编辑室，商务印书馆，2002 年出版
	WG2	WG2 文档
	WL	文林 3.1.8 版（汉语学习软件）

① U-source Ideographs（Unicode Standard Annex #45）［OL］.［2016-8-16］.http://www.unicode.org/reports/tr45/.

在 CJK 子集中，IRG 来源为 U 的文字可分为两类：UTC，即 UTC 提交的编码；UCI，即来源未详。在 Unicode9.0 中，U 来源编码有 405 个，占 CJK 编码总量的 0.5%，其中 UCI 编码 5 个（U+221EC、U+2B089、U+22FDD、U+24FB9 和 U+2105D），UTC 编码 400 个。

依据 U 来源表意文字的来源信息，可将 Unicode 中的 405 个 U 来源编码归入 CJKV，其中可归入 C 来源的 348 个，归入 J 来源的 27 个，无法判断的 25 个，来源未详的 5 个。

四、IVD

IVD（Ideographic Variation Database，表意文字异体数据库）提供 CJK 子集包含的唯一变体序列集合登记，依据 UTS#37[①] 支持标准化交换 [②]。IVD 的版本更新如表 3-25 所示。IVD 的最新版本是 "2014-05-16"，统计信息如表 3-26 所示。

表 3-25　IVD 版本更新表 [③]

版本	更新
2014-05-16	登记 Moji_Joho 子集和 IVS
2012-03-02	登记 Adobe-Japan1 子集追加的 IVS；登记 Hanyo-Denshi 子集追加的 IVS
2010-11-14	登记 Hanyo-Denshi 子集和 IVS
2007-12-14	登记 Adobe-Japan1 子集和 IVS

表 3-26　IVD 统计表（2014-05-16）[④]

		Adobe-Japan1 子集	Hanyo-Denshi 子集	Moji_Joho 子集	合计
字头		13307	5757	4779	15107
IVS		14679	13045	10710	28749
字头对应的异体数量	1	12100	0	4	8888
	2	1080	4705	3936	908
	3	110	765	638	650

① Unicode Ideographic Variation Database（UTS #37）［OL］.［2016-8-16］.http://www.unicode.org/reports/tr37/.

② Ideographic Variation Database［OL］.［2016-8-16］.http://www.unicode.org/ivd/.

③ Ideographic Variation Database［OL］.［2016-8-16］.http://www.unicode.org/ivd/.

④ IVD_Stats（2014-05-16）［OL］.［2016-8-16］.http://www.unicode.org/ivd/data/2014-05-16/IVD_Stats.txt.

续表

		Adobe-Japan1 子集	Hanyo-Denshi 子集	Moji_Joho 子集	合计
字头对应的异体数量	4	11	189	143	1032
	5	2	56	33	2081
	6	2	21	11	717
	7	0	11	7	399
	8	1	2	4	189
	9	0	5	1	101
	10	0	0	0	55
	11	0	1	1	33
	12	0	0	0	20
	13	0	1	0	7
	14	0	0	0	8
	15	1	0	0	1
	16	0	1	1	5
	17	0	0	0	7
	19	0	0	0	1
	20	0	0	0	1
	21	0	0	0	1
	22	0	0	0	1
	32	0	0	0	1
	47	0	0	0	1

    IVD 的作用是关联 IVS（Ideographic Variation Sequence，表意文字异体序列）和字形子集（glyphic subset）；IVS 由 2 个编码字符组成，第 1 个是 CJK 字符，第 2 个是异体选择符（variation selector character）；异体选择符的编码范围是 U+E0100 至 U+E01EF；未登记的 IVS 不能用于文本交换，已登记的 IVS 只能用于在 IVD 中之关联的字形子集；IVS 与字形子集的关联是永久的，不能再关联到其他字形子集；关联到同一字形子集，2 个 IVS 不能使用相同的异体选择符 ①。以"邉"（U+9089）为例，在 Adobe-Japan1 子集中有 15 个 IVS，在 Hanyo-Denshi 子集中有 16 个 IVS，在 Moji_Joho 子集中有 16 个 IVS，如表 3-27 所示。

---

① Unicode Ideographic Variation Database（UTS #37）［OL］.［2016-8-16］.http://www.unicode.org/reports/tr37/.

表 3-27　IVD（2014-05-16）示例 ①

字形子集	IVS			
Adobe-Japan1 子集	9089 邉 E0100 Adobe-Japan1 CID+6930	邉 E0101 Adobe-Japan1 CID+13407	邉 E0102 Adobe-Japan1 CID+14241	邉 E0103 Adobe-Japan1 CID+14242
	邉 E0104 Adobe-Japan1 CID+14243	邉 E0105 Adobe-Japan1 CID+14244	邉 E0106 Adobe-Japan1 CID+14245	邉 E0107 Adobe-Japan1 CID+14246
	邉 E0108 Adobe-Japan1 CID+14247	邉 E0109 Adobe-Japan1 CID+14248	邉 E010A Adobe-Japan1 CID+14249	邉 E010B Adobe-Japan1 CID+14250
	邉 E010C Adobe-Japan1 CID+14251	邉 E010D Adobe-Japan1 CID+14252	邉 E010E Adobe-Japan1 CID+20233	
Hanyo-Denshi 子集	9089 邉 E010F Hanyo-Denshi JA7821	邉 E0110 Hanyo-Denshi JTBD69	邉 E0111 Hanyo-Denshi JTBD38	邉 E0112 Hanyo-Denshi JTBD2D
	邉 E0113 Hanyo-Denshi JTBD2C	邉 E0114 Hanyo-Denshi JTBD2A	邉 E0115 Hanyo-Denshi JTBD29	邉 E0116 Hanyo-Denshi JTBD27
	邉 E0117 Hanyo-Denshi JTBD65	邉 E0118 Hanyo-Denshi JTBD2BS	邉 E0119 Hanyo-Denshi JTBD47	邉 E011A Hanyo-Denshi FT2632
	邉 E011B Hanyo-Denshi JTBD49	邉 E011C Hanyo-Denshi JTBD4CS	邉 E011D Hanyo-Denshi JTBD64	邉 E011E Hanyo-Denshi TK01090330

① IVD（2014-05-16）［OL］.［2016-8-16］.http://www.unicode.org/ivd/data/2014-05-16.

续表

字形子集	IVS			
Moji_Joho 子集	9089	邉 E010F Moji_Joho MJ026190	邉 E0110 Moji_Joho MJ060248	邉 E0111 Moji_Joho MJ060239	邉 E0112 Moji_Joho MJ060238
		邉 E0113 Moji_Joho MJ060237	邉 E0114 Moji_Joho MJ060235	邉 E0115 Moji_Joho MJ060234	邉 E0116 Moji_Joho MJ058866
		邉 E0117 Moji_Joho MJ026197	邉 E0118 Moji_Joho MJ060236	邉 E0119 Moji_Joho MJ026191	邉 E011A Moji_Joho MJ026194
		邉 E011B Moji_Joho MJ026192	邉 E011C Moji_Joho MJ026195	邉 E011D Moji_Joho MJ026196	邉 E011F Moji_Joho MJ026193

第四章　IDS

　　虽然 Unicode 标准包含超过 8 万个 CJK 文字，仍有大量罕用文字未编码，尽管分类编码的工作继续不断地给这些文字分配码位，但是汉字是一个开放的集合，可以预计根本不可能也没有必要穷尽所汉字①。因此，IRG 为 CJK 子集的发展提出了一系列原则和规范的工作流程，以提交数据的格式为例，必须采用 CSV（逗号分隔值）文本格式（UTF-8）或微软 Excel 文件格式，包含流水号、来源参考、图像文件名、康熙部首编码、剩余笔画数、起笔、IDS、形近字 Unicode 编码、参考依据、其他信息等②。其中，IDS 有助于 CJK 标准化，尤其是在文字审核过程中，通过 IDS 和程序可以很容易找到类似的 CJK 文字③。

　　虽然 IDS 主要用于表示未编码文字，不能用于已编码文字的数据交换，但是它还可以用于教学和分析的用途，IRG 在工作中将 IDS 用于第一个近似、机器生成的统一集④。

第一节　IDS 语法规则

　　目前，IDS 仅用于描述 CJK 文字，但是还有一些在编码过程中或预计很快进入编码过程的东亚文字，结构与汉字相似，也适用于 IDS，如西夏文（Tangut），6211 个字符；女书（Nüshu），389 个字符；女真文（Jurchen），1376 个字符；契丹文（Khitan Ideographs），数百个字符；古汉字（Old Han），数千个字符；古彝文（Old Yi），超过 88613 个字符⑤。

---

① Ideographic Description Characters[OL].[2016-8-16].http://www.unicode.org/versions/Unicode9.0.0/ch18.pdf.

② IRG Principles and Procedures Version 7[OL].[2016-8-16].http://std.dkuug.dk/JTC1/SC2/WG2/docs/n4579.pdf.

③ Guidelines on IDS Decomposition[OL].[2016-8-16].http://appsrv.cse.cuhk.edu.hk/~irg/irg/irg25/IRGN1183RevisedIDSPrinciples.pdf.

④ Ideographic Description Characters[OL].[2016-8-16].http://www.unicode.org/versions/Unicode9.0.0/ch18.pdf.

⑤ Proposal to redefine the scope of Ideographic Description Sequences and to encode four additional Ideographic Description Characters[OL].[2016-8-16].http://www.unicode.org/L2/L2009/09171-n3643-ideo-desc.pdf.

一、IDC 编码

1999 年 9 月，Unicode 在 3.0 版本中定义了，IDC（Ideographic Description Characters，表意文字描述符）。IDC 共 12 个（U+2FF0 至 U+2FFB），如表 4-1 所示。

表 4-1　IDC 编码表 [①]

Unicode 编码	IDC	IDC 描述	例字
U+2FF0	⿰	左右结构	故 林
U+2FF1	⿱	上下结构	吕 旦
U+2FF2	⿲	左中右结构	栿 掰
U+2FF3	⿳	上中下结构	曼 劳
U+2FF4	⿴	全包围结构	国 围
U+2FF5	⿵	上三包围结构	同 问
U+2FF6	⿶	下三包围结构	凶 函
U+2FF7	⿷	左三包围结构	匠 匡
U+2FF8	⿸	左上包围结构	压 庄
U+2FF9	⿹	右上包围结构	句 可
U+2FFA	⿺	左下包围结构	廷 这
U+2FFB	⿻	交叉结构	爽 或

此外，还有 4 个未编码 IDC，如表 4-2 所示。

表 4-2　未编码 IDC 表 [②]

IDC	IDC 描述
▢	独体结构
⊟	右三包围结构
⊡	左右对角结构
⊡	右左对角结构

IDC 的应用如图 4-1 所示。

① Ideographic Description Characters[OL].[2016-8-16].http://www.unicode.org/charts/PDF/U2FF0.pdf.
② Proposal to redefine the scope of Ideographic Description Sequences and to encode four additional Ideographic Description Characters[OL].[2016-8-16].http://www.unicode.org/L2/L2009/09171-n3643-ideo-desc.pdf.

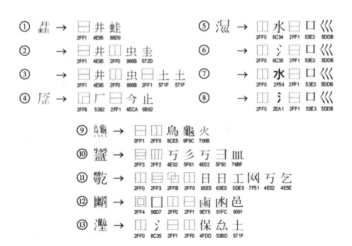

图 4-1 IDC 应用示例图 [1]

二、IDS 语法

IDS（Ideographic Description Sequences，表意文字描述序列）依据下列语法定义，其中的文字和部首可在 UCD 中找到 [2]。

> IDS := Ideographic | Radical | CJK_Stroke | Private Use | U+FF1F
> 　　　 | IDS_BinaryOperator IDS IDS
> 　　　 | IDS_TrinaryOperator IDS IDS IDS
> CJK_Stroke := U+31C0 | U+31C1 | … | U+31E3
> IDS_BinaryOperator := U+2FF0 | U+2FF1 | U+2FF4 | U+2FF5 | U+2FF6 | U+2FF7 |U+2FF8 |
> 　　　　　　　　　　 U+2FF9 | U+2FFA | U+2FFB
> IDS_TrinaryOperator:= U+2FF2 | U+2FF3

IDS 由表意文字（Ideographic）、部首（Radical）、CJK 笔画（CJK_Stroke）、私用区字符（Private Use）、"?"（U+FF1F）、以二元操作符开头的 IDS 和以三元操作符开头的 IDS 组成，支持相互嵌套。表意文字即 CJK 子集中的文字，部首如表 4-3 所示，CJK 笔画如表 4-4 所示。二元操作符包括□（U+2FF0）、□（U+2FF1）、□（U+2FF4）、□（U+2FF5）、□（U+2FF6）、□（U+2FF7）、□（U+2FF8）、□（U+2FF9）、□（U+2FFA）和□（U+2FFB）。三元操作符包括□（U+2FF2）和□（U+2FF3）。

---

① Ideographic Description Characters[OL].[2016-8-16].http://www.unicode.org/versions/Unicode9.0.0/ch18.pdf.
② Ideographic Description Characters[OL].[2016-8-16].http://www.unicode.org/versions/Unicode9.0.0/ch18.pdf.

表 4-3　CJK 部首编码表 ①

No	部首	Unicode		No	部首	Unicode	
		CJK 部首子集	CJK 子集			CJK 部首子集	CJK 子集
1	一	U+2F00	U+4E00	23	匚	U+2F16	U+5338
2	丨	U+2F01	U+4E28	24	十	U+2F17	U+5341
3	丶	U+2F02	U+4E36	25	卜	U+2F18	U+535C
4	丿	U+2F03	U+4E3F	26	卩	U+2F19	U+5369
5	乙	U+2F04	U+4E59	27	厂	U+2F1A	U+5382
6	亅	U+2F05	U+4E85	28	厶	U+2F1B	U+53B6
7	二	U+2F06	U+4E8C	29	又	U+2F1C	U+53C8
8	亠	U+2F07	U+4EA0	30	口	U+2F1D	U+53E3
9	人	U+2F08	U+4EBA	31	囗	U+2F1E	U+56D7
10	儿	U+2F09	U+513F	32	土	U+2F1F	U+571F
11	入	U+2F0A	U+5165	33	士	U+2F20	U+58EB
12	八	U+2F0B	U+516B	34	夂	U+2F21	U+5902
13	冂	U+2F0C	U+5182	35	夊	U+2F22	U+590A
14	冖	U+2F0D	U+5196	36	夕	U+2F23	U+5915
15	冫	U+2F0E	U+51AB	37	大	U+2F24	U+5927
16	几	U+2F0F	U+51E0	38	女	U+2F25	U+5973
17	凵	U+2F10	U+51F5	39	子	U+2F26	U+5B50
18	刀	U+2F11	U+5200	40	宀	U+2F27	U+5B80
19	力	U+2F12	U+529B	41	寸	U+2F28	U+5BF8
20	勹	U+2F13	U+52F9	42	小	U+2F29	U+5C0F
21	匕	U+2F14	U+5315	43	尢	U+2F2A	U+5C22
22	匚	U+2F15	U+531A	44	尸	U+2F2B	U+5C38
45	屮	U+2F2C	U+5C6E	82	毛	U+2F51	U+6BDB
46	山	U+2F2D	U+5C71	83	氏	U+2F52	U+6C0F
47	巛	U+2F2E	U+5DDB	84	气	U+2F53	U+6C14
48	工	U+2F2F	U+5DE5	85	水	U+2F54	U+6C34
49	己	U+2F30	U+5DF1	86	火	U+2F55	U+706B
50	巾	U+2F31	U+5DFE	87	爪	U+2F56	U+722A

---

① Kangxi Radicals〔OL〕.〔2016-8-16〕.http://www.unicode.org/charts/PDF/U2F00.pdf.
　CJK Radicals Supplement〔OL〕.〔2016-8-16〕.http://www.unicode.org/charts/PDF/U2E80.pdf.

No	部首	Unicode CJK 部首子集	Unicode CJK 子集	No	部首	Unicode CJK 部首子集	Unicode CJK 子集
51	干	U+2F32	U+5E72	88	父	U+2F57	U+7236
52	幺	U+2F33	U+5E7A	89	爻	U+2F58	U+723B
53	广	U+2F34	U+5E7F	90	爿	U+2F59	U+723F
54	廴	U+2F35	U+5EF4	91	片	U+2F5A	U+7247
55	廾	U+2F36	U+5EFE	92	牙	U+2F5B	U+7259
56	弋	U+2F37	U+5F0B	93	牛	U+2F5C	U+725B
57	弓	U+2F38	U+5F13	94	犬	U+2F5D	U+72AC
58	彐	U+2F39	U+5F50	95	玄	U+2F5E	U+7384
59	彡	U+2F3A	U+5F61	96	玉	U+2F5F	U+7389
60	彳	U+2F3B	U+5F73	97	瓜	U+2F60	U+74DC
61	心	U+2F3C	U+5FC3	98	瓦	U+2F61	U+74E6
62	戈	U+2F3D	U+6208	99	甘	U+2F62	U+7518
63	戶	U+2F3E	U+6236	100	生	U+2F63	U+751F
64	手	U+2F3F	U+624B	101	用	U+2F64	U+7528
65	支	U+2F40	U+652F	102	田	U+2F65	U+7530
66	攴	U+2F41	U+6534	103	疋	U+2F66	U+758B
67	文	U+2F42	U+6587	104	疒	U+2F67	U+7592
68	斗	U+2F43	U+6597	105	癶	U+2F68	U+7676
69	斤	U+2F44	U+65A4	106	白	U+2F69	U+767D
70	方	U+2F45	U+65B9	107	皮	U+2F6A	U+76AE
71	无	U+2F46	U+65E0	108	皿	U+2F6B	U+76BF
72	日	U+2F47	U+65E5	109	目	U+2F6C	U+76EE
73	曰	U+2F48	U+66F0	110	矛	U+2F6D	U+77DB
74	月	U+2F49	U+6708	111	矢	U+2F6E	U+77E2
75	木	U+2F4A	U+6728	112	石	U+2F6F	U+77F3
76	欠	U+2F4B	U+6B20	113	示	U+2F70	U+793A
77	止	U+2F4C	U+6B62	114	禸	U+2F71	U+79B8
78	歹	U+2F4D	U+6B79	115	禾	U+2F72	U+79BE
79	殳	U+2F4E	U+6BB3	116	穴	U+2F73	U+7A74
80	毋	U+2F4F	U+6BCB	117	立	U+2F74	U+7ACB

No	部首	Unicode		No	部首	Unicode	
		CJK 部首子集	CJK 子集			CJK 部首子集	CJK 子集
81	比	U+2F50	U+6BD4	118	竹	U+2F75	U+7AF9
119	米	U+2F76	U+7C73	156	走	U+2F9B	U+8D70
120	糸	U+2F77	U+7CF8	157	足	U+2F9C	U+8DB3
121	缶	U+2F78	U+7F36	158	身	U+2F9D	U+8EAB
122	网	U+2F79	U+7F51	159	車	U+2F9E	U+8ECA
123	羊	U+2F7A	U+7F8A	160	辛	U+2F9F	U+8F9B
124	羽	U+2F7B	U+7FBD	161	辰	U+2FA0	U+8FB0
125	老	U+2F7C	U+8001	162	辵	U+2FA1	U+8FB5
126	而	U+2F7D	U+800C	163	邑	U+2FA2	U+9091
127	耒	U+2F7E	U+8012	164	酉	U+2FA3	U+9149
128	耳	U+2F7F	U+8033	165	釆	U+2FA4	U+91C6
129	聿	U+2F80	U+807F	166	里	U+2FA5	U+91CC
130	肉	U+2F81	U+8089	167	金	U+2FA6	U+91D1
131	臣	U+2F82	U+81E3	168	長	U+2FA7	U+9577
132	自	U+2F83	U+81EA	169	門	U+2FA8	U+9580
133	至	U+2F84	U+81F3	170	阜	U+2FA9	U+961C
134	臼	U+2F85	U+81FC	171	隶	U+2FAA	U+96B6
135	舌	U+2F86	U+820C	172	隹	U+2FAB	U+96B9
136	舛	U+2F87	U+821B	173	雨	U+2FAC	U+96E8
137	舟	U+2F88	U+821F	174	靑	U+2FAD	U+9751
138	艮	U+2F89	U+826E	175	非	U+2FAE	U+975E
139	色	U+2F8A	U+8272	176	面	U+2FAF	U+9762
140	艸	U+2F8B	U+8278	177	革	U+2FB0	U+9769
141	虍	U+2F8C	U+864D	178	韋	U+2FB1	U+97CB
142	虫	U+2F8D	U+866B	179	韭	U+2FB2	U+97ED
143	血	U+2F8E	U+8840	180	音	U+2FB3	U+97F3
144	行	U+2F8F	U+884C	181	頁	U+2FB4	U+9801
145	衣	U+2F90	U+8863	182	風	U+2FB5	U+98A8
146	襾	U+2F91	U+897E	183	飛	U+2FB6	U+98DB
147	見	U+2F92	U+898B	184	食	U+2FB7	U+98DF

续表

No	部首	Unicode		No	部首	Unicode	
		CJK 部首子集	CJK 子集			CJK 部首子集	CJK 子集
148	角	U+2F93	U+89D2	185	首	U+2FB8	U+9996
149	言	U+2F94	U+8A00	186	香	U+2FB9	U+9999
150	谷	U+2F95	U+8C37	187	馬	U+2FBA	U+99AC
151	豆	U+2F96	U+8C46	188	骨	U+2FBB	U+9AA8
152	豕	U+2F97	U+8C55	189	高	U+2FBC	U+9AD8
153	豸	U+2F98	U+8C78	190	髟	U+2FBD	U+9ADF
154	貝	U+2F99	U+8C9D	191	鬥	U+2FBE	U+9B25
155	赤	U+2F9A	U+8D64	192	鬯	U+2FBF	U+9B2F
193	鬲	U+2FC0	U+9B32	230	㞢	U+2E8F	U+5C23
194	鬼	U+2FC1	U+9B3C	231	尢	U+2E90	U+5C22
195	魚	U+2FC2	U+9B5A	232	允	U+2E91	
196	鳥	U+2FC3	U+9CE5	233	巳	U+2E92	U+5DF3
197	鹵	U+2FC4	U+9E75	234	幺	U+2E93	U+5E7A
198	鹿	U+2FC5	U+9E7F	235	彑	U+2E94	U+5F51
199	麥	U+2FC6	U+9EA5	236	彐	U+2E95	U+5F51
200	麻	U+2FC7	U+9EBB	237	忄	U+2E96	U+5FC4
201	黃	U+2FC8	U+9EC3	238	小	U+2E97	
202	黍	U+2FC9	U+9ECD	239	扌	U+2E98	U+624C
203	黑	U+2FCA	U+9ED1	240	攵	U+2E99	U+6535
204	黹	U+2FCB	U+9EF9	241	旡	U+2E9B	U+65E1
205	黽	U+2FCC	U+9EFD	242	曰	U+2E9C	
206	鼎	U+2FCD	U+9F0E	243	月	U+2E9D	
207	鼓	U+2FCE	U+9F13	244	歺	U+2E9E	U+6B7A
208	鼠	U+2FCF	U+9F20	245	母	U+2E9F	U+6BCD
209	鼻	U+2FD0	U+9F3B	246	民	U+2EA0	U+6C11
210	齊	U+2FD1	U+9F4A	247	氵	U+2EA1	U+6C35
211	齒	U+2FD2	U+9F52	248	氺	U+2EA2	U+6C3A
212	龍	U+2FD3	U+9F8D	249	灬	U+2EA3	U+706C
213	龜	U+2FD4	U+9F9C	250	爫	U+2EA4	U+722B
214	龠	U+2FD5	U+9FA0	251	爫	U+2EA5	

No	部首	Unicode		No	部首	Unicode	
		CJK 部首子集	CJK 子集			CJK 部首子集	CJK 子集
215	⺀	U+2E80		252	⺦	U+2EA6	U+4E2C
216	⺁	U+2E81	U+20086	253	⺧	U+2EA7	U+20092
217	⺂	U+2E82	U+4E5B	254	⺨	U+2EA8	U+72AD
218	⺃	U+2E83	U+4E5A	255	⺩	U+2EA9	
219	⺄	U+2E84		256	⺪	U+2EAA	U+24D14
220	⺅	U+2E85	U+4EBB	257	⺫	U+2EAB	
221	⺆	U+2E86		258	⺬	U+2EAC	
222	⺇	U+2E87	U+20628	259	⺭	U+2EAD	U+793B
223	⺈	U+2E88		260	⺮	U+2EAE	U+25AD7
224	⺉	U+2E89	U+5202	261	⺯	U+2EAF	U+7CF9
225	⺊	U+2E8A		262	⺰	U+2EB0	U+7E9F
226	⺋	U+2E8B	U+353E	263	⺱	U+2EB1	U+7F53
227	⺌	U+2E8C		264	⺲	U+2EB2	U+7F52
228	⺍	U+2E8D		265	⺳	U+2EB3	
229	⺎	U+2E8E	U+5140	266	兀	U+2EB4	
267	⺵	U+2EB5	U+2626B	299	芈	U+2ED5	
268	⺶	U+2EB6		300	阝	U+2ED6	U+961D
269	羊	U+2EB7	U+2634C	301	⻗	U+2ED7	U+96E8
270	𦥑	U+2EB8		302	青	U+2ED8	U+9752
271	耂	U+2EB9	U+8002	303	韦	U+2ED9	U+97E6
272	⺺	U+2EBA	U+8080	304	页	U+2EDA	U+9875
273	⺻	U+2EBB		305	风	U+2EDB	U+98CE
274	⺼	U+2EBC		306	飞	U+2EDC	U+98DE
275	臼	U+2EBD	U+81FC	307	食	U+2EDD	U+98DF
276	⺾	U+2EBE	U+8279	308	𩙿	U+2EDE	U+2967F
277	⺿	U+2EBF		309	飠	U+2EDF	U+98E0
278	⻀	U+2EC0		310	饣	U+2EE0	U+9963
279	虎	U+2EC1	U+864E	311	𩩲	U+2EE1	U+29810
280	衤	U+2EC2	U+8864	312	马	U+2EE2	U+9A6C

No	部首	Unicode CJK 部首子集	CJK 子集	No	部首	Unicode CJK 部首子集	CJK 子集
281	覀	U+2EC3	U+8980	313	骨	U+2EE3	U+9AA8
282	西	U+2EC4	U+897F	314	鬼	U+2EE4	U+9B3C
283	见	U+2EC5	U+89C1	315	鱼	U+2EE5	U+9C7C
284	角	U+2EC6	U+89D2	316	鸟	U+2EE6	U+9E1F
285	訇	U+2EC7	U+278B2	317	卤	U+2EE7	U+5364
286	讠	U+2EC8	U+8BA0	318	麦	U+2EE8	U+9EA6
287	贝	U+2EC9	U+8D1D	319	黄	U+2EE9	U+9EC4
288	足	U+2ECA	U+8DB3	320	黾	U+2EEA	U+9EFE
289	车	U+2ECB	U+8F66	321	齐	U+2EEB	U+6589
290	辶	U+2ECC	U+8FB6	322	齐	U+2EEC	U+9F50
291	辶	U+2ECD		323	齿	U+2EED	U+6B6F
292	辶	U+2ECE		324	齿	U+2EEE	U+9F7F
293	阝	U+2ECF		325	竜	U+2EEF	U+7ADC
294	钅	U+2ED0	U+9485	326	龙	U+2EF0	U+9F99
295	長	U+2ED1	U+9577	327	龜	U+2EF1	U+9F9C
296	镸	U+2ED2	U+9578	328	龜	U+2EF2	U+4E80
297	长	U+2ED3	U+957F	329	龟	U+2EF3	U+9F9F
298	门	U+2ED4	U+95E8				

表 4-4　CJK 笔画编码表 ①

No	部首	说明	Unicode CJK 部首子集	CJK 子集
1	㇀	冰（U+51B0）的第 2 笔	U+31C0	
2	㇁	狐（U+72D0）的第 2 笔	U+31C1	
3	㇂	我（U+6211）的第 5 笔	U+31C2	
4	㇃	心（U+5FC3）的第 2 笔	U+31C3	
5	㇄	亡（U+4EA1）的第 3 笔 四（U+56DB）的第 4 笔	U+31C4	

---

① CJK Strokes[OL].[2016-8-16].http://www.unicode.org/charts/PDF/U31C0.pdf.

续表

No	部首	说明	Unicode	
			CJK 部首子集	CJK 子集
6	乛	卍（U+534D）的第 1 笔	U+31C5	
7	乛	羽（U+7FBD）的第 1 笔 也（U+4E5F）的第 1 笔	U+31C6	U+200CC
8	乛	又（U+53C8）的第 1 笔 今（U+4ECA）的第 4 笔	U+31C7	
9	乁	飞（U+98DE）的第 1 笔 九（U+4E5D）的第 2 笔	U+31C8	
10	乚	弓（U+5F13）的第 3 笔 马（U+9A6C）的第 2 笔	U+31C9	
11	乚	计（U+8BA1）的第 2 笔 鸠（U+ 9CE9）的第 2 笔	U+31CA	
12	乃	及（U+53CA）的第 1 笔	U+31CB	
13	阝	阝（U+961D）的第 1 笔 邮（U+90AE）的第 6 笔	U+31CC	
14	乚	投（U+6295）的第 5 笔	U+31CD	
15	㇏	凸（U+51F8）的第 1 笔	U+31CE	
16	㇏	大（U+5927）的第 3 笔	U+31CF	
17	一	大（U+5927）的第 1 笔 七（U+ 4E03）的第 1 笔	U+31D0	U+4E00
18	丨	中（U+4E2D）的第 4 笔	U+31D1	U+4E28
19	丿	乏（U+4E4F）第 1 笔	U+31D2	
20	丿	月（U+6708）第 1 笔	U+31D3	U+4E3F
21	丶	丸（U+4E38）第 3 笔	U+31D4	U+4E36
22	𠃌	四（U+56DB）第 2 笔	U+31D5	U+200CD
23	㇇	疋（U+758B）第 1 笔 子（U+ 5B50）第 1 笔	U+31D6	U+4E5B
24	𡿨	山（U+5C71）第 2 笔 东（U+ 4E1C）第 2 笔	U+31D7	U+200CA
25	𠃊	肃（U+8085）第 6 笔	U+31D8	
26	乚	民（U+6C11）第 3 笔	U+31D9	U+2010C
27	亅	水（U+6C34）第 1 笔	U+31DA	U+4E85

No	部首	说明	Unicode	
			CJK 部首子集	CJK 子集
28	く	巡（U+5DE1）第 1 笔 女（U+ 5973）第 1 笔	U+31DB	U+21FE8
29	厶	公（U+516C）第 3 笔 弘（U+5F18）第 4 笔	U+31DC	U+200CB
30	㇟	廻（U+5EFB）第 8 笔	U+31DD	U+4E40
31	𠃌	卐（U+5350）第 1 笔 亞（U+ 4E9E）第 4 笔	U+31DE	U+200D1
32	㇄	乱（U+4E71）第 7 笔 己（U+ 5DF1）第 3 笔	U+31DF	U+4E5A
33	乙	乙（U+4E59）第 1 笔	U+31E0	U+4E59
34	𠃌	乃（U+4E43）第 1 笔	U+31E1	U+2010E
35	ノ	乂（U+4E44）第 1 笔	U+31E2	
36	○	㔔（U+3514）第 6 笔	U+31E3	

Unicode 之前的版本在 IDS 长度和组成部分上不同的限制，并限定只用于 CJK 文字；在当前版本中，未加入这些限制和限定；虽然未在语法中禁止，不宜在 IDS 中混合使用其他 Unicode 字符[1]。

而在 Unicode3.0 中，IDS 依据下列语法定义[2]:

IDS ::= UnifiedIdeograph | Radical | BinaryDescriptionOperator IDS IDS
| TrinaryDescriptionOperator IDS IDS IDS

BinaryDescriptionOperator ::= U+2FF0 | U+2FF1 | U+2FF4 | U+2FF5 | U+2FF6 | U+2FF7| U+2FF8
| U+2FF9 | U+2FFA | U+2FFB

TrinaryDescriptionOperator::= U+2FF2 | U+2FF3

Radical ::= U+2E80 | U+2E81 | … | U+2EF2 | U+2EF3 | U+2F00 | U+2F01 | … 　| U+2FD4 |
U+2FD5

UnifiedIdeograph ::= U+3400 | U+3401 | … | U+4DB4 | U+4DB5 | U+4E00 | U+4E01 | …| U+9FA4
| U+9FA5 | U+FA0E |U+FA0F | U+FA11 | U+FA13 | U+FA14 | U+FA1F
|U+FA21 | U+FA23 | U+FA24 | U+FA27 | U+FA28 |U+FA29

---

[1] Ideographic Description Characters［OL］.［2016－8－16］.http://www.unicode.org/versions/Unicode9.0.0/ch18.pdf.

[2] Ideographic Description Characters (Unicode3.0.0)［OL］.［2016－8－16］. http://www.unicode.org/versions/Unicode3.0.0/ch10.pdf.

除了上述语法外，IDS 还有两个长度限制：序列总长度不超过 16 个 Unicode 编码；若没有 IDC 间隔，序列长度不超过 6 个 Unicode 编码。

随着 Unicode 的发展，IDS 的语法也在逐渐变化，可用于 IDS 的字符日益丰富，不再有附加的长度限制，如附录四所示。

三、IDS 构建过程

IDS 的语法比较简单，给 IDS 的构建提供了很大的自由度。Unicode 并未规范 IDS 的构建过程，只给出了 IDS 构建的建议：若用户描述一个未编码 CJK 文字，要先分析字形结构，再确定如何用 IDS 表示；作为规则，最好对表意文字进行自然的形声划分，并描述为尽可能短的 IDS；然而，实际使用中并不要求必须遵循上述规则；此外，最短 IDS 优先 [1]。

IDS 的构建过程就是表意文字基于 IDS 的拆分过程，因此，IDS 构建也可称为 IDS 拆分。

（一）原则

由于 IDS 构建的自由度较大，其构建原则就与应用需求直接相关。以 IRG 为例，IDS 用于新提交未编码文字的审核，初步确定新提交文字是否已被编码或与已被编码的文字相似。基于上述需求，IRG 在"IDS 拆分指南" [2]（Guidelines on IDS Decomposition）中提出以下原则：

1. 最少拆分

不必拆分到基础部件，拆分到 UCD 中已有字符即可。如果需要进一步拆分，由于标准化的表意文字已有 IDS 数据，通过程序即可实现深度拆分。然而这只是建议，不强制用户进行最少拆分。

2. 关注字形

IDS 用于 IRG 评估提交的表意文字，拆分不必执着于字义、字源、部首、部件划分等。如果 IDS 拆分依赖于部首，若用户不知道正确的部首，就会做出错误的 IDS 拆分。通过忽略字义、字源等知识，使得不同用户描述同一文字的 IDS 尽可能一致。

3. 提早放弃

一些表意文字具有独特的形状和（或）结构，很难构建 IDS，这些文字可以不做拆分，不需要一个完整的集合。IDS 用于审核，而不是编辑字典，只要这些特殊情况数量

---

① Ideographic Description Characters[OL].[2016-8-16].http://www.unicode.org/versions/Unicode9.0.0/ch18.pdf.
② Guidelines on IDS Decomposition[OL].[2016-8-16].http://appsrv.cse.cuhk.edu.hk/~irg/irg/irg25/IRGN1183RevisedIDSPrinciples.pdf.

比较小，不影响审核过程即可。

4. 限制使用包围和交叉 IDC

使用包围和交叉 IDC 的 IDS 描述较为模糊，可能使自动查重算法失效。因此，尽量避免使用包围和交叉 IDC。

5. 忽略字形微小差异

不必描述表意文字的字形细节，忽略细微的差异。由于有一组统一的规则，如附录三所示，如果这些差异很重要，可以进入 IDS 自动匹配后的人工审核环节。另一方面，如果 IDS 构建执行严格比照字形的政策，两个可以统一的字形将生成完全不同的 IDS，无法发现它们是重复的。

（二）流程

基于不同的 IDS 构建原则，可以设计相应的构建流程。仍以 IRG 的 "IDS 构建推荐流程"[1] 为例：

1. 第一步

若表意文字的结构是两个相同部件夹着另一个部件，可以按优先顺序使用⿲（U+2FF2）或⿳（U+2FF3）来拆分，如例 4-1 所示。

例 4-1：弼 → ⿲弓百弓（不能拆分为⿰弨弓）

器 → ⿳吅犬吅（不能拆分为⿱哭吅）

2. 第二步

若不能按第一步拆分，观察表意文字是否能拆分为两部分，且这两部分都 CDC（Character description component，字符描述组件，即 UCD 中的字符），可以按优先顺序使用⿰（U+2FF0）、⿱（U+2FF1）、⿴（U+2FF4）、⿵（U+2FF5）、⿶（U+2FF6）、⿷（U+2FF7）、⿸（U+2FF8）、⿹（U+2FF9）、⿺（U+2FFA）或⿻（2FFB）来拆分，如例 4-2 所示。若表意文字既可以按左右结构，又可以按上下结构拆分，统一用⿱（U+2FF1）来拆分，不按字源进行判断，如例 4-3 所示。

例 4-2：雏 → ⿰刍隹（不能拆分为⿰唯虫）

荟 → ⿱艹会

园 → ⿴囗元

间 → ⿵门日

凶 → ⿶凵㐅

匡 → ⿷匚王

① Guidelines on IDS Decomposition[OL].[2016-8-16].http://appsrv.cse.cuhk.edu.hk/~irg/irg/irg25/IRGN1183RevisedIDSPrinciples.pdf.

    厉 → □厂万
    句 → □勹口
    赵 → □走肖
    幽 → □山丝

例4-3：枞 → □从从（不能拆分为□欠欠）

3. 第三步

若不能按第二步拆分，观察表意文字是否能拆分为三部分，且每部分都 CDC，可以按优先顺序使用□（U+2FF2）或□（U+2FF3）来拆分，如例4-4所示。

例4-4：衙 → □彳吾丁
    言 → □亠口日

4. 第四步

若不能按第三步拆分，可以尝试同时使用 2 个 IDC 来拆分，如例4-5所示。建议不在 IDC 后用 SDC（Character description component，字符描述组件，即 UCD 中的字符）作为第一个组件，若 IDC 为□（U+2FF0）或□（U+2FF1）可例外，如例4-6所示。

例4-5：旗 → □方□⺊其
    伞 → □⼈□十炆
    圈 → □囗□罒方
    罔 → □门□⺈亡
    旬 → □勹□二日
例4-6：颖 → □□匕禾页
    憩 → □□舌自心

5. 第五步

若不能按第四步拆分，可以尝试同时使用 3 个 IDC 来拆分，如例4-7所示。建议不在 IDC 后用 SDC（Character description component，字符描述组件，即 UCD 中的字符）作为第一个组件，若 IDC 为□（U+2FF0）或□（U+2FF1）可例外，如例4-8所示。

例4-7：朦 → □月□日□茾仌
    嬴 → □亡□□月□廿尸凡
    幽 → □囗□□厶出糸
    鹵 → □山□□卜囟囟
    癥 → □广□医□几口又
例4-8：斳 → □□□廿乂言斤
    璺 → □□□臼缶冖玉

6. 第六步

若表意文字仍不能拆分，则放弃拆分，例如：𠚤、𠆎、𦙾、𠯟等。

第二节　IDS 资源

由于 IDS 的语法比较简单，构建的原则与流程直接与应用相关，同一个表意文字的 IDS 数据既可能完全相同或略有差异，也可能差别很大或完全不同。具有较高参考价值的 IDS 数据包括 IRG 的 IDS 数据（以下简称 IDS_IRG）、CHISE 的 IDS 数据（以下简称 IDS_CHISE）、书同文的 CJK 汉字拆分数据等。

一、IDS_IRG

IDS_IRG 中比较完整的是"IDS 拆分指南"[①] 附件，包含 IDS 数据 70230 条，其中 CJK 基本集 IDS 数据 20924 条（U+4E00 至 U+9FBB），扩展 A 集 IDS 数据 6582 条（U+3400 至 U+4DB5），扩展 B 集 IDS 数据 42711 条（U+20000 至 U+2A6D6），CJK 兼容表意文字基本集 IDS 数据 12 条（U+FA0E、U+FA0F、U+FA11、U+FA13、U+FA14、U+FA1F、U+FA21、U+FA23、U+FA24、U+FA27、U+FA28 和 U+FA29）和 CJK 部首补充 IDS 数据 1 条（U+2EB8）。

IDS_IRG 的构建原则和流程详见上一节，此处不再赘述。

在 70230 条 IDS 数据中，第一个 IDC 为 ⿰（U+2FF0）的 IDS 数据有 45615 条，约占总数的 64.95%；第一个 IDC 为 ⿱（U+2FF1）的 IDS 数据有 15662 条，约占总数的 22.3%；第一个 IDC 为 ⿲（U+2FF2）的 IDS 数据有 533 条，约占总数的 0.76%；第一个 IDC 为 ⿳（U+2FF3）的 IDS 数据有 1395 条，约占总数的 1.99%；第一个 IDC 为 ⿴（U+2FF4）的 IDS 数据有 234 条，约占总数的 0.33%；第一个 IDC 为 ⿵（U+2FF5）的 IDS 数据有 687 条，约占总数的 0.98%；第一个 IDC 为 ⿶（U+2FF6）的 IDS 数据有 43 条，约占总数的 0.06%；第一个 IDC 为 ⿷（U+2FF7）的 IDS 数据有 131 条，约占总数的 0.19%；第一个 ⿸（U+2FF8）的 IDS 数据有 2340 条，约占总数的 3.33%；第一个 ⿹（U+2FF9）的 IDS 有数据 358 条，约占总数的 0.51%；第一个 ⿺（U+2FFA）的 IDS 数据有 2440 条，约占总数的 3.47%；第一个 ⿻（U+2FFB）的 IDS 数据有 101 条，约占总数的 0.14%；未拆分 IDS 数据有 691 条，约占总数的 0.99%。

在 70230 条 IDS 数据中，使用 1 个 IDC 的 IDS 数据有 60421 条，约占总数的 86.03%；使用 2 个 IDC 的 IDS 数据有 7151 条，约占总数的 10.18%；使用 3 个 IDC 的

[①] IDS decomposition principles(Revised by IRG) Apendix[OL].[2016-8-16].http://appsrv.cse.cuhk.edu.hk/~irg/irg/irg25/IRGN1183A_ids_irg.zip.

IDS 数据有 1601 条，约占总数的 2.28%；使用 3 个以上 IDC 的 IDS 数据有 366 条，约占总数的 0.52%；不使用 IDC 的 IDS 数据有 691 条，约占总数的 0.99%。

在 70230 条 IDS 数据中，用"？"（U+FF1F）表示 UCD 中未包含的字符，包含 1 个"？"的 IDS 数据有 1739 条；包含 2 个"？"的 IDS 数据有 69 条；包含 3 个"？"的 IDS 数据有 4 条.

IDS_IRG 数据样例如表 4-5 所示。

表 4-5　IDS_IRG 数据样例表 [①]

No	字形	Unicode	IDS
1	函	U+51FD	函
2	囟	U+518F	□冂仑
3	亰	U+4EB0	□亠日小
4	乃	U+4E43	□乃丿
5	衙	U+8859	□彳吾亍
6	㥁	U+3941	□□乚□十罒心
7	㤥	U+3925	□忄亥
8	㣁	U+38C1	□弓菥
9	念	U+5FF5	□今心
10	尦	U+5C26	□允勺
11	尽	U+5C3D	□尺丶
12	局	U+5C40	□尸□丁口
13	㢤	U+38A4	□戈？
14	勿	U+52FF	□勹？
15	喪	U+55AA	□□土吅？
16	候	U+5019	□□亻丨？
17	丝	U+4E1D	□□？？一
18	歡	U+6B53	□□⺈□？？欠
19	𡔘	U+21518	□土□山□尸凵土□□山□尸凵□山□尸凵
20	𡗃	U+215C3	□□日夕？□勿□？？
21	匬	U+532C	□匸俞
22	戠	U+6220	□音戈
23	䇱	U+41F1	□竹□口夂

① CHISE IDS 漢字検索［OL］.［2016-8-16］. http://www.chise.org/ids-findp.

续表

No	字形	Unicode	IDS
24	啭	U+556D	⿰口转
25	坲	U+57CA	⿱⿰米土
26	亴	U+4EB4	⿱⿱⿱亠口一士九
27	卤	U+5364	⿱卜囟
28	善	U+5584	⿱⿱羊䒑口
29	噩	U+5669	噩
30	萈	U+8408	⿱⿱艹⿴見丶

二、IDS_CHISE

CHISE（CHaracter Information Environment Service，字符信息环境服务）项目是直接利用各种文字相关知识，以实现基于通用字符的下一代文字处理环境为目标的开源研发项目[1]。CHISE 包含一系列子项目，IDS_CHISE 是"文字知识数据库化"子项目的重要组成部分之一。

IDS_CHISE 包括 IDS_UCS（Unicode IDS 数据）、IDS_JIS（JIS X 0208:1990 IDS 数据）、IDS_Daikanwa（《大汉和辞典》字头 IDS 数据）和 IDS_CBETA（CBETA[2] 外字 IDS 数据）[3]。

IDS_UCS 包含 IDS 数据 81359 条，其中 CJK 基本集 IDS 数据 20924 条（U+4E00 至 U+9FBB），扩展 A 集 IDS 数据 6582 条（U+3400 至 U+4DB5），扩展 B 集 IDS 数据 42711（U+20000 至 U+2A6D6），扩展 C 集 IDS 数据 4149 条（U+2A700 至 U+2B734），扩展 D 集 IDS 数据 222 条（U+2B740 至 U+2B81D），扩展 E 集 IDS 数据 5762 条（U+2B820 至 U+2CEA1），CJK 兼容表意文字基本集 IDS 数据 467 条（U+F900 至 U+FA2D、U+FA30 至 U+FA6A、U+FA70 至 U+FAD9）和 CJK 兼容表意文字补充集 IDS 数据 542 条（U+2F800 至 U+2FA1D）。

IDS_UCS 数据库内用私用区编码表示 UCD 中未包含的字符，同时存储相应的字符图像；在网站中将 UCD 中未包含的字符显示为字符图像；在开放下载数据中用字符图像文件名表示 UCD 中未包含的字符。IDS_UCS 中有 9116 条包含 UCD 中未包含的字符，UCD 中未包含的字符共计 1682 个。

---

① CHISE project［OL］.［2016-8-16］.http://kanji.zinbun.kyoto-u.ac.jp/projects/chise/index.html.ja.

② 中华电子佛典协会［OL］.［2016-8-16］.http://www.cbeta.org/.

③ CHISE 漢字構造情報データベース［OL］.［2016-8-16］.http://kanji.zinbun.kyoto-u.ac.jp/projects/chise/ids/.

IDS_UCS 数据样例如表 4-6 所示。

表 4-6　IDS_UCS 数据样例表 [①]

No	字形	Unicode	IDS
1	函	U+51FD	⿶凵 "GT-K02033.jpg"
2	冏	U+518F	⿴ "CDP-8C58.jpg" 口
3	京	U+4EB0	⿱亠小
4	乃	U+4E43	乃
5	衙	U+8859	⿲行吾
6	㥁	U+3941	⿱⿰乚⿱十 "GT-36329.jpg" 心
7	㤥	U+3925	⿰忄 "JA1671.png"
8	㣁	U+38C1	⿰弓 "395D.gif"
9	念	U+5FF5	⿱ "GT-00467.jpg" 心
10	尦	U+5C26	⿰ "CDP-8DEF.jpg" 勺
11	尽	U+5C3D	⿱尺 "CDP-8971.jpg"
12	局	U+5C40	⿸尸 "CDP-8C52.jpg"
13	㢤	U+38A4	⿻ "u2298f-itaiji-001.100px.png""CDP-8B6C.jpg"
14	勿	U+52FF	⿰勹 "CDP-89A6.jpg"
15	喪	U+55AA	⿱ "CDP-88A5.jpg""CDP-8CC6.jpg"
16	候	U+5019	⿰亻⿸⿱丨 "CDP-8BC7.jpg"
17	丝	U+4E1D	⿰⿱ "CDP-895C.jpg""CDP-895C.jpg" 一
18	歡	U+6B53	⿰ "GT-56364.jpg" 欠
19	𡔘	U+21518	𡔘
20	𡗃	U+215C3	⿰⿱夕 "CDP-885E.jpg" ⿰勿⿰ "CDP-89E3.jpg""CDP-89E3.jpg"
21	匬	U+532C	⿷ &IWDS1-209;"49-33.gif"
22	戢	U+6220	⿰音戈
23	䇱	U+41F1	⿱⺮⿰口夕
24	啭	U+556D	⿰口车专
25	坔	U+57CA	⿱山水土
26	亴	U+4EB4	⿱⿱亠口⿱士九
27	卤	U+5364	⿱占乂
28	善	U+5584	⿱羊⿱䒑口

No	字形	Unicode	IDS
29	噩	U+5669	⿱王㗊
30	莧	U+8408	⿱艹⿴見丶

三、CJK 汉字拆分数据

CJK 汉字拆分数据包含 IDS 数据 20902 条（U+4E00 至 U+9FA5），CJK 基本集以外的部件用私用区编码（U+E000 至 U+E0DE）表示，除了 Unicode 定义的 12 个 IDC 外，用"X"表示独体字或不宜再分解的构件，遵循下列拆分规则：

若一个元素（组件）没有意义，且所有组成它的基本组件也没有意义，则停止拆分该元素；若一个元素（组件）没有意义，但一些组成它的基本组件有意义，则拆分该元素；若一个元素（组件）有意义，则停止拆分该元素；若一个元件（组件）是 CJK 部首或康熙部首，则停止拆分该元素；若一个汉字本身就是一个 CJK 部首或康熙部首，超过 GF3001 定义的基本组件，则拆分该汉字[①]。

CJK 汉字拆分流程如图 4-2 所示。

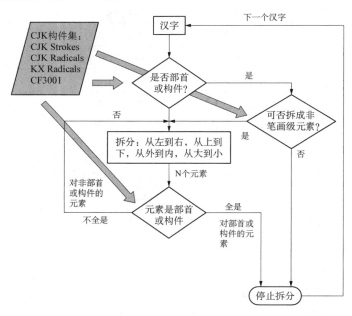

图 4-2　CJK 汉字拆分流程图 [②]

① CJK 汉字拆分项目数据文件［OL］.［2016-8-16］.http://hanzi.unihan.com.cn/downloads/CJKDecomposed20080425 V312（CJK 拆分序列 IDS）.pdf

② CJK 拆 分 序 列 说 明 文 件［OL］.［2016-8-16］.http://hanzi.unihan.com.cn/downloads/INFO_FOR_CJKDecomposed20080425V312（CJK 拆分序列说明文件）.pdf.

CJK 汉字拆分数据包括初步拆分 IDS 和彻底拆分 IDS，初步拆分是将 CJK 文字拆分为 CJK 构件 ① 或 CJK 基本集中的字符，而彻底拆分是将初步拆分 IDS 中的非 CJK 构件替换为基于 CJK 构件的 IDS，如表 4-7 所示。

表 4-7　CJK 汉字拆分数据样例表 ②

No	字形	Unicode		IDS	
1	函	U+51FD		□凵□了㐅	
			□	□凵□了㐅	
2	冏	U+518F		□冂日八口	
			□	□冂日八口	
3	京	U+4EB0		日亠日小	
			□	日亠日小	
4	乃	U+4E43	√		
			×		
5	衙	U+8859		□行吾	
			□	□行日五口	
6	蠻	U+883C		□虫䜌	
			□	□虫日□目目日隹又	
7	珡	U+73E1		日□王王人	
			日	□□日一土日一土人	
8	瘞	U+761E		□疒日夾土	
			□	□疒日□大□人人土	
9	念	U+5FF5		日今心	
			□	□□日人、乛心	
10	尦	U+5C26		□尣勺	
			□	□尣□勹、	
11	尽	U+5C3D		□尺丶	
			□	□尺丶	

① CJK 汉字构件集［OL］.［2016-8-16］.http://hanzi.unihan.com.cn/downloads/CJKComponentSet080425V312（CJK 汉字构件集）.pdf.
② CJK 汉字拆分项目数据文件［OL］.［2016-8-16］.http://hanzi.unihan.com.cn/downloads/CJKDecomposed20080425 V312（CJK 拆分序列 IDS）.pdf

续表

No	字形	Unicode	IDS	
12	局	U+5C40		□尸□丁口
			□	□尸□丁口
13	憸	U+61B8		□忄僉
			□□	□忄□日人一□□口口□人人
14	勿	U+52FF		□勹丿
			□	□勹丿
15	喪	U+55AA		□□土吅⺀
			□	□□土□口口⺀
16	候	U+5019		□□亻丨日⺕矢
			□□	□□亻丨日⺕矢
17	丝	U+4E1D		□□纟一
			□	□□纟一
18	歲	U+6B53		□□厂□一佳欠
			□□	□□厂□一佳欠
19	毆	U+6BC6		□區殳
			□□	□□匚□口□口口殳
20	毲	U+6BF2		□叕毛
			□□	□□□又又□又又毛
21	匬	U+532C		□匚俞
			□	□匚□□人一□月刂
22	戩	U+6220		□音戈
			□□	□音戈
23	戇	U+6207		□贛心
			□	□□□立□日十□夂工具心
24	啭	U+556D		□口转
			□□	□口□车专
25	坴	U+57CA		□山坴
			□	□山□水土

续表

No	字形	Unicode		IDS
26	亴	U+4EB4		⿱⿱亠口⿱一土九
			⿱	⿳⿱亠口⿱一土九
27	卤	U+5364	√	⿱⿸卜⿴囗乂
			⿱	⿱⿸卜⿴囗乂
28	善	U+5584		⿱⿳羊丷口
			⿱	⿱⿳羊丷口
29	噩	U+5669		⿻王⿴吅吅
			⿻	⿻⿱一土⿴囗口⿴囗口
30	莄	U+8408		⿱艹莄丶
			⿱	⿱⿱艹見丶

第五章 IDS 与汉字字形描述

Unicode 定义了 CJK 子集来描述 CJK 文字，同时定义了私用区支持用户自定义编码，定义了 IDS 用于描述集外字。IDS 的出现，反映了 ISO 也认识到单纯用扩充编码空间的方法来支持更多汉字是行不通的，只有从汉字的构形出发，才能真正解决汉字的计算机表示问题[①]。除了 IDS 以外，还有其他汉字字形描述方法，虽然这些方法各有特色，也有一些项目应用，但是 IDS 在汉字字形描述上仍有不可替代的作用。

第一节 汉字字形描述

字形（character form）特指构成每个方块汉字的二维图形，构成汉字字形的要素是笔画、笔数及汉字部件的位置关系等[②]。汉字字形的描述方法可大致分为两类：直接法，将汉字按照二维图形进行描述；间接法，选取汉字的某些特征进行描述，如笔画、部件等。

一、图形描述

图形描述是最直接、最直观的汉字字形描述方式，如图 5-1 所示，通常只用于汉字显示，将在第七章做专门讨论，此处不再赘述。

[①] 林民. 汉字字形形式化描述方法及应用研究 [D]. 北京工业大学，2009：8.
[②] GB/T 12200.2-94, 汉语信息处理词汇 02 部分：汉语和汉字 [S]. 北京：中国标准出版社，1995：6.

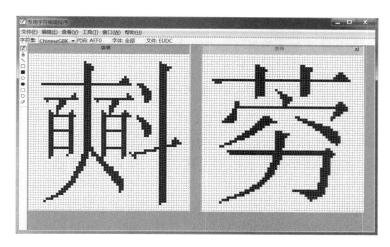

图 5-1：字形描述示例图

二、特征描述

特征描述是选取汉字的某些特征来描述汉字字形，与图形描述相比，特征描述具有针对性强、数据量小、便于程序处理等优点，但是特征描述是近似的字形描述，不能完全描述汉字字形。

（一）基于笔画

笔画（stroke）是构成楷书汉字字形的最小连笔单位，汉字最基本笔画有横（一）竖（丨）撇（丿）点（、）折（乙）等[1]。笔画按一定顺序书写构成字形，基于笔画的特征描述通常作为汉字属性，或与其他特征描述一起使用。

1. 笔顺描述

笔顺（stroke order）是书写每个汉字时的笔画的次序和方向[2]。《现代汉语通用字笔顺规范》中每个汉字的笔顺用三种形式表示：一是跟随式，一笔接一笔地写出整字；二是笔画式，用横（一）、竖（丨）、撇（丿）、点（、）、折（乛）五个基本笔画表示，其中㇏（提）归为一（横），亅（竖钩）归为丨（竖），㇏（捺）归为、（点），各种折笔笔画归为乛（折）；三是序号式，用横、竖、撇、点、折五个基本笔画的序号1、2、3、4、5 表示[3]。笔顺描述通常采用序号式，以《汉字属性字典规范和应用指南》[4] 为例，

---

[1] GB/T 12200.2-94, 汉语信息处理词汇 02 部分：汉语和汉字 [S]. 北京：中国标准出版社，1995：6.

[2] GB/T 12200.2-94, 汉语信息处理词汇 02 部分：汉语和汉字 [S]. 北京：中国标准出版社，1995：6.

[3] 现 代 汉 语 通 用 字 笔 顺 规 范 [OL]. [2016-8-16]. http://www.moe.edu.cn/ewebeditor/uploadfile/2015/01/12/20150112165252956.pdf.

[4] 张力伟，翟喜奎. 汉字属性字典规范和应用指南 [M]. 北京：国家图书馆出版社，2010.

"厲"，总笔数 14，总笔顺 13122251125214；201 部首部外笔数 12，201 部首部外笔顺 122251125214；214 部首部外笔数 12，214 部首部外笔顺 122251125214。

2. 笔形描述

笔形描述包括笔画的位置和形状，由笔画类型、起点、终点、拐点、其他特征点、起笔特征、收笔特征、其他笔画特征等描述构成。笔形描述通常与部件描述一起使用，详见基于部件笔画的特征描述；笔形描述还与笔顺、文字骨架等描述一起使用，可用于表示汉字书写过程的动态字库，非本书研究重点，此处不再赘述。

（二）基于部件

汉字部件（Chinese character component），由笔画组成的具有组配汉字功能的构字单位 [1]。基于部件的汉字特征描述包括构字式、IDS、汉字基元结构描述、汉字数学表达式等。

1. 构字式

1999 年 1 月，台湾地区"中央研究院"信息资讯科学研究所文献处理实验室所研发的汉字构形资料库 1.1 版，开始用构字式表示系统缺字。构字式即字形结构式；一个字的字形结构式，是该字极佳的识别符号；因为字形若不一样，则字形结构必不相同；反之，字形结构若相同，其形也必相同 [2]。

构字式可用来识别汉字，依据部件组合及识别原则，构字式的定义及使用方式如下：构字式可用于识别字形，它系由部件及构字符号组成，如表 5-1 所示；构字符号分为形标及定位符号两种，定位符号可用于描述部件的相对位置，形标则不涉及部件的相对位置；形标为字形的标示，两个构字符号分别表示起点和结束，用以识别字形的部件则包夹其中；定位符号分成连接符号及重叠符号两类，连接符号主要用以描述不同部件的组合情形，重叠符号仅用以描述单一部件之重复组合；连接符号有三个，在构字式中，应置于部件之间；在构字式中，不同的连接符号不可并用，而相同的连接符号可连续使用；采用形标的构字式，虽然形标内的部件顺序基本上不影响字形的识别，但仍应制定部件排序之原则，目前采用之排序原则为先假设不同的连接符号可并用，再抽离连接符号，留下的部件顺序即是；重叠符号有八个，在构字式中，应置于部件之前；在构字式中，形标和连接符号不可并用；在构字式中，重叠符号可和形标或连接符号并用；由于一个字可透过各级部件的组合来识别，所以同一个字也可能有数种不同的构字式，但仅有一级部件所组合的构字式最贴近造字意图 [3]。构字式可分为五个

---

[1] GB/T 12200.2-94, 汉语信息处理词汇 02 部分：汉语和汉字 [S]. 北京：中国标准出版社，1995：6.

[2] 汉字数位化的困境及因应：谈如何建立汉字构形资料库 [OL]. [2016-8-16].http://cdp.sinica.edu.tw/service/documents/ T960507.pdf.

[3] 汉字构形资料库的研发与应用 [OL]. [2016-8-16].http://cdp.sinica.edu.tw/service/documents/T090904.pdf.

类型 [1]，如表 5-2 所示。

表 5-1　构字符号及构字式 [2]

构字符号		说明	构字式
形标	形 ·	形为字形标示的起点，·表示结束，部件则包夹于其中。	寶＝形宀王缶貝·
定位符号	连接符号 ⼳	横连—当部件的组合顺序为由左至右	謝＝言⼳射
	⼴	直连—当部件的组合顺序为由上至下	霜＝雨⼴相
	⼵	包含—当部件的组合顺序为由外至内	圓＝囗⼵員
	重叠符号 ∞	两个相同部件的组合方式为由左至右	林＝∞木
	8	两个相同部件的组合方式为由上至下	棗＝8朿
	∞∞	三个相同部件的组合方式为由左至右	孖＝∞∞子
	8	三个相同部件的组合方式为由上至下	尛＝8小
	8	三个相同部件的组合方式为三角状排列	轟＝8車
	∞∞∞	四个相同部件的组合方式为由左至右	⼳⼳⼳⼳＝∞∞∞∣
	8	四个相同部件的组合方式为由上至下	亖＝8一
	88	四个相同部件的组合方式为四角状排列	燚＝88火

表 5-2　构字式的类型 [3]

类型	说明	字例	构字式	备注
一	由部件、横连符号或方便符号构成	鉢	金⼳本	只要出现横连符号即属于此型
		剎	8水⼳刂	
		伅	亻⼳竝	
		緻	糹⼳力⼳欠	
		灂	氵⼳∞屏⼳刂	

① 构字式的处理技巧 [OL]．[2016-8-16]．http://cdp.sinica.edu.tw/service/documents/T960419.pdf.
② 汉字构形资料库的研发与应用 [OL]．[2016-8-16]．http://cdp.sinica.edu.tw/service/documents/T090904.pdf.
③ 构字式的处理技巧 [OL]．[2016-8-16]．http://cdp.sinica.edu.tw/service/documents/T960419.pdf.

续表

类型	说明	字例	构字式	备注
二	由部件、直连符号或方便符号构成	馮（凭）	馮公几	只要出现直连符号即属于此型
			∞甬公花	
			本公∞口	
			宀公明公死	
			品山公石公木	
三	由部件、包含符号或方便符号构成		瓦△專	只要出现包含符号即属于此型
			門△品下	
四	由部件、起始标示、终结标示或方便符号构成		形山丮戈⊙	只要出现起始标示及终结标示即属于此型
			形氵大品牛⊙	
			形亻西域哲⊙	
			形韭井丮女⊙	
			形雲㸚∞火鬲⊙	
五	只由方便符号构成	喆	∞吉	只有出现方便符号
		喜	8吉	
		嚞	∞吉	
		雷雷	品雷	
		龍龍龍龍	88龍	

汉字构形资料库①收录早期甲骨文、金文、楚系简帛文字、小篆及楷书，以 2.52 版为例，收字量和所用部件量如表 5-3 所示。

---

① 汉字构形资料库 [OL]．[2016-8-16]．http://cdp.sinica.edu.tw/cdphanzi/.

表 5-3　构字符号及构字式 ①

	甲骨文	金文	楚系文字	小篆	楷书
字数	2197	21413	19138	11100	62942
部件数	296	804	704	2004	5224
基础部件数	228	469	464	367	982
异体字表组数	1762	2614	2206	1081	12208

2. IDS

将在第二节做专门讨论，此处不再赘述。

3. 汉字基元结构描述

皮佑国在《计算机无字库智能造字——汉字也可以这样计算机信息化》② 中将汉字基元定义为智能造字中按照汉字结构组成汉字的基本单元；任一汉字都由一个或一个以上的基元按照一定的汉字结构组成；汉字基元是所有汉字的成分的概括表征，它反映了汉字具有的基本特征，是汉字的组成成分的高度概括和抽象；汉字基元长期稳定不变而适应不断发展的汉字的需要；目前，汉字基元数量为 1086 个，采用 2 位 36 进制数编码（0 至 9 和 26 个字母）；汉字基元样例如表 5-4 所示。

表 5-4　汉字基元样例表 ③

基元	编码	基元	编码	基元	编码
丶	20	人	29	又	2b
忄	2g	革	2z	纟	48
夂	4c	广	5m	辶	5p
艹	5u	才	68	门	6m
木	7w	丰	9m	日	bi
石	dm	土	hh	罒	ly
二	kk	水	lg	高	oz
之	p5	飛	q9	屮	qi

汉字是汉字基元按照某种结构进行变换后的组合；汉字结构可分为间架结构、字

---

① 汉字构形资料库的研发与应用［OL］.［2016-8-16］. http://cdp.sinica.edu.tw/service/documents/T090904.pdf.

② 皮佑国 . 计算机无字库智能造字——汉字也可以这样计算机信息化［M］. 北京：国防工业出版社，2013.

③ 皮佑国 . 计算机无字库智能造字——汉字也可以这样计算机信息化［M］. 北京：国防工业出版社，2013：189-192.

源结构和平面图形结构，智能造字中的汉字结构指平面图形结构，可为 18 种[①]，如表 5-5 所示。

表 5-5　汉字结构表 [②]

序号	结构大类	结构分类	结构框图	名称	编码	例字
1	整体	整体	⊠	整体结构	G	大 由
2	横竖结构	竖排结构	⊟	上下结构	J	思 拿
3			⊟	上中下结构	K	翼 意
4			⊟	多排结构	U	嘉 喜
5		横列结构	⊟	左右结构	H	休 明
6			⊟	左中右结构	I	弼 班
7			⊟	多列结构	X	衡 瓓
8		重叠结构	品	品字结构	S	晶 淼
9			田	双重叠结构	W	燚 龘
10	包围结构	全包围	▣	全包围结构	L	囚 困
11		三方包围	⊓	上三包围结构	M	同 冈
12			⊏	左三包围结构	Q	匠 区
13			⊔	下三包围结构	N	凶 函
14		两方包围	⌐	左上包围结构	O	病 原
15			⌐	左下包围结构	P	毯 建
16			⌐	右上包围结构	R	司 句
17	镶嵌结构		⊞	架嵌结构	T	噩 爽 坐
18			回	互嵌结构	D	凫 枭

汉字基元结构描述样例如表 5-6 所示。

---

① 皮佑国．计算机无字库智能造字——汉字也可以这样计算机信息化 [M]．北京：国防工业出版社，2013：148-153．
② 皮佑国．计算机无字库智能造字——汉字也可以这样计算机信息化 [M]．北京：国防工业出版社，2013：154-156．

表 5-6　汉字结构表 [①]

字形	结构	汉字基元结构描述	字形	结构	汉字基元结构描述
一	G	G 21	因	L	L 21 n6
蘑	J	J 5u O 5m J H 7w 7w dm	闭	M	M 6m 68
量	K	K bi 21 cr	凶	N	N my mu
墓	U	U b8 bi nb	魔	O	O 5m J H 7w 7w 45
墁	H	H hh K bi ly 2b	达	P	P n9 n6
树	I	I 30 2h l2	匡	Q	Q 6z ab
衠	X	X 2i 33 J 7k 2l 33 J 21 82	氪	R	R 69 L 21 n6
磊	S	S bp	噩	T	T 2x 21 21 21 21
燊	W	W 2v	枭	D	D m2 30

4. 汉字数学表达式

汉字数学表达是将汉字表示成由汉字部件作为操作数、运算符号为部件间结构关系的数学表达式；部件间可通过位置相互组合生成汉字，这种相互位置关系即为运算符号；这种表达方法非常接近自然，结构简单，而且可像普通的数学表达式一样按一定的运算规则处理 [②]。

汉字部件以国标一、二级汉字的基本部件和 Unicode 中 CJK 汉字的构成部件为基础，并参考《信息处理用 GB13000.1 字符集汉字部件规范》，选取部件 500 个；部件选得过细过少则计算机处理难度大，若部件选得过多则部件库又会膨胀，二者之间的矛盾需要在一定程度上缓和，在部件选取时要兼顾；部件及其编号，如"中"（101）、"壬"（115）、"⺍"（328）、"灬"（353）、"彡"（435）、"氵"（447）等 [③]。

汉字数学表达式定义了部件间的六种运算符号："lr"、"ud"、"we"、"lu"、"ld"和"ru"，它们依次表示部件间的左右、上下、包围、左上、左下和右上关系，为了简单起见，同时也用他们表示按这些关系形成复合部件时的运算符号；运算符优先级"()"高于"we"、"lu"、"ld"、"ru"，高于"lr"、"ud" [④]。

汉字数学表达式样例如表 5-7 所示。

---

① 皮佑国. 计算机无字库智能造字——汉字也可以这样计算机信息化 [M]. 北京：国防工业出版社，2013：154-156.

② 罗纲，孙星明. 汉字数学表达式开发平台的设计与实现 [J]. 计算机工程与应用，2006(5)：113-116.

③ 张问银等. 汉字数学表达式的自动生成 [J]. 计算机研究与发展，2004(5)：848-852.

④ 罗纲，孙星明. 汉字数学表达式开发平台的设计与实现 [J]. 计算机工程与应用，2006(5)：113-116.

表 5-7　字形描述示例 ①

汉字	数学表达式	汉字	数学表达式
中	101	超	503ld(17ud38)
科	168lr72	星	97ud177
院	422lr(330ud31)	够	(496ru38)lr(286ud286)
张	50lr128	曾	305ud274ud97
程	168lr(38ud76)	数	(195ud33)lr450
问	39we38	澈	447lr(410ud409)lr450

（三）基于部件笔画

基于部件笔画的汉字特征描述是将汉字先拆分为部件再描述笔形，如字形描述语言、HanGlyph 语言、KanjiVG、结构字符模型语言等。

1. 字形描述语言

2003 年，美国加州大学伯克利分校研究人员创办的文林研究所提出了 CDL（Character Description Language，字形描述语言）。CDL 是一个 XML 应用程序、一个基于标准的字体和编码技术，用于精确、紧凑地描述、显示和索引所有 CJK 文字，包括编码和非编码字符；CDL 的基本元素是一个可变的二维坐标空间和一组基本的笔划类型，通过这些简单的元素，CDL 可提供用于描述字符和偏旁的框架，以及将字符和偏旁描述在其他字符和偏旁描述的（递归）复用；CDL 为 UCS 代码空间增添了新的维度，带有变量机制，通过任何 Unicode 代码点关联无限数量的 CDL 描述；每个 CDL 描述可关联零个或多个 Unicode 代码点，让 CDL 成为扩展 Unicode 标准的理想工具；CDL 是支持 CJK 字符的 Unicode 大字体背后的发动机（C 语言源代码），突破了 64K 字形的障碍（一个 CDL 字体可以包含无限数量的字形）；CDL 是一个字体数据库，包含近 100，000 个字符的描述，支持全套 Unicode 7.0 CJK 字符以及更多字符；CDL 带有一致的比划 / 偏旁分析功能，内置索引和变量映射，以及高品质图形图像，可转换为 SVG、PostScript、MetaFont 等；CDL 使用压缩的二进制，占用内存极少（1.4 MB），适用于在内存有限的移动设备上使用支持 CJK 的 Unicode；CDL 技术可用于自动化学习、手写识别和输入法、光学字符识别（OCR），以及最重要的人类语言学习 ②。

CDL 主要特点是将汉字递归地分解为部件的组合，最底层的部件是笔画；CDL 没有结构类型的概念，它处理部件间位置关系的核心思想是每个部件有一个隐含的外包矩形轮廓，可以通过改变外包矩形斜对角顶点的坐标来达到移动和缩放对应部件的目

① 张问银等 . 汉字数学表达式的自动生成 [J]. 计算机研究与发展，2004(5)：848-852.
② CDL（字形描述语言）[OL]．[2016-8-16]．http://wenlin.com/zh-hans/cdl.

的，如图 5-2 所示；小部件（可能是笔画）的外包矩形通过移动和缩放可成为大部件或整字；CDL 笔画集合是固定的，笔画的形状用它的起点、终点和拐点的横、纵坐标，以及两点间线段的走向和弯曲方向来表示，如图 5-3 所示①。

图 5-2 CDL 示例图②

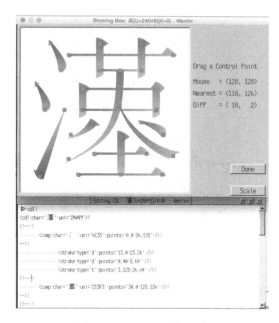

图 5-3 CDL 示例图 2③

① 林民 . 汉字字形形式化描述方法及应用研究［D］. 北京工业大学，2009：9.

② Appendix G of the Wenlin User's Guide［OL］.［2016-8-16］. http://guide.wenlininstitute.org/wenlin4.3/Character_ Description_Language#For_Wenlin_CDL_Developers.

③ Appendix G of the Wenlin User's Guide［OL］.［2016-8-16］.http://guide.wenlininstitute.org/wenlin4.3/Character_ Description_Language#For_Wenlin_CDL_Developers.

CDL 用 XML 描述字形，先描述字属性，再描述部件属性，最后描述笔画属性，如图 5-4 所示，CDL Schema 见附录五，CDL 笔画集见附录六。

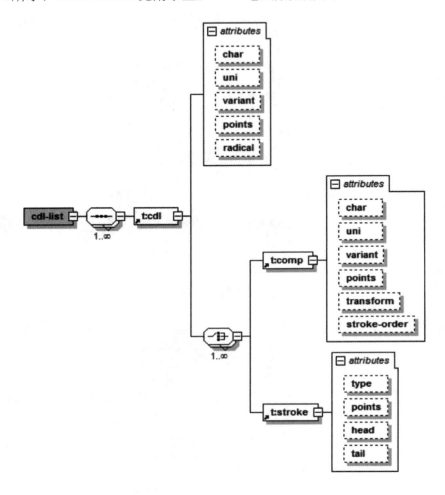

图 5-4　CDL Schema 模式图

以"灊"（U+24049）为例，CDL 描述如下：

```
……
<cdl char="灊" uni="24049">
    <comp char="氵" uni="6C35" points="0，0 26，128"/>
        <stroke type="d" points="13，0 23，26"/>
        <stroke type="d" points="0，40 8，64"/>
        <stroke type="t" points="3，128 26，64"/>
    <comp char="𡏳" uni="213F3" points="30，0 128，126"/>
        <stroke type="h" points="30，11 128，11"/>
        <stroke type="s" points="59，0 59，26" tail="long"/>
```

```
<stroke type="s" points="98，0 98，26" tail="long"/>
<stroke type="h" points="59，26 98，26" head="cut" tail="long"/>
<stroke type="s" points="43，44 43，64" tail="long"/>
<stroke type="hz" points="43，44 112，44 112，64" head="cut" tail="long"/>
<stroke type="h" points="43，64 112，64" head="cut" tail="long"/>
<stroke type="wp" points="78，26 30，111" head="cut" tail="long"/>
<stroke type="n" points="78，60 128，108" head="cut"/>
<stroke type="p" points="52，76 32，88" tail="long"/>
<stroke type="d" points="98，76 119，88"/>
<stroke type="h" points="54，106 103，106"/>
<stroke type="s" points="79，90 79，126" tail="cut"/>
<stroke type="h" points="39，126 118，126"/>
</cdl>
……
```

2. HanGlyph 语言

香港浸会大学的 Candy L.K. Yiu 提出 HanGlyph 语言来描述汉字字形，先将汉字拆分为部件，再拆分为笔画，如图 5-5 所示，描述汉字中笔画的拓扑关系。

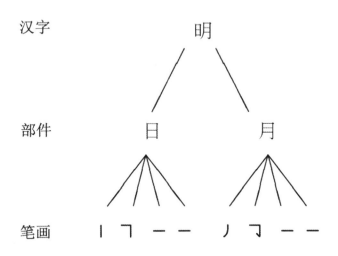

图 5-5　汉字描述示意图 ①

HanGlyph 语言定义了 41 个基本笔画（详见附录七）、5 种操作符（如表 5-8 所示）和 4 种关系（如表 5-9 所示），HanGlyph 语法如图 5-6 所示。

---

① HanGlyph Language Reference Manual［OL］．［2016-8-16］．http://www.hanglyph.com/en/hanglyph/reference.pdf.

表 5-8　HanGlyph 操作符 ①

名称（中）	名称（英）	符号	例字	说明
上下	top-bottom	=	昌 早 李	
左右	left-right	|	明 他 你	
全包	fully enclosed	@	回 国 困	
半包	partially enclosed	^	凶 问 区	0 至 7 分别表示左三包围结构、左上包围结构、上三包围结构、右上包围结构、右三包围结构、右下包围结构、下三包围结构和左下包围结构。
穿插	crossing	+	十 半 木	

表 5-9　HanGlyph 关系 ②

名称（中）	名称（英）	含义	符号	符号说明
尺寸	dimension	描述部件与包围框线（长度或宽度）的相对关系	<	小于
			>	大于
			!<	不小于
			!>	不大于
对齐	alignment	描述部件如何对齐	`	上对齐
			_	下对齐
			[	左对齐
			]	右对齐
			#	居中
相交	touching	描述部件是否对齐	~	相交
			!~	不相交
缩放	scaling	描述部件长度或宽度的调整	/	缩放

① Chinese character synthesis using METAPOST〔OL〕．〔2016-8-16〕．http://www.baidu.com/link?url=6zaGeiGE1fGrjVlqNUjxu-zp-1bpXkoLH6SMRic8J44bzXwIhfegC3GgAYrz9EJQNLNgbTfKA4j6xRPQ2YUOda&wd=&eqid=d81365e30001673a000000025809850e.

② HanGlyph Language Reference Manual〔OL〕．〔2016-8-16〕．http://www.hanglyph.com/en/hanglyph/reference.pdf.

$$\langle hanglyph \rangle \; ::= \; \langle expr \rangle + \tag{1}$$

$$\langle expr \rangle \; ::= \; \langle glyph\_expr \rangle \mid \langle macro \rangle \mid \langle char \rangle \tag{2}$$

$$\langle glyph\_expr \rangle \; ::= \; \langle glyph \rangle \,; \tag{3}$$

$$\langle macro \rangle \; ::= \; \texttt{let(} \langle id \rangle \texttt{)\{} \langle glyph \rangle \texttt{\}} \tag{4}$$

$$\langle char \rangle \; ::= \; \texttt{char(} \langle code \rangle \texttt{)\{} \langle glyph \rangle \texttt{\}} \tag{5}$$

$$\langle glyph \rangle \; ::= \; \langle glyph \rangle \langle glyph \rangle \langle opn \rangle \mid \langle stroke \rangle \mid \langle id \rangle$$

$$
\begin{aligned}
\langle opn \rangle \; ::= \; & \langle parallel\_operator \rangle \langle parallel\_rels \rangle \\
\mid \; & \texttt{@} \langle full\_enc\_rels \rangle \\
\mid \; & \texttt{\^{}} \langle dir\_all \rangle \langle half\_enc\_rels \rangle \\
\mid \; & \texttt{+} \langle cross\_rels \rangle
\end{aligned}
\tag{6}
$$

$$\langle parallel\_operator \rangle \; ::= \; \texttt{=} \mid \texttt{|} \tag{7}$$

$$\langle dir \rangle \; ::= \; \texttt{(E | S | W | N | e | s | w | n)} \tag{8}$$

$$\langle dir\_all \rangle \; ::= \; \texttt{.} \langle dir \rangle \mid \texttt{.(NE | SE | NW | SW | ne | se | nw | sw)} \tag{9}$$

$$\langle parallel\_rels \rangle \; ::= \; \langle dimens \rangle ? \langle aligns \rangle ? \langle par\_touch \rangle ? \langle scale \rangle ? \tag{10}$$

$$\langle full\_enc\_rels \rangle \; ::= \; \langle dimens \rangle ? \langle enc\_touch \rangle ? \langle scale \rangle ? \tag{11}$$

$$\langle half\_enc\_rels \rangle \; ::= \; \langle dimens \rangle ? \langle aligns \rangle ? \langle enc\_touch \rangle ? \langle scale \rangle ? \tag{12}$$

$$
\begin{aligned}
\langle cross\_rels \rangle \; ::= \; & \langle dimens \rangle ? \langle align \rangle ? \\
& (\langle align \rangle \mid \langle intercept \rangle) ? \langle scale \rangle ?
\end{aligned}
\tag{13}
$$

$$\langle intercept \rangle \; ::= \; \texttt{*.} \langle dir \rangle ((\texttt{+} int)(\langle real \rangle ? \langle int \rangle ?)) ? \tag{14}$$

$$
\begin{aligned}
\langle dimens \rangle \; ::= \; & \langle comp \rangle (\langle comp \rangle \mid \langle num \rangle) ? \\
\mid \; & \langle num \rangle \langle comp \rangle ? \\
\mid \; & \langle num \rangle \langle num \rangle
\end{aligned}
\tag{15}
$$

$$\langle comp \rangle \; ::= \; \texttt{< | > | !< | !> | -} \tag{16}$$

$$\langle aligns \rangle \; ::= \; \langle align \rangle \langle align \rangle ? \tag{17}$$

$$\langle align \rangle \; ::= \; \texttt{' | \_ | [|] | \#} \tag{18}$$

$$\langle par\_touch \rangle \; ::= \; \texttt{\~{}} \mid \texttt{!\~{}} \langle num \rangle ? \tag{19}$$

$$
\begin{aligned}
\langle enc\_touch \rangle \; ::= \; & \texttt{\~{}} \langle dir\_spec \rangle * \\
\mid \; & \texttt{!\~{}} (\langle dir\_spec \rangle \langle num \rangle ?) *
\end{aligned}
\tag{20}
$$

$$\langle dir\_spec \rangle \; ::= \; \texttt{.} \langle dir \rangle + \tag{21}$$

$$\langle scale \rangle \; ::= \; \texttt{/} \langle num \rangle ? \tag{22}$$

$$\langle num \rangle \; ::= \; \langle int \rangle \mid \langle real \rangle \tag{23}$$

图 5-6　HanGlyph 语法 [①]

CCSS（Chinese Character Synthesis System，汉字合成系统）可将 HanGlyph 描述转换成图形，该系统基于 METAPOST，包括三个部分：HanGlyph 描述到 METAPOST 程序的转换；原始笔画集（如图 5-7 所示）；实现操作和关系的 METAPOST 宏库（如图 5-8 所示）[②]。

---

① HanGlyph Language Reference Manual［OL］．［2016-8-16］．http://www.hanglyph.com/en/hanglyph/reference.pdf.
② 俎小娜．基于全局仿射变换的分级动态汉字字库［D］．华南理工大学，2008：2.

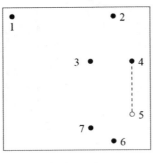

（a）控制点

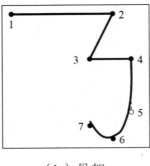

（b）骨架

（c）轮廓

图 5-7　HanGlyph 笔画 [①]

hs	hq	Pq	hb	hbh	sd	ke	ke_3
sh	sj	qj	pn	pn1	qn	ps	pn2
Dd	dZ	dZh	ar_a_1	ar_b_1	pj	wp	qw
qM	ql	dh	Da	bs	sj1	jw	jq
pF	sS	qj1	rd	pv	Rv	dE	sJ
dU	pn3	Zf	ph	pv	hh	hh2	hhh
ih	hhs	shh	hsh	hhs1	hhs2	hst	hSd
qsh	hpn	hpw	hqw	hY	hYd	ZSd	ZSp
dsZ	dsZ2	Zsd	si	sih	sjs	bss	pps
ppp	pkd	pkdd	pkn	pkn1	dhq	dDa	ihh
ihh2	ihh3	bih	qih	ihw	wih	ihC	FSh
bss1	ghq	rrd	ggg	hSt	ssh	pXp	pae
dUs	sdj	ddU	Dsd	div	MZd	Cih	rrh
hhs3	wang_a_2	wang_b_2	wu_2_a	ji_4	mu_4_a	zhi_1	quan_3
Fn	dai_a_3	Dn	ge_1	bi_3	ya_2	wa_3	zhi_3_a
pu_1_a	pu_1_b	ri_4	yue_1	shui_a_3	niu_a_2	niu_b_2	shou_3_a
mao_2_a	qi_4	pian_4	jin_1_a	zhao_a_3	zhao_b_3	fu_4_a	qs
yue_a_4_a	yue_b_4_a	che_1	Pe	shi_4_a	qian_3	shu_1	wen_2
fang_1	huo_a_3	huo_b_3	fu_1	yip	dou_3	hu_4	xin_1_a
qiang_2	wu_1	wu_2_b	wei_a_2	lao_a_1	che_a_2	wang_a_3	wang_b_3
bei_a_4	chang_a_2	you_2	feng_a_1	feng_b_1	shi_a_4_b	yu_a_4_a	ti_1
ba_1	ti_2	shi_b_4_b	bsh	gan_1	shi_2_a	mu_4_b	tian_2
min_3	zhi_a	sheng_1	shi_3_a	he_a_2	bai_2	gua_1	ne_4
li_4	xue_2	pi_a_3	pi_b_3	pi_2	bo_1	bo_2	mao_2_b
yu_4_b	long_a_2	dai_b_3	shui_b_3	wang_c_3	jin_a_1_b	niao_a_3	yi_a_1
min_2	mu_3	lei_3	lao_b_1	er_3	chen_2_a	ya_a_4	ya_b_4
xi_1	er_2	zhi_4_a	hu_1	chong_2	wang_d_3	rou_4	fou_3
she_2	zhu_a_2	zhu_b_2	jiu_4	zi_4	xue_4	zhou_1	se_4
ti_3	yi_b_1	yang_a_2	yang_b_2	yang_c_2	mi_3	yu_b_4_a	yu_c_4_a
gen_4	cao_2	yu_3	mi_4	ye_a_2	qi_a_2	zou_3	chi_4
che_b_2	dou_4_a	chen_2_b	shi_3_b	bei_4	jian_4	li_3	
zu_a_2	zu_b_2	yi_4	shen_1a	shen_1	chuo_4	cai_3	gu_3_a
zhi_4_b	jiao_a_3	yan_2	xin_1_b	chang_b_2	mai_a_4	lu_a_3	gui_a_1

① HanGlyph Language Reference Manual[OL]．［2016-8-16］．http://www.hanglyph.com/en/hanglyph/reference.pdf.

qing_1　chang_c_2　yu_3_b　he_b_2　pang_2　fu_3　zhi_2　he_a_1

fei_1_a　zhui_1　fu_4_b　jin_b_1_b　men_2　dai_4　chi_a_3　hu_3

meng_a_3　shi_a_2_b　yu_a_2　jiao_b_3　ge_2_a　ye_b_4　mian_4　jiu_3

gu_3_b　xiang_1　gui_3　shi_b_2_b　feng_c_1　feng_d_1　yin_1　shou_3_b

wei_b_2　fei_1_b　dou_4_b　biao_1　ma_3　ge_2_b　gao_1　huang_2

mai_b_4　lu_b_3　niao_b_3　yu_b_2　ma_2　lu_2　bi_a_4　bi_b_4

zhi_3_b　ding_a_3　ding_3　hei_1　shu_3_a　gu_3_c　meng_b_3　shu_3_b

bi_2　qi_b_3　chi_b_3　long_b_2　yue_4_b　gui_b_1　fa_1　gui_c_1

图 5-8：HanGlyph 宏 [1]

3. KanjiVG

KanjiVG 是一种日本汉字的描述格式，每一个汉字的 SVG 文件提供字形、说明和笔画，该文件还包含部件、笔画类型等信息 [2]。

KanjiVG 基于 SVG，并与之 100% 兼容，任何一款 SVG 浏览编辑工具都可以打开 KanjiVG 文件；KanjiVG 按照 SVG 的方式组织汉字的结构和笔画信息，同时还添加了汉字必要的其他信息。KanjiVG 包含两个根 SVG 组：StrokePaths 组是一系列标准的 SVG 路径，按照笔顺描述汉字笔画，同时描述汉字结构和附加属性，如 element（部件）、original（来源）、position（位置）、variant（变体）、partial（部分）等；StrokeNumbers 组是一个可选，描述笔顺编号的位置信息，可用于印刷材质显示 [3]。

以"存"（U+5B58）为例，KanjiVG 描述如下：

```
……
<svg xmlns="http://www.w3.org/2000/svg" width="109" height="109" viewBox="0 0 109 109">
    <g id="kvg:StrokePaths_05b58" style="fill:none;stroke:#000000;stroke-width:3;
stroke-linecap:round;stroke-linejoin:round;">
        <g id="kvg:05b58" kvg:element=" 存 ">
            <g id="kvg:05b58-g1" kvg:position="tare">
                <path id="kvg:05b58-s1" kvg:type=" 一 " d="M22.75，29.55c2.37，
0.86，5.67，0.68，8.12，0.39c11.38-1.31，34.88-3.44，49.37-4.16c2.79-0.14，5.7
7-0.17，8.51，0.43"/>
                <g id="kvg:05b58-g2" kvg:element=" 亻 " kvg:variant="true"
kvg:original=" 人 ">
                    <path id="kvg:05b58-s2" kvg:type=" 丿 " d="M54.14，11c0.36，
1.75，0.14，3.25-0.82，5.89C47.25，33.5，36，56.88，16.5，71.29"/>
                    <path id="kvg:05b58-s3" kvg:type=" 丨 " d="M30.89，54.25c1.12，
1.12，1.76，2.88，1.76，4.57c0，8.47，0.09，19.32，0.04，31.18c-0.01，
```

① HanGlyph Language Reference Manual［OL］.［2016-8-16］. http://www.hanglyph.com/en/hanglyph/reference.pdf.

② KanjiVG［OL］.［2016-8-16］. http://kanjivg.tagaini.net/.

③ KanjiVG file format［OL］.［2016-8-16］. http://kanjivg.tagaini.net/format.html.

2.04-0.01，4.12-0.01，6.25"/>
　　　　</g>
　　</g>
　　<g id="kvg:05b58-g3" kvg:element=" 子 " kvg:radical="general">
　　　　<path id="kvg:05b58-s4" kvg:type=" ㇇ " d="M54.15，43.63c1.87，0.62，4.43，0.97，6.39，0.66c6.59-1.04，13.58-2.59，17.33-3.29c2.01-0.38，2.93，1.53，1.29，2.93c-2.28，1.95-10.01，8.62-14.65，12.11"/>
　　　　<path id="kvg:05b58-s5" kvg:type=" ㇚ " d="M64.5，56.04c6，5.71，12.62，22.96，6.22，36.87c-2.68，5.82-7.47，1.21-8.93-0.6"/>
　　　　<path id="kvg:05b58-s6" kvg:type=" 一 " d="M43.59，68.39c2.16，0.73，5.49，0.64，7.79，0.36c8.37-1.01，26.4-2.98，35.62-3.75c3.12-0.26，5.88-0.26，8.16，0.44"/></g>
　　</g>
</g>
<g id="kvg:StrokeNumbers_05b58" style="font-size:8;fill:#808080">
　　<text transform="matrix(1 0 0 1 16.50 30.50)">1</text>
　　<text transform="matrix(1 0 0 1 45.50 11.50)">2</text>
　　<text transform="matrix(1 0 0 1 24.75 73.63)">3</text>
　　<text transform="matrix(1 0 0 1 51.75 40.63)">4</text>
　　<text transform="matrix(1 0 0 1 57.75 60.13)">5</text>
　　<text transform="matrix(1 0 0 1 41.50 65.50)">6</text>
　</g>
</svg>

仍以"存"（U+5B58）为例，KanjiVG 文件的显示效果如图 5-9 所示。

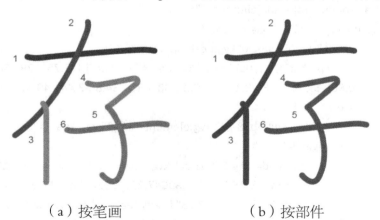

（a）按笔画　　　　　　　　（b）按部件

图 5-9　KanjiVG 显示效果 ①

① KanjiVG Viewer［OL］．［2016-8-16］．http://kanjivg.tagaini.net/viewer.html.

　　目前，KanjiVG 完全依据日本汉字的笔顺，在一些汉字或部件上不同于中国大陆、台湾地区和香港特区的笔顺①，以"王"（U+738B）为例，日本笔顺为"一丨一一"，而中国大陆和台湾地区的笔顺为"一一丨一"。

　　4. 结构字符模型语言

　　2007 年，美国达特茅斯学院的 Daniel G. Peebles 提出 SCML（Structural Character Modeling Language，结构字符模型语言）。SCML 基于 XML，提供 4 个基本结构：笔画（Stroke），汉字的基本笔画；交叉（Anchor），笔画之间的交叉（在某些情况下，笔画与位置间的交叉）；布局（Layout），描述字形中笔画和其他布局间的定位；位置（Location），由笔画交叉定义的区域，包含笔画和布局②。SCML 的汉字描述方式如图 5-10 所示。

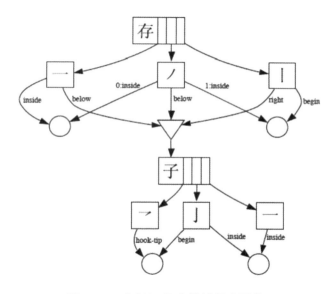

图 5-10　SCML 汉字描述示意图③

　　以"存"（U+5B58）为例，SCML 描述如下：

```
……
<scml>
    <layout type="free">
        <stroke type="h"> <anchor id="0" at="inside"/>
            <location id="0" at="below"/>
```

① Limitation of Kanjivg[OL]. [2016-8-16]. http://kanjivg.tagaini.net/internationalization.html.
② SCML: A Structural Representation for Chinese Characters[OL]. [2016-8-16]. http://www.cs.dartmouth.edu/reports/TR2007-592.pdf.
③ SCML: A Structural Representation for Chinese Characters[OL]. [2016-8-16]. http://www.cs.dartmouth.edu/reports/TR2007-592.pdf.

```
        </stroke>
        <stroke type="pb"> <anchor id="0" at="inside"/> <anchor id="1" at="inside"/>
                <location id="0" at="below"/>
        </stroke>
        <stroke type="s"> <anchor id="1" at="begin"/>
                <location id="0" at="right"/>
        </stroke>
        <location id="0">
                <layout type="free">
                        <stroke type="hg">
                                <anchor id="2" at="hook-tip"/>
                        </stroke>
                        <stroke type="wg">
                                <anchor id="2" at="begin"/>
                                <anchor id="3" at="inside"/>
                        </stroke>
                        <stroke type="h">
                                <anchor id="3" at="inside"/>
                        </stroke>
                </layout>
        </location>
    </layout>
</scml>
```

目前，还有几类字形 SCML 无法描述，如图 5-11 所示。

（a）草书笔画　　　　（b）倒置　　　　（c）菱形　　　　（d）双框

图 5-11　SCML 无法描述汉字示例图 ①

（四）其他

除了以上三类汉字特征描述，还有其他类型的描述方法，如缺字描述法、汉字识别模型等。

---

① SCML: A Structural Representation for Chinese Characters[OL]. [2016-8-16]. http://www.cs.dartmouth.edu/reports/TR2007-592.pdf.

1. 缺字描述法

《汉语文古籍机读目录格式使用手册》①中 393 字段（系统外字附注）中规定：用规定的形式、符号和文字来描述字符集所缺字符，并注明其汉语拼音的读音。基本格式为"=[ ]( )"，"[ ]"内为字形描述或所在字典的页码，"( )"内为汉语拼音，如表 5-10 所示。

表 5-10　字形描述示例②

操作符			示例	
名称	符号	作用	字形	描述
减去结构	（—）	表示减去汉字中的某个部分	匋	=［淘（—）氵](tao)
更换结构	（→）	表示更换汉字中的某个部件	橙	=［澄（氵→）扌](cheng)
繁简变更	（繁）	表示用该字或部件的繁体	戋	=［戈（繁)](jian)
左右结构		表示左右部件合并	瑛	=［王 英](ying)
上下结构	（上）	表示上下部件合并	飍	=［風（上）風風](xiu)
先上下后左右结构	（上）、,（右）	表示所有部件按方位词要求合并	颥	=［山（上）、而，页（右)](xiu)
注释说明		注明该字所在字典的页码，必须区分时，也可同时注明字典的版本、栏位和字序	郕	=［中华字海第 1293 页第 2 栏第 1字](cheng 第 2 声音成)

2. 汉字识别模型

汉字识别模型是基于字形特征的汉字字形形式化描述方法，如笔段法、笔画特征法、骨架法、笔段网格法等，这些汉字识别模型的共同特点是选取汉字图像样本的全局统计特征（如二值汉字位图中黑色区域单元数、白色区域单元数、亏格数、方向线素数等）以及各种变换域特征（如矩描述、傅里叶描述、小波描述等）来刻画汉字字形；通过采集大量汉字图像样本的这类特征作为训练数据，采用各种机器学习算法来训练汉字识别模型的参数，完成训练的汉字识别模型包含了与训练样本字形同分布的所有汉字字形的特征，由于选取图像像素点作为基元，特征颗粒度小，特征选取无歧义、

---

① 中国国家图书馆. 汉语文古籍机读目录格式使用手册［M］. 北京：北京图书馆出版社，2001.

② 中国国家图书馆. 汉语文古籍机读目录格式使用手册［M］. 北京：北京图书馆出版社，2001：84-85.

稳定性好，具有极强的抗干扰和鲁棒性，无论对复杂变化的印刷体汉字还是变形严重的手写汉字都可以取得较好的识别性能，较好地满足了对人们自由书写的各种字形的准确识别和输入；汉字识别模型是一种"黑盒"汉字字形描述模型，基于整字图像获取的全局统计特征很难按人的认知习惯进行逻辑解析或重组来描述字形的局部特征，也很难与人认知的各种字形特征（如笔画、部件、结构类型）建立对应关系；汉字识别中采用的整字字形相似度计算方法也很难直接支持字形局部（如部件）的比对和识别，因此，这样的面向机器的字形描述和计算模型很难用于汉字整字识别以外的应用领域[①]。

第二节　基于 IDS 的汉字字形描述

IDS 是基于部件的汉字字形描述方法，与其他同类方法相比，IDS 具有标准化、灵活性、可扩展性等特点，可以支持任意精度的汉字字形描述。

一、IDS 的结构

IDS 由结构符和部件组成，IDS 语法见第四章第一节。拆分规则直接决定 IDS 所用的结构符和部件，基于不同的拆分规则，同一个汉字的 IDS 可能不同。

（一）结构符

汉字结构（Chinese character structure），部件构成汉字时的方式和规则；最基本的汉字结构是独体字（结构）和合体（结构），合体结构又分为左右结构、上下结构、包围结构等类[②]。汉字结构是汉字的各个基元之间的相互关系以及与汉字之间的关系，可分为三类：间架结构，从书写角度或书法的角度研究汉字笔画以及成分之间的安排，注重笔画之间的连结、搭配和组合，目标是美；字源结构（造字机理结构），从汉字造字的根源上进行分类，汉字分为独体字和合体字，其中独体字由象形字和指事字构成，合体字由会意字和形声字构成；平面图形结构，将汉字看作二维图形，组成汉字的成分图形之间的几何关系[③]。

① 林民. 汉字字形形式化描述方法及应用研究 [D]. 北京工业大学，2009：11-12.
② GB/T 12200.2-94, 汉语信息处理词汇 02 部分：汉语和汉字 [S]. 北京：中国标准出版社，1995：7.
③ 皮佑国. 计算机无字库智能造字——汉字也可以这样计算机信息化 [M]. 北京：国防工业出版社，2013：148-149.

传统上把汉字分为上下、左右、内外三种结构，可细分为整体结构、上下结构、左右结构、上中下结构、左中右结构、品字结构、全包围结构和半包围结构等八大汉字结构，其中半包围结构又细分为上、下、左、右四种，共 11 种结构[①]。《汉字信息字典》[②] 将汉字分为独体字和复合字，复合字都按二分法切分，包括左右结构、上下结构、包容结构、被包容结构和嵌套结构五大类。孙星明等在《汉字数学表达式的自动生成》[③]中提出将汉字递归地分解为部件的组合，组合类型有 6 种（左右，上下，左下包，左上包，右上包，全包含）。中国文字改革委员会和武汉大学对 16339 个汉字进行统计，得出了上下结构、上中下结构、左右结构、左中右结构、独体字结构、全包围结构、上三包孕结构、下三包孕结构、左三包孕结构、左上包孕结构、左下包孕结构、右上包孕结构、右下包孕结构、对称结构和特殊结构，共 15 种结构方式[④]。张旺熹在《从汉字部件到汉字结构——谈对外汉字教学》中，对 1000 个最常用汉字进行分析，得出独体结构、6 种包围结构、7 种横向结构和 4 种纵向结构，共 19 种结构[⑤]，如表 5-11 所示。台湾地区"中央研究院"信息资讯科学研究所文献处理实验室所用 2 类 11 种定位符号描述系统缺字字形，如表 5-1 所示。皮佑国在《计算机无字库智能造字——汉字也可以这样计算机信息化》[⑥]中分析了 GB18030-2005 中的 70244 个字，归纳出 4 大类 8 小类 19 种结构，如表 5-5 所示。

表 5-11　汉字结构类型表[⑦]

序号	结构类型		结构框图	例字
1	独体		⬚	人 东
2	包围结构	全围	⬚	国 园
3		半围	⬚	问 周
4			⬚	区 医
5			⬚	发 病
6			⬚	句 司
7			⬚	起 爬
8			⬚	建 边

① 黄坚 . 无字库智能造字系统在计算机上的实现 [D]. 华南理工大学，2010：14.
② 上海交通大学汉字编码组，上海汉语拼音文字研究组 . 汉字信息字典 [M]. 北京：科学出版社，1988.
③ 张问银等 . 汉字数学表达式的自动生成 [J]. 计算机研究与发展，2004(5)：848-852.
④ 中国文字改革委员会，武汉大学 . 汉字结构及其构成成分的分析和统计 [J]. 中国语文，1985(4)：82-85.
⑤ 张旺熹 . 汉从汉字部件到汉字结构——谈对外汉字教学 [J]. 世界汉语教学，1990(2)：112-120.
⑥ 皮佑国 . 计算机无字库智能造字——汉字也可以这样计算机信息化 [M]. 北京：国防工业出版社，2013.
⑦ 张旺熹 . 从汉字部件到汉字结构——谈对外汉字教学 [J]. 世界汉语教学，1990(2)：112-120.

续表

序号	结构类型		结构框图	例字
9	横向结构	全横	⊞	行 洋
10			⊞	班 谢
11		横纵	⊞	鞋 得
12			⊞	慢 摸
13			⊞	别 封
14			⊞	能 解
15		横围	⊞	随 腿
16	纵向结构	全纵	⊞	盘 者
17			⊞	受 参
18		纵横	⊞	众 药
19			⊞	热 楚

邢红兵在《现代汉字特征分析与计算研究》①中对《现代汉语常用字表》（3500 字）和《GB 13000.1 字符集》（20902 字）所收汉字的字形结构进行了分析统计，13 种字形结构和使用量如表 5-12 所示。

表 5-12　现代汉字字形结构统计表

字形结构	现代汉语常用字表		GB 13000.1 字符集	
	使用量	所占比例	使用量	所占比例
单一结构	187	5.34%	351	1.68%
左右结构	2047	58.49%	14538	69.55%
上下结构	877	25.06%	4237	20.27%
左中右结构	14	0.40%	53	0.25%
上中下结构	36	1.03%	153	0.73%
全包围结构	16	0.46%	69	0.33%
上三包围结构	35	1.00%	212	1.01%
下三包围结构	4	0.11%	7	0.03%

---

① 邢红兵. 现代汉字特征分析与计算研究［M］. 北京：商务印书馆，2007.

续表

字形结构	现代汉语常用字表		GB 13000.1 字符集	
	使用量	所占比例	使用量	所占比例
左三包围结构	8	0.23%	40	0.19%
左上包围结构	136	3.89%	631	3.02%
右上包围结构	35	1.00%	113	0.54%
左下包围结构	88	2.51%	458	2.19%
交叉结构	17	0.49%	40	0.19%

IDS 用 IDC 描述字形结构，Unicode 定义了 12 个 IDC，如表 4-1 所示，其中包括 10 个二元 IDC 和 2 个三元 IDC。未编码 IDC4 个，如表 4-2 所示。依据 IDS 语法，IDC 可相互嵌套。Unicode 定义的 IDC 数量适中，能覆盖汉字字形的绝大部分情况，除▨（U+2FFB）外，其他 11 个 IDC 定义清晰，内涵和外延明确便于使用。

IDC 的使用率存在很大的不平衡性，以 IDS_IRG 数据中的第一个 IDC 为例，▢（U+2FF0）占 64.95%、▢（U+2FF1）占 22.30%、▢（U+2FF2）占 0.76%、▢（U+2FF3）占 1.99%、▢（U+2FF4）占 0.33%、▢（U+2FF5）占 0.98%、▢（U+2FF6）占 0.06%、▢（U+2FF7）占 0.19%、▢（U+2FF8）占 3.33%、▢（U+2FF9）占 0.51%、▢（U+2FFA）占 3.47%、▨（U+2FFB）占 0.14%，未拆分文字占 0.99%。与表 5-12 的统计结果略有不同。

在 IDS_IRG 数据中，▨（U+2FFB）出现 539 次，出现在 528 条 IDS 数据中，作为第一个 IDC（表示字形结构或字形结构的主体）出现 101 次。不难看出，▨（U+2FFB）的使用率很低。

（二）部件集

汉字部件（Chinese character component），由笔画组成的具有组配汉字功能的构字单位，简称"部件"[1]。成字部件（character formation component），可以独立成字的部件称成字部件；非成字部件（character non-formation component），不能独立成字的部件称非成字部件；基础部件（basic component），最小的不再拆分的部件称基础部件，也称单纯部件，基础部件处于汉字结构的最底层，又称末级部件；合成部件（compound component），由两个以上的基础部件组成的部件称合成部件[2]。部件又称为"字元"、"字

---

① GB/T 12200.2-94, 汉语信息处理词汇 02 部分：汉语和汉字 [S]. 北京：中国标准出版社，1995：6.
② 信息处理用 GB13000.1 字符集汉字部件规范 [OL]. [2016-8-16]. http://www.moe.edu.cn/ewebeditor/uploadfile/2015/01/12/20150112165337190.pdf.

素"、"字根"、"码元"、"构件"、"组件"、"基元"、"形位"、"形素"、"结构块"等。

汉字部件的数量与字符集中汉字的数量有关，通常字符集越大，部件的数量越多，但部件数量不会与字符集字数按比例增长，而是逐步趋向某一个固定值。汉字部件数量统计始于汉字编码，有人将汉字部件的数量确定为 50 个（字元），如五十字元输入法；有人将汉字部件的数量确定为 170 个（字根），如郑码输入法；有人将汉字部件的数量确定为 181 个（部件），如沈码输入法；也有人将汉字部件的数量确定为 199 个（字根），如王码（五笔字形）输入法；还有人将汉字部件的数量确定为 300 个（部件），如表形码输入法、认知码输入法等；这些部件都是根据编码需要按部件频率优选出来的，并不是字符集内部件数量的全部[1]。晓东在《现代汉字部件分析的规范化》[2] 中，从 3500 个现代常用汉字中统计出基础部件 474 个，其中成字部件 195 个，非成字部件 279 个。潘钧在《现代汉字问题研究》[3] 中，从选定的 5548 个通常用字中统计出基础部件 526 个，其中成字部件 303 个，非成字部件 223 个。仉烁在《通用汉字结构论析》[4] 中，从 7000 个现代通用汉字中统计出基础部件 465 个，其中成字部件 251 个，非成字部件 214 个。《汉字信息字典》[5] 从选定的 7785 个现行规范字中统计出基础部件 623 个，其中成字部件 385 个，非成字部件 238 个。中国文字改革委员会与武汉大学合作，利用计算机对《辞海》（1979 年版）所收 11834 个正字（包括简化字和传承字）的结构进行统计，统计出基础部件 648 个，其中成字部件 327 个，非成字部件 321 个[6]。皮佑国在《计算机无字库智能造字——汉字也可以这样计算机信息化》[7] 中，基于 GB2312-80（6763 字）统计出基础部件 557 个，基于 GB18030-2000（27533 字）统计出基础部件 720 个，基于 GB18030-2005（70244 字）统计出基础部件 1085 个。

Unicode 并未指定 IDS 专用的部件集，只是规定 IDC 之后可以是 CJK 文字、CJK 部首、CJK 笔画、私用区字符和 "？"（U+FF1F）。已有的 IDS 资源使用的部件集包括 GB13000.1 部件集（基础部件 560 个）[8]、CNS 11643 部件集（基础部件 517 个）[9]、汉字构形库部件集（Big 集基础部件 441 个，合成部件 1856 个；简化字集基础部件 367 个，合成部件 755 个；两者合并后，基础部件 482 个，合成部件 2081 个）[10] 等，详见附件八。

---

① 刘靖年 . 汉字结构研究 [D]. 吉林大学，2011：146.

② 晓东 . 现代汉字部件分析的规范化 [J]. 中国语文，1995(3)：56-59.

③ 潘钧 . 现代汉字问题研究 [M]. 昆明：云南大学出版社，2004.

④ 仉烁 . 通用汉字结构论析 [M]. 南京：河海大学出版社，1998.

⑤ 上海交通大学汉字编码组，上海汉语拼音文字研究组 . 汉字信息字典 [M]. 北京：科学出版社，1988.

⑥ 中国文字改革委员会，武汉大学 . 汉字结构及其构成成分的分析和统计 [J]. 中国语文，1985(4)：82-85.

⑦ 皮佑国 . 计算机无字库智能造字——汉字也可以这样计算机信息化 [M]. 北京：国防工业出版社，2013.

⑧ 信息处理用 GB13000.1 字符集汉字部件规范 [OL].[2016-8-16].http://www.moe.edu.cn/ewebeditor/uploadfile/2015/01/12/20150112165337190.pdf.

⑨ CNS 11643-2[OL].[2016-8-16].http://www.cns11643.gov.cn/.

⑩ 汉字构形资料库的研发与应用 [OL].[2016-8-16].http://cdp.sinica.edu.tw/service/documents/T090904.pdf.

（三）拆分规则

部件拆分（component disassembly），将汉字拆分为部件称部件拆分；根据结构理据所进行的部件拆分，称有理据拆分（original disassembly）；当无法分析理据或理据与字形发生矛盾时，依照字形所进行的部件拆分，称无理据拆分（unoriginal disassembly）①。

关于部件的拆分依据，学界有三种不同的主张：一是依据理据拆分，从汉字的历史和传统出发，尊重汉字的理据，根据造字时的理据来进行拆字；二是依据字形拆分，现代汉字已经在很大程度上脱离了古代汉字的表意表音的性质，切分现代汉字部件主要应从现代汉字字形的实际出发，只能以现代汉字的规范字形为主要依据；三是既依据理据又依据字形进行拆分，《信息处理用 GB13000.1 字符集汉字部件规范》规定"字形符合理据的，进行有理据拆分；无法分析理据或形与源矛盾的，依形进行无理据拆分"，《现代常用字部件及部件名称规范》规定了部件拆分的原则是：根据字理、从形出发、尊重系统、面向应用②。目前，已有部件集都基于"既依据理据又依据字形"的拆分方式，如 GB13000.1 部件集、CNS 11643 部件集、汉字构形库部件集等。

Unicode 并未指定 IDS 专用的拆分规则，不同的项目依据自身的需要，可自定义拆分规则，IRG 的拆分规则见第四章第一节，CJK 汉字拆分规则如图 4-2 所示。基于不同的拆分规则，获得的 IDS 数据也不同，如表 4-5、表 4-6、表 4-7 所示。

IDS 语法定义了迭代机制，即汉字只需手工拆分到字符集中已有文字或部件，通过程序迭代可自动拆分到基础部件，这就大大降低了汉字拆分的复杂度和工作量。若手工拆分到基础部件，部件数如表 5-13 所示；而手工拆分到集内字或部件，以 IDS_IRG 为例，86% 以上的 CJK 文字只需拆分 1 次。

表 5-13　现代汉字部件数统计表 ③

	现代汉语常用字表（3500 字）		汉字信息字典（7785 字）		GB 13000.1 字符集（20902 字）	
	字数	比例（%）	字数	比例（%）	字数	比例（%）
单部件字	192	5.49	323	4.15	359	1.72
2 部件字	953	27.23	2650	34.04	3445	16.48
3 部件字	1353	38.66	3139	40.32	6878	32.91

---

① 信息处理用 GB13000.1 字符集汉字部件规范 [OL].[2016-8-16].http://www.moe.edu.cn/ewebeditor/uploadfile/2015/01/12/20150112165337190.pdf.
② 李丽.现代汉字部件研究评述 [D].东北师范大学，2012：9-10.
③ 刘靖年.汉字结构研究 [D].吉林大学，2011：154.

续表

	现代汉语常用字表（3500 字）		汉字信息字典（7785 字）		GB 13000.1 字符集（20902 字）	
	字数	比例（%）	字数	比例（%）	字数	比例（%）
4 部件字	695	19.86	1276	16.39	5463	26.14
5 部件字	246	7.03	323	4.15	3112	14.89
6 部件字	56	1.60	70	0.90	1088	5.21
7 部件字	5	0.14	3	0.04	373	1.79
8 部件字			1	0.01	97	0.46
9 部件字					51	0.24
10 部件字					28	0.13
11 部件字					6	0.03
12 部件字					1	0.01
13 部件字					1	0.01

二、IDS 的特点

不同于其他基于部件的汉字字形描述方法，IDS 具有标准化、灵活性、可扩展性等特点。

（一）标准化

IDS 由结构符和部件组成，Unicode 定义了 12 个 IDC 作为结构符，CJK 子集、CJK 部首子集、CJK 笔画子集、私用区内的字符和"？"（U+FF1F）都可以作为部件。可见，构成 IDS 的结构符和部件都有正式的 Unicode 编码，是完全标准化的。

需要特别说明，虽然私用区有正式的 Unicode 编码，但是在不同项目中，同一个私用区编码可能对应不同的字形，而同一个字形也可能使用不同的私用区编码。当一台 PC 或服务器上同时运行多个项目，可能出现私用区编码冲突问题。为了避免上述问题，IDS_IRG 不使用私用区编码，集外字或部件用"？"（U+FF1F）表示；CJK 汉字拆分数据不使用私用区编码，集外字或部件用 GIF 文件表示；IDS_CHISE 在内部使用私用区编码，外部服务或访问时用图形文件替代。

（二）灵活性

IDS 语法只定义了结构符和部件集范围，并未指定专用的拆分规则。简明的 IDS 语法，给 IDS 的构建和使用带来了极大的灵活性。同一个汉字字形，可以描述为多种 IDS，以"树"（U+6811）为例，可描述为"□木对"、"□权寸"、"□木又寸"、"□村又"等。叠字字形也可以使用多个 IDC 进行描述，而不必定义单独的结构符，例如："焱"（U+7131），可描述为"□火□火火"；"燚"（U+71DA），可描述为"□□火火□火火"。

在 IDS 中，部首可以用 CJK 部首子集中的字符，也可以用 CJK 子集中的字符（部分部首没有），如表 4-3 所示；笔画可以用 CJK 笔画子集中的字符，也可以用 CJK 子集中的字符（部分笔画没有），如表 4-4 所示。IDS_IRG 以使用 CJK 子集中的部首为主，而 IDS_CHISE 以使用 CJK 部首子集中的字符。

（三）可扩展性

随着 IDS 语法的简化，详见附录四，去除了长度限制，扩大了部件的使用范围。在 Unicode 3.0 中，IDC 之后只能使用 CJK 基本集和 CJK 部首基本集中的字符。从 Unicode 8.0 开始，IDC 之后可以使用 CJK 子集、CJK 部首子集、CJK 笔画子集、私用区内的字符和"？"（U+FF1F）。

IDS 由结构符和部件组成，Unicode 定义了 12 个 IDC 作为结构符，并一直保持稳定，而 CJK 及其相关子集一直在扩展，上述集合构成 IDS 部件集，即随着 Unicode 的发展，IDS 的部件集在自动扩展。

IDS 语法允许使用私用区，可实现结构符和部件集的扩展。IDS_CHISE 在内部使用私用区编码，而外部服务或访问时用图形文件替代，以 IDS_UCS 为例，9116 条 IDS 数据中包含私用区字符，累计占用私用区码位 1682 个。

三、IDS 的描述精度

不断简化的语法，赋予了 IDS 很大的灵活性，这就使得 IDS 能支持不同精度的字形描述。基于 IDS 的可扩展性，结构符和部件集可自由扩充，从理论上讲，IDS 可以描述任意字形。而在实际应用中，从成本的角度出发，IDS 的字形描述精度满足项目需求即可。为了便于讨论，本书将 IDS 的描述经度划分为三类：简略描述、适度描述和精细描述。

（一）简略描述

简略描述是在满足项目需求的前提下，采用便于操作的拆分规则，不考虑或不过多考虑汉字拆分的理据性，字符集外的部件用集内字形相近的部件代替，或直接用"？"

（U+FF1F）代替，忽略或部分忽略部件变形[1]，对拆分难度大的汉字不做拆分。

以 IDS_IRG 为例，在 70230 条 IDS 数据中，未拆文字 691 个，包含"？"（U+FF1F）的 IDS 数据 1812 条，字符集外的部件用集内字形相近的部件代替，或拆解到笔画，如表 5-14 所示。

表 5-14　IDS_IRG 数据示例表

序号	字形	IDS_IRG	序号	字形	IDS_IRG
1	㚇	⿱厶共	11	宗	⿱宀示
2	其	⿳⿴囗廿⿰乂乂一八	12	霆	⿱雨洼
3	閦	⿵門⿱⿲丶丶丶小	13	塄	⿰土曼
4	鑑	⿰再監	14	喜	⿱吉芏
5	沿	⿰氵㕣	15	姥	⿰女毛
6	沧	⿰氵⿱人匕	16	叚	⿰？⿱？又
7	滠	⿰氵忍	17	瓘	⿰王⿱？⿰？？韭
8	叶	⿰巴十	18	回	
9	兖	⿱厶⿱大儿	19	羿	
10	娩	⿰夋免	20	哥	

IDS_IRG 的拆分规则见第四章第一节，IRG 认为不必描述表意文字的字形细节，忽略细微的差异，如果这些差异很重要，可以进入 IDS 自动匹配后的人工审核环节[2]。IDS_IRG 采用简略字形描述完全符合项目需求，同时又能降低文字拆分的复杂度。

（二）适度描述

适度描述是在满足项目需求的前提下，采用兼顾依理据和依字形的拆分规则，字符集外的部件用集内字形相近的部件代替，或使用私用区编码，保留或部分保留部件变形，对拆分难度大的汉字可不做拆分。

组成汉字的部件之间的空间关系主要有三种类型：相离关系，就是部件之间完全分离，有明显的分隔沟，例如"孔"、"吕"、"李"；相接关系，就是部件之间有一点或几点相接触，但是不交叉穿越，例如"市"、"系"、"居"；相交关系，就是部件之

---

[1] 同一部件，由于组构在汉字的不同部位，受部位特征的约束而改变了形状称为部件变形；部件变形的情况比较复杂，可大致划分为扁化、窄化、简化和繁化。

[2] Guidelines on IDS Decomposition[OL]. [2016-8-16]. http://appsrv.cse.cuhk.edu.hk/~irg/irg/irg25/IRGN1183RevisedIDSPrinciples.pdf.

间有一点或几点交叉，笔画穿插重叠，例如“秉”、“重”、“果”。对于处于相交关系的部件，学界的观点是一致的，就是看成一个部件，结构再复杂也不拆分；对于处于相离和相接关系的部件，如果这些处于相离或相接关系的部件都有构字能力，都同意进行拆分，对于没有构字能力的部件，意见就不统一了[①]。IDS 的拆分规则可以依据项目的需求，控制拆分的复杂度，确定部件拆分的细节。

以 IDS_UCS 为例，在 80376 条 IDS 数据中，未拆文字 711 个，数据库内用私用区编码 1682 个表示集外部件，应用于 9116 条 IDS 数据，其他集外部件用集内字形相近的部件代替，或拆解到笔画，如表 5-15 所示。

表 5-15　IDS_ UCS 数据示例表

序号	字形	IDS_IRG	序号	字形	IDS_IRG
1	弇	⿱⿱亠厶共	11	宗	⿱宀示
2	[illegible]	⿳⿴廿⿰乂乂一八	12	霔	⻗注
3	[illegible]	⿵冂⿱⿲丶丶丶小	13	[illegible]	⿰土𠬶
4	[illegible]	⿰再監	14	壴	⿱吉艹
5	沿	⿰氵⿱几口	15	姕	
6	沦	⿰冫⿱亼匕	16	叚	⿰𠂎叏
7	佟	⿰亻冬	17	瓘	⿰王⿳曲⿰ヲ乀韭
8	叶	⿰巳十	18	𣅯	
9	叅	⿱厶⿱大小	19	羽	⿰彐彐
10	[illegible]	⿰夋免	20	𣅲	

通过比较表 5-15 和表 5-14，不难看出适度描述与简略描述的区别。

（三）精细描述

精细描述是既可以采用完全依理据或依字形的拆分规则，又可以采用兼顾依理据和依字形的拆分规则，部件完全按照原字形，不做近似处理，字符集外的部件使用私用区编码，除了不可拆分的汉字外，其他汉字都依据规则拆分。

以“旗”（U+65D7）为例，依字形拆分为“⿰方⿱𠂉其”，依据理据拆分为“⿸⿰方𠂉其”；“𣅯”（U+2316F）可拆分为“⿴囗日”；“𣅲”（U+23172）可拆分为“⿺手日”；“冞”可拆分为“⿵冂米”。目前，还没有采用精细 IDS 描述的项目可供研究。

---

① 李丽 . 现代汉字部件研究评述［D］. 东北师范大学，2012：11.

第六章 IDS 与汉字输入

现有的输入法能够输入集内的生僻字，但是对使用者有一定的要求，而集外字则无法输入，必须对输入法进行扩展；而动态组字是一个包含文字结构和部件的字符串，只要输入法能够支持文字结构和部件，动态组字就可以直接输入；若集内字都用 IDS 进行描述，集内字也可以用动态组字输入；但是从输入法的角度进行考查，动态组字编码长度过长，影响输入速度，也不符合用户的日常输入习惯，所以动态组字不适合作为输入法，只能作为输入法的补充[①]。

第一节 汉 字 输 入

汉字输入（Chinese character input），利用汉字的形、音或相关信息，通过各种方式，把汉字输入到计算机中去的过程；通用键盘汉字输入系统（Chinese character input system with universal keybord），由字（词）编码码表、数据处理、输入接口构成的汉字、词语的通用键盘键元编码转换为汉字内部码的软件系统，通用键盘汉字输入系统由编码层次和软件层次组成[②]。本书重点讨论汉字输入系统的编码层次。

一、发展过程

汉字输入法的发展历史可追溯至 1976 年朱邦复发明的"仓颉输入法"，原名"形意检字法"，用以解决电脑处理汉字的问题，包括汉字输入、字形输出、内码储存、汉字排序等。1981 年国家标准局发布《信息交换用汉字编码字符集基本集》（GB

---

① 肖禹，王昭. 动态组字的发展及其在古籍数字化中的应用 [J]. 科技情报开发与经济，2013(5)：118-121.

② GB/T 19246-2003，信息技术 通用键盘汉字输入通用要求 [S]. 北京：中国标准出版社，2003：1.

2312-80），三十多年来，中国人发明了中文输入法近 3000 多种，目前为止有 2000 多种获得了发明专利，然而实际应用最多的输入法仍然是各种拼音输入法和各种五笔字型输入法（占到 99%）[1]。

（一）发展阶段

吴越在《电脑打字普及教材》[2] 中将汉字输入法划分为三代：第一代，以单音节的字为单位输入；第二代，以词语（包括单音节和多音节）为单位输入；第三代，除了有固定词库可以用通用词输入外，还可以根据用户的需要自造词语，并具有人工智能，可以自动选择区分重码（同音）词。

戴石麟在《汉字编码输入法研究》[3] 中将汉字输入法划分为三代。第一代，在 DOS 环境下，以单字为单位进行输入，在屏幕底部提供专门的提示行显示数量众多的重码字，翻页、选择操作频繁；用数字键选择重码字，用 ALT+ 数字键可重复选择出现在提示行中的重码字；连极为常用的标点符号的输入都需要使用区位码，很不方便；联想技术的采用使输入效率有所改善，但其作用是相当有限的；各种输入法间的切换（包括切换到英文）都是通过复合功能键 ALT+Fn(F1-F12) 来进行的；支持全角和半角方式，但不支持中文标点方式；不支持词组输入，更不支持自定义词组。第二代，在 CCDOS 2.1[4] 的原始输入法的基础上发展起来的，以提高汉字的输入速度为主要目标，增加了词组的输入，单字输入时的重码也减少了，出现了中文标点状态，多数都能自定义词组。第三代，在 PC 和其他终端设备（手机、PAD 等）的性能日益强大、采用图形化界面、计算机教育日益普及的背景下，中文输入法的指导思想是规范、易学、易用并且尽量保持输入速度；智能化拼音输入法的研究高潮迭起，也出现了以笔画或笔对为输入单位的纯形码，还出现了以声母和笔画（或笔对）为基础的音形码。

清华大学（计算机系）和搜狐搜索技术联合实验室联合发布的《中文汉字输入法行业发展报告》（2011 年）中，将中文汉字输入法划分为四个发展阶段：输入萌芽阶段（1983 年至 1992 年），解决用户能输入的问题；输入初级发展阶段（1992 年至 2005 年），解决用户更容易输入的问题；输入智能化和互联网化阶段（2006 年至 2010 年），识别用户输入需要解决用户输入更快速准确问题；输入个性化阶段（2010 年以后），在输入快速准确基础上，解决用户和群体组输入个性化问题[5]。

---

[1] 周接富 . 中文输入法的商务模式创新［D］. 厦门大学，2009：1.

[2] 吴越 . 电脑打字普及教材［M］. 北京：北京群言出版社，1993.

[3] 戴石麟 . 汉字编码输入法研究［D］. 重庆大学，2005.

[4] CC-DOS 是我国第一个中文磁盘操作系统，由电子工业部第六研究所开发，1983 年正式公布；CC-DOS 是在 PC-DOS 的基础上扩充、修改而成；在广泛使用的 CC-DOS 2.1 版中，有简拼、首尾码、快速码和区位码输入法.

[5] 中国首份《汉字输入发展报告》发布［OL］.［2016-8-16］. http://it.sohu.com/20110614/n310152371.shtml.

（二）有代表性的输入法

上世纪 70 年代，支秉彝开始研究"见字识码"编码方案，用 26 个拉丁字母进行编码，以 4 个字母表示一个汉字，规则简单，易于掌握，如"路"字，可拆成口、止、文、口四部分，取部首拼音读音的第一个字母，即组成"路"的代码 KZWK。1977 年，上海市市内电话局"114"服务台开始使用"支码"编码法，1978 年"支码"输入系统研制取得成功[①]。

1983 年，王永民推出五笔字型输入法，简称"王码"。他提出了"形码设计三原理"和"汉字字根周期表"，发明了 25 键 4 码高效汉字输入法和字词兼容技术，在世界上首破汉字输入电脑每分钟 100 字大关，并获美、英、中三国专利。五笔字型完全依据笔画和字形特征对汉字进行编码，如图 6-1 所示，先后诞生了三套编码方案：86 版、98 版和新世纪版。王码五笔 86 版及 98 版曾嵌入微软公司 office 软件中[②]。

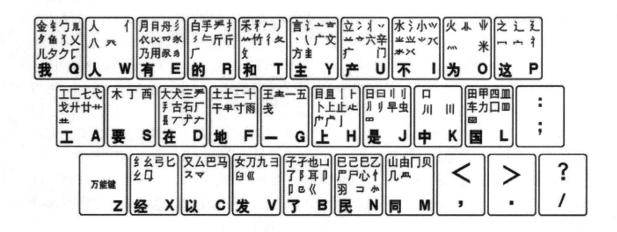

图 6-1　王码字根示意图

1989 年，郑易里和郑珑发明"字根通用码"，简称"郑码"，获中、美、英三国专利授权，并通过国家级的鉴定。郑码也是字形编码，将基本字根和笔画的代码按一定规则代入即得到汉字的编码，如图 6-2 所示，微软公司的 windows、IBM 公司的 OS/2、SUN 公司的 Java OS 等许多中文产品都曾内置郑码[③]。

---

① 见字识码 [OL]．[2016-8-16]．http://baike.baidu.com/link?url=fsviAfQbwyyA-rQNqcRaRDvXzgjrUwhcg0Bf-vZTxS_I43q58gPtAf-IUkWMnHhesnkJ8OqS-WOevWU7FMVpZmaFqE4wUItsS7cy2hwXNc9hUw-qmgHp2aWVoBxlMdW7.

② 五笔字形 [OL]．[2016-8-16]．http://baike.baidu.com/view/3597.htm.

③ 郑码简介 [OL]．[2016-8-16]．http://www.china-e.com.cn/main/zhengma/jj.htm.

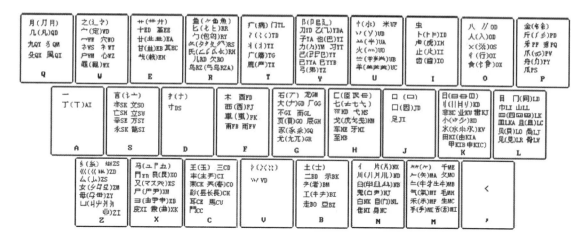

图 6-2　郑码字根示意图

1993 年，北京大学朱守涛在"CW 中文语词处理系统"的基础上设计了"智能 ABC"汉字输入方法，又称"标准输入法"。智能 ABC 输入法使拼音和字型描述自由相结合，简单易学、快速灵活，成为易学易用的输入技术，已被国家信息化标准委员会确定为首选的"音码"方案，并先后被 IBM 公司、微软公司等采用①。

微软拼音输入法（MSPY）是微软公司开发的汉字拼音输入法，内置于 Windows 操作系统（从 Win95、WinNT4.0 开始）和 Office 软件（从 Office97 开始）中。微软拼音输入法是一种基于语句的智能型的拼音输入法，采用拼音作为汉字的录入方式，用户不需要经过专门的学习和培训，就可以方便使用并熟练掌握，支持全拼、双拼、不完整输入、模糊音输入、用户自造词、系统自学习等功能②。

双拼输入法，又称"双打输入法"，出现于上世纪 80 年代（一说是 1985 年），主要参考了 CCDOS 的简拼输入法，可视为全拼输入法的一种改进，将汉语拼音中每个含多个字母的声母或韵母映射到某个按键上，如图 6-3 所示，使得每个音都可以用最多两次按键打出，极大地提高了拼音输入法的输入速度。双拼输入法是一类输入法，声母或韵母到按键的映射方案不固定，常见的方案包括小鹤双拼、微软拼音、智能 ABC、拼音加加、紫光双拼、搜狗双拼、自然码、小熊双拼、大牛双拼等，还允许用户自定义方案③。

---

① 智 能 ABC［OL］.［2016-8-16］. http://baike.baidu.com/view/37856.htm?fromtitle=%E6%99%BA%E8%83%BDABC%E8%BE%93%E5%85%A5%E6%B3%95&fromid=143890&type=syn.

② 微软拼音输入法［OL］.［2016-8-16］. http://baike.baidu.com/link?url=jkx51zCCmWKcp4kPWRwnogEwt11bJoiu3VhM9capwJq0cgxpl6VmxH9cPO9pHHhe8ux_2eICxVujjluRaiwQ80-Vwrd7lgFlenWhjfeaAnX9un7txdHJUzcdA86b4qC3zCBl9KduSIg6y_crtHJeN_wAsCw2I0-efDqBK43YEKq.

③ 双拼输入法［OL］.［2016-8-16］. http://baike.baidu.com/link?url=h_OKeEGLslw_1AzGCM1FuLu3AZVAatactZn1DKW4LjngrZ-2n-nnm9KV6NrejaL7DjE4bQhgOttjOCKkddeXWysn5EgmVYiPZo2TAD7goz7.

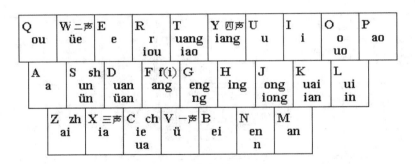

图 6-3　双拼键位示意图

　　数字键盘输入法是用 0 至 9 的 10 个数字进行信息输入以及用若干功能键进行操作的输入法，主要用于采用数字键盘的终端设备（如功能手机）和其他专用设备（如汉字输入鼠标）。数字键盘输入法是一类输入法，常见的编码方案包括美国特捷公司的 T9 拼音和 T9 笔画输入法（5 个笔画）、加拿大字源公司的字能笔画输入法（8 个笔画）、摩托罗拉公司的 iTap 输入法（9 个笔画）、五笔数码（包括易学性 6 键 6 码和快捷性 9 键 6 码两种数码输入法）、左右数码（5 个笔画和 5 个部件）、大众数字码（5 个笔画和 5 类部件）、黄金码（5 个笔画和 4 类部件）、四角号码（0 至 9 表示一个汉字四角的十种笔形，如图 6-4 所示）等①。随着大屏幕智能手机的普及，数字键盘输入法的重要性已大不如前。

笔名		号码	笔形	字例
复笔		0	亠	主病广言
单笔	横	1	一	天土
			亅 亅 丿 丶	活培织兄风
	垂	2	丨	旧山
			亅 丿 丿	千顺力则
	点	3	丶	宝社军外去亦
			乀 丶	造瓜
复笔	叉	4	十	古草
			十 七 乂 丬	对式皮猪
	插	5	丰	青本
			扌 戈 丈 产 丰	打戈史泰申
	方	6	口 囗	另扣国甲由曲
			囗 囗	目四
	角	7	亅 亅 乚 亅	刀写亡表
			厂 厂 亅	阳兵雪
复笔	八	8	八 丷	分共
			人 入 丷 丷	余永央羊午
	小	9	小	尖宗
			忄 木 彐 丷 丷	快木录当兴组

表 6-1　四角号码编码表

① 戴石麟 . 汉字编码输入法研究［D］. 重庆大学，2005：15-16.

2006 年，搜狐公司发布了搜狗输入法，支持全拼、简拼、双拼、笔画、五笔字型、辅助码、偏旁读音、手写等输入方法，基于搜索引擎技术的，用户可通过互联网备份自己的个性化词库和配置信息。搜狗输入法支持 Windows、MacOX、Linux、Android、IOS、Symbian、MeeGoo 等操作系统[①]。

2007 年，谷歌（Google）发布了谷歌拼音输入法，支持全拼、简拼、拼音串、整句输入等，智能化程度高，选词和组句准确率高，海量词库整合了互联网上的流行语汇和热门搜索词，将使用习惯和个人字典同步在 Google 帐号，并可主动下载最符合用户习惯的语言模型，提供扩展接口允许广大开发者开发和定义更丰富的扩展输入功能。谷歌拼音支持通用键盘和数字键盘，支持 Windows、MacOX、Android 等操作系统[②]。

2007 年，腾讯公司发布了 QQ 拼音输入法，支持全拼、简拼、双拼三种基本的拼音输入模式，支持单字、词组、整句的输入方式，支持核心词库、用户词库、分类词库等，支持词库网络同步功能，满足用户的个性化需求。默认显示五个候选字，以横向的方式呈现；最多可同时显示九个候选字，可以改变为纵向显示候选字；支持多行候选（如图 6-4 所示）；支持中文数字、中文英文混合输入和快捷符号输入。QQ 拼音输入法支持 Windows 和 Android 操作系统[③]。

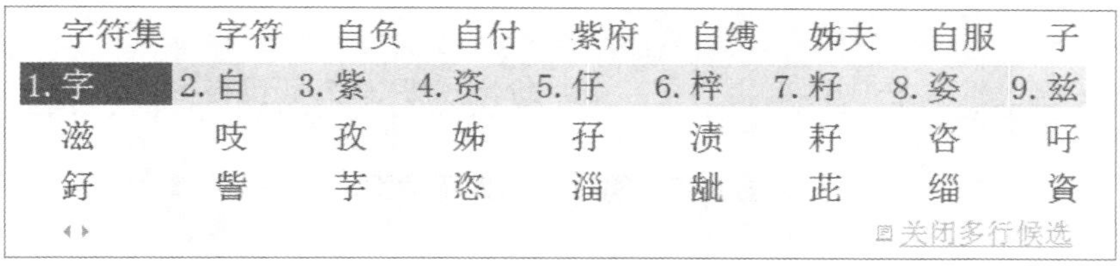

图 6-4　QQ 拼音多行候选示意图

二、分类

汉字输入法，按编码时使用的特征信息元（或称字元）可分为音码、形码、音形码和形音码；按处理对象大小可分为单字型、字词型和语句型；按适用的输入者可分为普及型和专业型；按编码时使用的码元字符可分为字母码和数字码；按软件的适应性来可分为通用输入法平台（又称码表输入法）和专用输入法（或称定制输入法）；

① 搜狗输入法［OL］.［2016-8-16］. http://pinyin.sogou.com/.

② 谷歌拼音输入法［OL］.［2016-8-16］. http://baike.baidu.com/link?url=IuMm4Hh-a1j9DN5mQtNYDznNEja9CZq5R8Duy9mAsLqN_Vng8I-mUBPu03CqET3KloN3zhOdg3J4rJSZWCgixSUMEx4DyGkBuKhS71wruemJeVu-fhTJwV4mIe19drqU5qYs8QwCkMus6cpVaoKztGIGYYCyibhknCPDon_kjgaIo0oOqpXQtFwrC4UgJILngMdFidYgUiLLQtNMxv-9njGl-LwKcDvcjFVP4tvznDSK_1k3aCba6-JFRNArZbPx#5_3.

③ QQ 拼音［OL］.［2016-8-16］. http://qq.pinyin.cn/index.php.

按使用的键盘可分为通用键盘输入法和数字键盘输入法 [1]。

本书从编码的角度出发，首先将汉字输入分为人工键盘输入和自动识别输入两类。自动识别输入包括语音输入、手写输入等，非本书讨论的重点，此处不再赘述。人工键盘输入是通过键盘将汉字输入计算机的过程。依据键盘类型可分为通用键盘、数字键盘和专用键盘。从编码的角度出发，可分为音码、形码和混合码。

（一）音码

音码是基于汉字字音的输入编码方法。《汉语拼音方案》[2]规定了普通话有22个声母、39个韵母和4个声调（阴平、阳平、上声、去声）及轻声。音码用26个字母表示声母和韵母，用数字表示声调。

音码又可以细分为全拼码、双拼码、简拼码。全拼码用1至2个字母表示声母，用1至4个字母表示韵母（v表示ü），用1位数字表示声调，以"双"（U+53CC）为例，汉语拼音"shuāng"，全拼码为"shuang1"。双拼码用定义好的单字母表示声母和韵母，如图6-3所示，用1位数字表示声调，仍以"双"（U+53CC）为例，双拼码为"st1"。简拼用声母或声母的首字母表示一个词，如图6-5所示。

> z'f'j
> 1.字符集 2.坐飞机 3.在放假 4.再放假 5.在房价 6.紫枫郡 7.正负极 8.政府间 9.政府将

图6-5　简拼码输入示意图

使用音码输入法，用户必须熟悉汉语拼音和汉字读音。目前，有两个无法解决的问题：其一，部分汉字读音不详，依据UniHan数据库，72962个汉字（G源、T源、H源编码）中，有普通话读音的汉字41181个，有粤语读音的汉字22996个，两者合并共42933个；其二，楷书正体字超过3万个，异体字约几十万个，而现代汉语理论上仅有858个基本音节形式和3432个带声调音节（实际的音节数要少得多），一个字音对应多个汉字，大大降低了音码输入的效率。

（二）形码

形码是基于汉字字形特征的输入编码方法。汉字有5种主笔形，29种附笔形，有560个基础部件。形码又可以细分为笔画码和部件码。

笔画码用1位数字表示主笔形，以"䲔䲔"（U+2A6A5）为例，总笔画数为64，笔画码为"4143135411515111414313541151511141431354115151114143135411515111"。

① 戴石麟.汉字编码输入法研究[D].重庆大学，2005：8.
② 汉语拼音方案[OL].[2016-8-16].http://www.moe.edu.cn/ewebeditor/uploadfile/2015/03/02/20150302165814246.pdf.

部件码用字母表示字根（由基础部件选取或合并而来），如图 6-1 和 6-2 所示，仍以"䶖䶖"（U+2A6A5）为例，五笔字形码为"UEGD"，郑码为"SISS"。

使用形码输入法，用户必须熟悉笔顺、字根和汉字字形。目前，笔画码的主要问题是要求用户熟练掌握汉字笔顺，笔画较多的汉字输入效率低；部件码的主要问题是要求用户熟练掌握字根和拆字方法，难学易忘。

（三）混合码

混合码是基于汉字字音和字形特征的输入编码方法。混合码可细分为音形码和形音码。音形码以音为主以形为辅；形音码以形为主以音为辅。常见的混合码包括自然码、二笔码、文字码、大众音形码等。

混合码是音码和形码的结合体，通过加入音码，减少形码所需的字根数，降低汉字拆分的难度；通过加入形码，减少声码的重码率，解决读音不详汉字的输入问题。但是混合码编码的复杂度远高于音码和形码，尤其是支持 GB 18030-2005 字符集。

三、评价指标

面对上世纪八十年代初"编码潮"涌现出的数百种方案和上百种上机运行的汉字键盘输系统，对它们的内在素质和使用效果的优劣评估被提到了议事日程；上海交通大学、北京信息工程学院、中国标准化与信息分类编码研究所、中国科学院心理研究所等单位不断探索评估理论和设计评测软件；评估对象由八十年代初的编码方案发展为八十年代末的包含"编码层次"和"软件层次"的整个输入系统，评测内容由表象测定深入到与认知心理结合的内在素质测定，评测手段由定性到定量，评测方法由主观因素起作用逐渐过渡到计算机客观评测；九十年代则将评测内容和指标写进了国家标准[1]。

《信息技术　通用键盘汉字输入通用要求》[2] 和《信息技术　数字键盘汉字输入通用要求》[3] 中都包含输入法的评价指标，可归纳如下：

（一）编码范围

通过键盘编码输入的汉字应包括 GB 18030 中定义的全部汉字字符和现代汉语标点符号，操作系统未支持 GB 18030 字符集时，编码字符集应包括 GB 13000.1 中定义的全部汉字字符。

---

[1] 戴石麟. 汉字编码输入法研究 [D]. 重庆大学，2005：6-7.

[2] GB/T 19246-2003，信息技术 通用键盘汉字输入通用要求 [S]. 北京：中国标准出版社，2003.

[3] GB/T 18031-2000，信息技术 数字键盘汉字输入通用要求 [S]. 北京：中国标准出版社，2000.

通过数字键盘编码输入的汉字应包括 GB 2312 或 GB 13000.1 或 GB 18030 中定义的全部汉字字符。

（二）编码规范

编码涉及汉字笔画、笔顺应遵从《GB 13000.1 字符集汉字字顺规范》（GF3002），涉及汉字部件应遵从《信息处理用 GB 13000.1 字符集 汉字部件规范》（GF3001），涉及汉字字音应遵从《汉语拼音方案》和《普通话异读词审音表》。

（三）性能指标

输入法的性能指标包括易学性、输入平均码长、重码字词键选率等。平均码长（average code length），在输入给定的测试样本时，测得的输入每个汉字的平均击键数，包含编码输入、选字输入及其他辅助操作的所有击键操作。重码字词键选率（coincident code key selecting rate of Chinese character and word），在输入给定测试样本过程中，通过重码选择键确认的汉字字数与测试样本总字数的百分比，采用轮换单个显示重码字、词人工确认输入的汉字计入"重码选择键确认的字数"。

1. 易学性

学会使用汉字编码输入系统的时间尽量短，并应符合使用汉语作为母语的使用者的思维习惯，最好做到上手能用。

2. 输入平均码长

通用键盘汉字输入系统采用汉语拼音（双拼除外）或以笔画为主的简易编码方式输入现代汉语常见文本时，平均码长应小于 3.2 键 / 字；采用双拼、部件编码或以部件为主的编码方式输入现代汉语常见文本时，平均码长应小于 2.2 键 / 字。

数字键盘汉字输入系统逐字字段输入平均码长应小于 6 键 / 字；字、词混合输入平均码长应小于 4 键 / 字。

3. 重码字词键选率

通用键盘汉字输入系统采用汉语拼音（全拼、双拼）或以笔画为主的简易编码方式输入现代汉语常见文本时，重码字、词键选率应小于 6%；采用以部件为主的形码、音形码等方式输入现代汉语常见文本时，重码字、词键选率应小于 1.5%。

数字键盘汉字输入系统，采用笔画码、部件码，逐字字段输入重码字、词键选率应小于 8%；采用笔画码、部件码，字、词混合输入重码字、词键选率应小于 10%；10 键位逐字字段拼音输入重码字、词键选率应小于 13%，字、词混合拼音输入重码字、词键选率应小于 12%；8 键位逐字字段拼音输入重码字、词键选率应小于 15%，字、词混合拼音输入重码字、词键选率应小于 14%。

第二节 基于 IDS 的汉字输入

IDS 是基于部件的汉字特征描述，理论上可用于汉字输入，属于形码输入方法。目前，IDS 在输入法领域的直接或间接应用都比较少，究其原因，主要是因为 IDS 的复杂性和灵活性。

一、皮氏输入法

皮佑国在《计算机无字库智能造字——汉字也可以这样计算机信息化》[1]中详细介绍了皮氏输入法。从编码的角度分析，皮氏输入法编码数据包含智能造字编码数据和基元编码数据。智能造字编码数据包含编码（由结构编码和基元编码组成）、拼音（汉字的首拼音）、频率（汉字的使用频率）、GBK 编码等字段；基元编码数据包含基元码（基元的编码）、频率（基元的使用频率）、笔画数（基元的笔画数）等字段。

通过皮氏输入法编码数据不难看出，它不是基于 IDS 的输入法，也不是完全的部件码输入法。若忽略音码部分，结构编码（18 个，如表 5-5 所示）类似于 IDC，基元（1085 个）类似于 IDS 部件，只考察"结构 + 基元"的直接输入法和"先输入结构再选择部件或整字"的间接输入法，则皮氏输入法可用于模拟 IDS 输入法。

基元码采用 2 位 36 进制数编码（0 至 9 和 26 个字母），如表 5-4 所示，采用直接输入法，以"十"（U+5341）为例，皮氏输入法编码为"G7k"；"初"（U+521D），输入编码为"Hbtkr"；"觉"（U+89C9），输入编码为"Ksnkg38"；"宣"（U+5BA3），输入编码为"Ukt21bi21"；"谱"（U+8C31），输入编码为"H27Kkj3ubi"；"谚"（U+8C1A），输入编码为"H27Kb9kjO282o"；"麟"（U+9E9F），输入编码为"HO9dJ83llJbwH2p7x"等。

皮氏输入法编码范围为 GB 18030-2005（70244 字），无重码；输入每个字所需平均基元码数为 3.5；选取 100 个常用汉字来分析输入速度，五笔字形输入法总击键次数为 307，全拼输入法总击键次数为 394，智能拼音输入法总击键次数为 490，皮氏输入法总击键次数为 345，并据此得出结论"皮氏输入法具有较高的输入效率"[2]。

[1] 皮佑国. 计算机无字库智能造字——汉字也可以这样计算机信息化 [M]. 北京：国防工业出版社，2013.
[2] 皮佑国. 计算机无字库智能造字——汉字也可以这样计算机信息化 [M]. 北京：国防工业出版社，2013：286-290.

二、辅助输入程序

除了输入法外，还有一类辅助输入程序，这类程序可在 GUI（Graphical User Interface，图形用户界面）中点选或使用任意输入法输入 IDS，以"汉典"（http://www.zdic.net/）汉字拆分输入程序为例，如图 6-6 所示，网页中部是 10 个 IDC，左侧有 281 个部首，右侧有 440 个部件，通过鼠标点选可输入到网页中央的文本框，也可以使用任意输入法在文本框内直接输入 IDS、IDC、部件等。

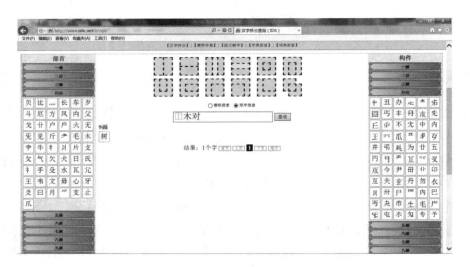

图 6-6　汉典汉字拆分输入图

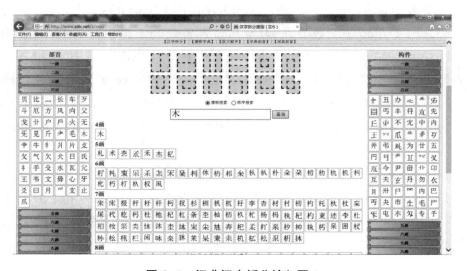

图 6-7　汉典汉字拆分输入图 2

汉字拆分输入程序提供"顺序搜索"和"模糊搜索"。若用户完整输入 IDS，可使用"顺序搜索"；若用户只能输入 IDS 的局部，可使用"模糊搜索"，如图 6-7 所示。

　　"汉典"收字 75983 个 [①]，其中使用□（U+2FF0）的 IDS 数据有 52487 条，使用□（U+2FF1）的 IDS 数据有 21957 条，使用□（U+2FF2）的 IDS 数据有 869 条，使用□（U+2FF3）的 IDS 数据有 2525 条，使用□（U+2FF4）的 IDS 数据有 521 条，使用□（U+2FF5）的 IDS 数据有 1023 条，使用□（U+2FF6）的 IDS 数据有 114 条，使用□（U+2FF7）的 IDS 数据有 220 条，使用□（U+2FF8）的 IDS 数据有 3075 条，使用□（U+2FF9）的 IDS 有数据 611 条，使用□（U+2FFA）的 IDS 数据有 2964 条，使用□（U+2FFB）的 IDS 数据有 475 条。

三、IDS 应用于汉字输入

　　皮氏输入法所模拟的 IDS 输入法将 1085 个汉字（部件）直接编码，平均击键 2 次才能输入 1 个基元，输入每个汉字所需平均基元数量为 3.5 个，再加上 1 至 2 个结构码（IDC），每个结构码要击键 2 次（Shift+ 字母键），输入 1 个汉字平均击键 9 次以上。而"汉典"的汉字拆分输入程序未公布 IDS 拆分规则，且用户输入的 IDS 必须与后台数据一致才能获得希望的检索结果，以"树"（U+6811）为例，必须输入"□木对"才能检索到，而输入"□权寸"、"□木又寸"、"□村又"等都不行。

　　上述问题都源于 IDS 的复杂性和灵活性，若要将 IDS 应用于汉字输入，必须先明确 IDS 在汉字输入中的定位，再考虑基于 IDS 的输入编码及编码优化。

（一）定位

　　清华大学（计算机系）和搜狐搜索技术联合实验室联合发布的《中文汉字输入法行业发展报告》（2011 年）中指出字根输入逐渐消亡，拼音输入发展趋势不可逆转；汉字输入发展已经转变为机器来适应人，而非当初的人来适应机器；中文汉字输入法演变成为互联网的入口，产业生态链初步形成；输入法已经摆脱桌面限制，互联网输入法可使输入更丰富精确；汉字输入发展，用户已经由打字向打句方向发展，用户打字平均字符长度 2011 年达到 2.71 个字符，比 2009 年提升 30%；汉字输入公共词库呈现几何指数增长，由 2005 年 40 万增长到 2010 年的 6000 万。未来中文汉字输入发将日益智能化、个性化、平台化：未来将是机器主动学习人的操作习惯，适应不同的输入环境并作适配，基于海量用户行为的数据建立不同的输入模型来匹配各种操作情景下的输入；为不同的用户提供不同的功能、配置或者界面，以满足各种各样的需求，个性化主要用户个体的个性化和大群体个性化两个层面；输入法具有海量用户，但是仅靠输入法开展的业务无法满足用户的需求，输入法厂商开放平台接入第三方开发商来

---

① 关于汉典 [OL].［2016-8-16］. http://www.zdic.net/aboutus/.

为用户提供更丰富的应用服务，使得输入法厂商和第三方应用开发商共享用户，共建服务，共享市场，实现产业共赢①。

汉字输入法的评价指标包括编码范围、编码规范、易学性、输入平均码长、重码字词键选率等。IDS 的编码范围可以不受已有字符集的限制，既可以输入集内字，又可以输入集外字；IDS 是基于部件的汉字字形描述，由结构符和部件组成，IDS 所用的部件既可以是基础部件，又可以是字符集内全部字符，不符合《信息处理用 GB 13000.1 字符集 汉字部件规范》（GF3001）；IDS 使用的部件远多于形码字根，拆分规则复杂，易学性较差；输入平均码长大于形码、音码、混合码输入法；基于一定的拆分规则，IDS 可以实现无重码。

通过上述分析不难看出，IDS 不适合作为输入法编码。但是 IDS 可以输入集外字，能作为现有输入法的有效补充；IDS 使用 12 个 IDC 作为结构符，可以用字符集内的字符作为部件，能以现有输入法为基础，充当辅助输入编码；已有 IDS 资源的拆分规则各不相同，从易用性的角度考虑，不可能让所有使用者掌握统一的拆分规则，若 IDS 作为辅助输入编码，必须进行再编码和优化。因此，IDS 应定位于辅助输入编码。

（二）输入编码

IDS 由结构符和部件组成，拆分规则直接决定 IDS 所用的结构符和部件，基于不同的拆分规则，同一个汉字可有多个 IDS，仍以"衙"（U+8859）为例，IRG_IDS 为"⿲彳吾亍"，IDS_UCS 为"⿴行吾"。在"汉典"的汉字拆分输入程序中，输入"⿲彳吾亍"可以查到，输入"⿴行吾"则查不到。IDS 作为辅助输入编码必须考虑拆分规则对用户输入的影响，直接使用 IDS 不能解决上述问题，必须对 IDS 进行再编码。

IDS 再编码首先可以利用 IDS 的递归机制，将 IDS 中的部件进一步拆解为基础部件，仍以"衙"（U+8859）为例，"⿲彳吾亍"转换为"⿲彳⿱五口亍"；然后去掉所有 IDC 生成基础部件序列，"⿲彳⿱五口亍"转换为"彳五口亍"；最后将基础部件序列转换为基础部件数组，基础部件数组由基础部件的 Unicode 编码和同一基础部件的数量组成，按基础部件的 Unicode 编码排序，基础部件数组与基础部件序列的顺序无关，"彳五口亍"转换为"4E8D，1；4E94，1；53E3，1；5F73，1"②。"⿴行吾"依据上述流程转换为"4E8D，1；4E94，1；53E3，1；5F73，1"，与"⿲彳吾亍"再编码的结果相同。

IDS 再编码将基于拆分规则的结构符部件序列转换成按基础部件 Unicode 编码排序的基础部件数组，基础部件数组由基础部件和同一基础部件的数量组成。IDS 再编码后，

① 中国首份《汉字输入发展报告》发布［OL］.［2016-8-16］. http://it.sohu.com/20110614/n310152371.shtml.
② "亍"（U+4E8D），"五"（U+4E94），"口"（U+53E3），"彳"（U+5F73）。

拆分规则对基础部件数组没有影响，仍以"树"（U+6811）为例，"□木对"、"□权寸"、"□木又寸"和"□村又"的转换结果同为"53C8，1；5BF8，1；6728，1"①。

使用基础部件数组进行 IDS 再编码，当汉字中没有重复部件时，编码长度将小幅增加；当汉字中有多个重复部件时，编码长度将减少，以"器"（U+5668）为例，IRG_IDS 为"□叩犬叩"，转换为"53E3，4；72AC，1"②。同时，使用基础部件数组进行 IDS 再编码，将造成重码率提高，以"峰"（U+5668）为例，IRG_IDS 为"□山夆"，转换为"4E30，1；5902，1；5C71，1"③；"峯"（U+5668）为例，IRG_IDS 为"□山夆"，转换为"4E30，1；5902，1；5C71，1"，与"峰"（U+5668）完全相同。

在辅助输入程序中，用户输入 IDS，程序自动将 IDS 转换为基础部件数组。从易学性的角度考量，IDS 再编码使用户输入的自由度大大增加，不必掌握复杂的拆分规则，而重码率的小幅提高对用户影响不大。

从 Unicode7.0 开始，IDS 支持"？"（U+FF1F），即 IDC 之后可以使用"？"，以 IDS_IRG 为例，在 70230 条 IDS 数据中，1812 条数据使用了"？"，替代 UCD 中未包含的部件。若要在辅助输入程序中支持"？"，IDS 再编码数据格式要做进一步的调整。

若在辅助输入程序中支持"？"，当"？"表示基础部件时，相当于通配符"？"；当"？"表示多个基础部件或部件时，相当于通配符"*"。IDS 再编码数据格式调整为总笔画数、基础部件总数和基础部件数组。以"朰"（U+24196）为例，IRG_IDS 为"□？灬"，转换为"6；2；706C，1；FF1F，1"④；"鬺"（U+26628）为例，IRG_IDS 为"□□？勿□？勿"，转换为"20；6；52F9，2；FF1F，4"⑤。

在辅助输入程序中输入包含"？"的字符串，包含 N 个基础部件和 m 个"？"，程序无法判断每个"？"表示单个或多个基础部件，只能先显示基础部件总数等于 N+2 且含有 N 个基础部件的汉字，再显示基础部件总数大于 N+2 且含有 N 个基础部件的汉字，备选汉字的总数可能比较多，按总笔画数排序。

---

① "又"（U+53C8），"寸"（U+5BF8），"木"（U+6728）。
② "犬"（U+72AC），"口"（U+53E3）。
③ "丰"（U+4E30），"夂"（U+5902），"山"（U+5C71）。
④ "灬"（U+706C），"？"（U+FF1F）。
⑤ "勹"（U+52F9），"？"（U+FF1F）。

第七章　IDS 与汉字显示

　　基于动态组字的集外字显示可以实现，但是软件生成的字形与原字的字形有差异，各部件的比例有所差异；组字效果不理想的主要原因在于 IDS 中只描述了文字中的各个部件和部件间的关系，没有描述各部件的大小和相对位置；若部件经过缩放和修正，显示效果有所改善；目前，动态组字的显示仍有待完善，正在不断改进中，与实际应用的要求还有一定的差距[①]。

第一节　汉 字 显 示

　　汉字显示可大致分为两类：静态显示，显示汉字的完整字形；动态显示，模拟汉字书写的字形变化过程。汉字动态显示不属于本书讨论的范围，此处不再赘述。汉字静态显示又可分为两类：有字库显示，通过编码直接调用字库内的字形数据，是目前汉字显示的主流；无字库显示，将字形描述转换成结构、笔画、部件等，动态生成字形数据，也称为动态组字显示。

　　汉字字形库（Chinese character font library）是建立在计算机存储媒体上的汉字的字模数据集合[②]。由外文字体、中文字体以及相关字符的电子文字字体而集合成的集合库被称为字库，是多种智能电子设备上必不可少的组成部分；字库按照语言的种类不同，划分为国外字库、中文字库、形状符号库等；按不同制作生产厂家划分为微软字库、方正字库、汉仪字库、文鼎字库等；按照发展历程划分为 GB 字库、GBK 字库、GB18030 字库等；按照其编码的使用方式划分为 Unicode 编码字库、GB2312 编码字库等[③]。

---

① 肖禹，王昭. 动态组字的发展及其在古籍数字化中的应用 [J]. 科技情报开发与经济，2013(5)：118-121.
② GB/T 12200.1-90，汉语信息处理词汇 01 部分：基本术语 [S]. 北京：中国标准出版社，1990：6.
③ 汪远平. 字库标准符合性检测技术的研究 [D]. 内蒙古大学，2012：4.

庄德明在《汉字数位化的困境及因应：谈如何建立汉字构形资料库》[①]中将中文字型划分为点阵字（Bitmapped Font）和伸缩字（Scalable Font）两大类。陈登梅在《曲线字库自动生成方法的研究》[②]中将字库划分为点阵字库、向量字库和曲线字库。本书将字库分为点阵字库和矢量字库两大类。

一、点阵字库

点阵字库是把每一个汉字都分成 N×M 个点，用每个点的虚实来表示汉字的轮廓；在点阵字库中，每个汉字由一个位图表示，并把它用一个称为汉字掩膜的矩阵来表示，其中的每个元素都是一位二进制数，如果该位为 1 表示字符的笔画经过此位，该像素置为字符颜色，如果该位为 0，表示字符的笔画不经过此位，该像素置为背景颜色；点阵字符的显示分为两步，从字库中将它的位图检索出来，再将检索到的位图写到帧缓冲器中；点阵字库主要用于早期的计算机操作系统、排版系统等，现在主要用于机顶盒、卡拉 OK 点播机、iTV 等专用设备[③]。

点阵字库常见的分辨率为 16×16、24×24、32×32、64×64 等，分辨率越高，字形描述越精确。点阵字库的优点是对设备要求低、显示速度快、便于软件处理等。点阵字库的缺点是数据量大，占用存储空间多；原始分辨率下显示效果较好，放大时产生锯齿失真。

汉字点阵字库国家标准包括《信息技术　汉字编码字符集（辅助集）24 点阵字型宋体》（GB 5007.2-2008）[④]、《信息技术　汉字编码字符集（基本集）24 点阵字型》（GB 5007.1-2010）[⑤]、《信息技术　汉字编码字符集（基本集）15×16 点阵字型》（GB 5199-2010）[⑥]、《信息技术　汉字编码字符集（基本集）32 点阵字型　第 2 部分：黑体》（GB 6345.2-2008）[⑦]、《信息技术　汉字编码字符集（基本集）32 点阵字型　第 3 部分：楷体》（GB 6345.3-2008）[⑧]、《信息技术　汉字编码字符集（基本集）32 点阵字型 第 4 部分：仿宋体》（GB 6345.4-2008）[⑨]、《信息技术 汉字编码字符集（基本集）32 点

[①] 汉字数位化的困境及因应：谈如何建立汉字构形资料库 [OL].[2016-8-16]. http://cdp.sinica.edu.tw/service/documents/T960507.pdf.

[②] 陈登梅 . 曲线字库自动生成方法的研究 [D]. 山东大学，2007：4.

[③] 陈登梅 . 曲线字库自动生成方法的研究 [D]. 山东大学，2007：1-2.

[④] GB 5007.2-2008, 信息技术　汉字编码字符集（辅助集）24 点阵字型　宋体 [S]. 北京：中国标准出版社，2008.

[⑤] GB 5007.1-2010, 信息技术　汉字编码字符集（基本集）24 点阵字型 [S]. 北京：中国标准出版社，2010.

[⑥] GB 5199-2010, 信息技术　汉字编码字符集（基本集）15×16 点阵字型 [S]. 北京：中国标准出版社，2010.

[⑦] GB 6345.2-2008, 信息技术　汉字编码字符集（基本集）32 点阵字型　第 2 部分：黑体 [S]. 北京：中国标准出版社，2008.

[⑧] GB 6345.3-2008, 信息技术　汉字编码字符集（基本集）32 点阵字型　第 3 部分：楷体 [S]. 北京：中国标准出版社，2008.

[⑨] GB 6345.4-2008, 信息技术　汉字编码字符集（基本集）32 点阵字型　第 4 部分：仿宋体 [S]. 北京：中国标准出版社，2008.

阵字型 第1部分：宋体》(GB 6345.1–2010)[①]、《信息技术　汉字编码字符集 (基本集)48 点阵字型 第1部分：宋体》（ GB 12041.1–2010 ）[②]、《信息技术　汉字编码字符集 (基本集)48 点阵字型 第2部分：黑体》（ GB 12041.2–2008 ）[③]、《信息技术　汉字编码字符集 (基本集)48 点阵字型　第3部分：楷体》（ GB 12041.3–2008 ）[④]、《信息技术 汉字编码字符集 (基本集)48 点阵字型　第4部分：仿宋体》（ GB 12041.4–2008 ）[⑤]、《信息技术　汉字编码字符集 (基本集)64 点阵字型　第1部分：宋体　现行》（ GB 14245.1–2008 ）[⑥]、《信息技术　汉字编码字符集 (基本集)64 点阵字型　第2部分：黑体》（ GB 14245.2–2008 ）[⑦]、《信息技术　汉字编码字符集 (基本集)64 点阵字型 第3部分：楷体》（ GB 14245.3–2008 ）[⑧]、《信息技术　汉字编码字符集 (基本集)64 点阵字型 第4部分：仿宋体》（ GB 14245.4–2008 ）[⑨]、《信息技术　通用多八位编码字符集 (CJK 统一汉字)24 点阵字型　第1部分：宋体》（ GB 16793.1–2010 ）[⑩]、《信息技术　通用多八位编码字符集 (CJK 统一汉字)48 点阵字型　第1部分：宋体》（ GB 16794.1–2010 ）[⑪]、《信息技术　通用多八位编码字符集 (CJK 统一汉字)15×16 点阵字型》（ GB 17698–2010 ）[⑫]、《信息技术　通用多八位编码字符集 (基本多文种平面) 汉字 16 点阵字型》（ GB 19966–2005 ）[⑬]、《信息技术　通用多八位编码字符集 (基本多文种平面) 汉字 24 点阵字型　第1部分：宋体》（ GB 19967.1–2005 ）[⑭]、《信息技术　通用多八位编码字符集 (基本多文种平面) 汉字 24 点阵字型　第2部分：黑体》（ GB 19967.2–2010 ）[⑮]、《信息技术 通用多八位编码字符集 (基本多文种平面) 汉字 48 点阵字型 第1

---

① GB 6345.1–2010, 信息技术　汉字编码字符集 (基本集)32 点阵字型　第1部分：宋体 [S]. 北京：中国标准出版社，2010.

② GB 12041.1–2010, 信息技术　汉字编码字符集 (基本集)48 点阵字型　第1部分：宋体 [S]. 北京：中国标准出版社，2010.

③ GB 12041.2–2008, 信息技术　汉字编码字符集 (基本集)48 点阵字型　第2部分：黑体 [S]. 北京：中国标准出版社，2008.

④ GB 12041.3–2008, 信息技术　汉字编码字符集 (基本集)48 点阵字型　第3部分：楷体 [S]. 北京：中国标准出版社，2008.

⑤ GB 12041.4–2008, 信息技术　汉字编码字符集 (基本集)48 点阵字型　第4部分：仿宋体 [S]. 北京：中国标准出版社，2008.

⑥ GB 14245.1–2008, 信息技术　汉字编码字符集 (基本集)64 点阵字型　第1部分：宋体 [S]. 北京：中国标准出版社，2008.

⑦ GB 14245.2–2008, 信息技术　汉字编码字符集 (基本集)64 点阵字型　第2部分：黑体 [S]. 北京：中国标准出版社，2008.

⑧ GB 14245.3–2008, 信息技术　汉字编码字符集 (基本集)64 点阵字型　第3部分：楷体 [S]. 北京：中国标准出版社，2008.

⑨ GB 14245.4–2008, 信息技术　汉字编码字符集 (基本集)64 点阵字型　第4部分：仿宋体 [S]. 北京：中国标准出版社，2008.

⑩ GB 16793.1–2010, 信息技术　通用多八位编码字符集 (CJK 统一汉字)24 点阵字型　第1部分：宋体 [S]. 北京：中国标准出版社，2010.

⑪ GB 16794.1–2010, 信息技术　通用多八位编码字符集 (CJK 统一汉字)48 点阵字型 第1部分：宋体 [S]. 北京：中国标准出版社，2010.

⑫ GB 17698–2010, 信息技术　通用多八位编码字符集 (CJK 统一汉字)15×16 点阵字型 [S]. 北京：中国标准出版社，2010.

⑬ GB 19966–2005, 信息技术　通用多八位编码字符集 (基本多文种平面) 汉字 16 点阵字型 [S]. 北京：中国标准出版社，2005.

⑭ GB 19967.1–2005, 信息技术　通用多八位编码字符集 (基本多文种平面) 汉字 24 点阵字型　第1部分：宋体 [S]. 北京：中国标准出版社，2005.

⑮ GB 19967.2–2010, 信息技术　通用多八位编码字符集 (基本多文种平面) 汉字 24 点阵字型　第2部分：黑体 [S]. 北京：中国标准出版社，2010.

部分：宋体》（GB 19968.1−2005）①、《信息技术 中文编码字符集汉字 15×16 点阵字型》（GB 22320−2008）②、《信息技术　中文编码字符集汉字 48 点阵字型　第 1 部分：宋体》（GB 22321.1−2008）③、《信息技术　中文编码字符集汉字 24 点阵字型　第 1 部分：宋体》（GB 22322.1−2008）④、《信息技术　通用多八位编码字符集（基本多文种平面）汉字 32 点阵字型　第 1 部分：宋体》（GB 25899.1−2010）⑤、《信息技术　通用多八位编码字符集（基本多文种平面）汉字 32 点阵字型　第 2 部分：黑体》（GB 25899.2−2010）⑥、《信息技术　通用多八位编码字符集（基本多文种平面）汉字 17×18 点阵字型》（GB 30878−2014）⑦、《信息技术　通用多八位编码字符集（基本多文种平面）汉字 22 点阵字型　第 1 部分：宋体》（GB 30879.1−2014）⑧、《信息技术　通用多八位编码字符集（基本多文种平面）汉字 22 点阵字型　第 2 部分：黑体》（GB 30879.2−2014）⑨等。

二、矢量字库

不同于点阵字库，矢量字库用点、线等数学描述来表示汉字的轮廓，在显示或打印时，要先经过一系列数学运算才能获得字形数据，矢量字理论上可以无限放大，而不发生锯齿失真。矢量字库又可分为直线字库和曲线字库。

（一）直线字库

直线字库是将字形中的关键点用直线段连结来描述汉字轮廓。直线字库是在点阵字库的基础上发展而来的，从高精度点阵字形中选取最能描述字形特征的点作为关键

---

① GB 19968.1−2005, 信息技术　通用多八位编码字符集（基本多文种平面）汉字 48 点阵字型　第 1 部分：宋体 [S]. 北京：中国标准出版社，2010.

② GB 22320−2008, 信息技术　中文编码字符集汉字 15×16 点阵字型 [S]. 北京：中国标准出版社，2008.

③ GB 22321.1−2008, 信息技术　中文编码字符集汉字 48 点阵字型　第 1 部分：宋体 [S]. 北京：中国标准出版社，2008.

④ GB 22322.1−2008, 信息技术　中文编码字符集汉字 24 点阵字型　第 1 部分：宋体 [S]. 北京：中国标准出版社，2008.

⑤ GB 25899.1−2010, 信息技术　通用多八位编码字符集（基本多文种平面）汉字 32 点阵字型　第 1 部分：宋体 [S]. 北京：中国标准出版社，2010.

⑥ GB 25899.2−2010, 信息技术　通用多八位编码字符集（基本多文种平面）汉字 32 点阵字型　第 2 部分：黑体 [S]. 北京：中国标准出版社，2010.

⑦ GB 30878−2014, 信息技术　通用多八位编码字符集（基本多文种平面）汉字 17×18 点阵字型 [S]. 北京：中国标准出版社，2014.

⑧ GB 30879.1−2014, 信息技术　通用多八位编码字符集（基本多文种平面）汉字 22 点阵字型 第 1 部分：宋体 [S]. 北京：中国标准出版社，2014.

⑨ GB 30879.2−2014, 信息技术　通用多八位编码字符集（基本多文种平面）汉字 22 点阵字型　第 2 部分：黑体 [S]. 北京：中国标准出版社，2014.

点，用再直线段连接生成字型轮廓；直线字库具有美观、变换方便、存储量与汉字大小无关、适度放大时依然能够保证字形的质量（字体越大字形质量越高）等优点 ①。

但是汉字轮廓中包含大量的曲线，用直线段近似表示就会产生锯齿效应，使得字形轮廓不够平滑，放大后尤为明显。此外，直线字库的存储量大，且随着字体增多、字号增多，存储量急剧膨胀；究其原因，由于用直线段描述字型轮廓，在描述曲线时，为了获得较好的结果就大量采用短小的直线段，这就造成在字形轮廓的拐弯处点较密集，从而增大了数据量 ②。

由于直线字库存在上述问题，已经被曲线字库所取代，此处不再赘述。

（二）曲线字库

曲线字库用直线和贝塞尔曲线的集合来描述字形轮廓，轮廓线构成一个或若干个封闭的平面区域，轮廓线定义加上一些指示横宽、竖宽、基点、基线等控制信息就构成了字符的压缩数据；由于曲线字库中引入了曲线段，对字体每一部分的描述都能达到无限的逼近，字形轮廓精度高、效果特好，曲线信息的描述量大幅度降低；曲线字库变换方便，可以任意放大、缩小及花样变化，而且是信息的无损显示，多级放大也不会存在传统的毛刺、折线、锯齿现象，字体美观漂亮 ③。

曲线字库的主要格式有 PostScript、TrueType 和 OpenType。

1. PostScript

PostScript 基于 PDL（PostScript Description Language，PostScript 描述语言），根据用途及轮廓数据格式的不同分为 Type0、Type1、Type2、Type3、Type4、Type5、Type42 等 ④。目前，Type1 应用最为广泛；1985 年，Adobe 公司提出 Type1，Type1 使用三次贝塞尔曲线来描述字形；Type1 是非开放字体，必须付费使用。

与 TrueType 相比，Type1 的字体更加精确美观，占用的存储空间更少；由于大部分打印机使用 PDL，Type1 字体打印时速度快、不形变 ⑤。

2. TrueType

TrueType 是 1991 年由 Apple 公司与 Microsoft 公司联合推出，使用二次贝塞尔曲线来描述字形，具有字形构造、颜色填充、数字描述函数、流程条件控制、栅格处理控制、附加提示控制等指令 ⑥。

① 陈登梅 . 曲线字库自动生成方法的研究 [D]. 山东大学，2007：1-2.
② 李德生 . 曲线字库生成系统的研究与实现 [D]. 山东大学，2006：11.
③ 陈登梅 . 曲线字库自动生成方法的研究 [D]. 山东大学，2007：4.
④ POSTSCRIPT 字体格式——CID-KEYED [OL].[2016-8-16].http://www.chinabaike.com/t/9791/2013/0622/1268344.html.
⑤ 矢量字体 [OL].[2016-8-16].http://baike.baidu.com/link?url=3T4pl6HqHtfQgRet8kL8yo5pzHipU3X7zlU2SVIieI0yju7jfJ_p0F0Xu2M6wS37H8cTNqjsj93C9F_rdqJ9uK.
⑥ TrueType 字体 [OL].[2016-8-16].http://baike.baidu.com/link?url=Y3UkDCIPnk29C7kxpKbzD2VeEGX_DWHoya1_aymE0h3hIVxlbhF3wm6BeRzHv6B-mmgRtdqNM0yp8pvMx5ThhH1-eH-s_qv0TniOe8kBcQUN5scti0byGr4CnH5KeePp.

与 Type1 相比，TrueType 的字体方程的比较简单，在屏幕上渲染速度快，且字体边缘光滑，美观漂亮；TrueType 的操作系统兼容性较好 ①。

3. OpenType

OpenType 由 1995 年由 Microsoft 公司和 Adobe 公司联合推出，兼容 Type1 和 TrueType，支持多平台和大字符集，还有版权保护；OpenType 标准还定义了 OpenType 文件的扩展名，包含 TureType 字体的 OpenType 文件扩展名为 TTF，包含 PostScript 字体的 OpenType 文件扩展名 OTF，包含 TrueType 字体包的 OpenType 文件扩展名为 TTC②。

OpenType 是 Type1 与 TrueType 之争的最终产物；OpenType 可以嵌入 Type1 和 TrueType 就兼有了二者的特点，无论是在屏幕上察看还是打印，质量都非常优秀；OpenType 是一个三赢的结局，无论是 Adobe、Microsoft 还是最终用户 ③。

第二节　基于 IDS 的汉字显示

IDS 是基于部件的汉字特征描述，只描述了汉字的结构和部件，未描述各部件的大小和具体位置，理论上不能直接用于汉字显示。若要将 IDS 用于汉字显示，就要确定 IDS 的显示规则，并开发支持动态组字显示的软件；若要实现较好的显示效果，就要在 IDS 的基础上加入与字形显示相关的信息。目前，IDS 在汉字显示领域的直接或间接应用都比较少，究其原因，主要是因为 IDS 描述字形的不完整性。

一、动态组字 JavaScript Demo

动态组字 JavaScript Demo 是基于构字式的汉字显示程序。构字式与 IDS 都是基于部件的字形描述，两者的结构符不同，详见第四章和第五章，因此，动态组字 JavaScript Demo 可以在本节作为讨论的案例。

---

① 矢量字体［OL］.［2016-8-16］.http://baike.baidu.com/link?url=3T4pl6HqHtfQgR.et8kL8yo5pzHipU3X7zlU2SVIieI0yju7jfJ_p0F0Xu2M6wS37H8cTNqjsj93C9F_rdqJ9uK.
② OpenType［OL］.［2016-8-16］.http://baike.baidu.com/link?url=v7_TghFwkux3L2kXx1yWHRFW8gYJSs3w1I7GrapBLuWdgOoFNSF8KY_Z-D9X9AIhoZTxukf7vaDtG2KDwbsvTCZiVXPfC6vCZd_q7WnPF8K.
③ 矢量字体［OL］.［2016-8-16］.http://baike.baidu.com/link?url=3T4pl6HqHtfQgR.et8kL8yo5pzHipU3X7zlU2SVIieI0yju7jfJ_p0F0Xu2M6wS37H8cTNqjsj93C9F_rdqJ9uK.

动态组字 JavaScript Demo 通过调用服务器上的组字程序和数据库来实现网页缺字显示，工作原理类似于 Ω/CHISE[①]。动态组字 JavaScript Demo 定义了 3 个函数[②]：

1）processPage 用于转换整个页面内的构字式，语法如下：

$$processPage（颜色，\ 大小，\ '左括号'，'右括号'，\ 字体）；$$

其中颜色用于定义字体颜色，格式为英文颜色单词（如 red、blue 等）或 #RRGGBB（R、G、B 各为 16 進位數字，如：#1BA032）；大小用于定义字体大小，默认值为 12；左括号和右括号用于不使用构字的缺字转换，例如"［方方土］"；字体用于定义字体种类，可选择则 Mingliu（细明体）或 DFKai-sb（标楷体），默认值为细明体。

2）processObject 用于指定区域内的构字式，语法如下：

$$processObject（指定区域，颜色，\ 大小，\ '左括号'，'右括号'，\ 字体）；$$

其中指定区域用于定义缺字转换的区域，使 <div>、 的 html 语法；其他参数同 processPage。

3）processText 用于转换指定的含构字式字符串，语法如下：

$$processText（含构字式字符串，颜色，\ 大小，\ '左括号'，'右括号'，\ 字体）；$$

其中含构字式字符串为包含构字式的字符串；其他参数同 processPage。

网页代码如下：

```html
<html xmlns="http://www.w3.org/1999/xhtml">
<head>
    <meta http-quuiv="Content-Type" content="text/html;chaset=UTF-8">
    <SCRIPT        src="http://char.iis.sinica.edu.tw/API/ics.js"        language="javascript"
type="text/javascript"></SCRIPT>
</head>
<body>
    <table border="0">
        <tr>
            <td><h1> 树（▦木又寸）</h1></td>
            <td> </td>
            <td> 木 ⅏ 又 ⅏ 寸 </td>
```

① Ω/CHISE:A Typesetting Framework based on the Character Information Service Environment ［OL］.［2016-8-16］.http://coe21.zinbun.kyoto-u.ac.jp/papers/ws-type-2003/077-Omega-CHISE.pdf.

② 缺字系统 JavaScript Demo ［OL］.［2016-8-16］.http://char.ndap.org.tw/demo_JavaScript/usage.htm.

```
        </tr>
        <tr>
                <td><h1> 树（□木对）</h1></td>
                <td> </td>
                <td> 木 ⚠ 对 </td>
        </tr>
        <tr>
                <td><h1> 树（□□权寸）</h1></td>
                <td> </td>
                <td> 权 ⚠ 寸 </td>
        </tr>
</body>
</html>
<SCRIPT language="JavaScript">
    processPage('blue', '64', '[', ']', 'DFKai-sb');
</SCRIPT>
```

在浏览器中的显示效果如图 7-1 所示，更多的动态组字显示效果如图 7-2 所示。

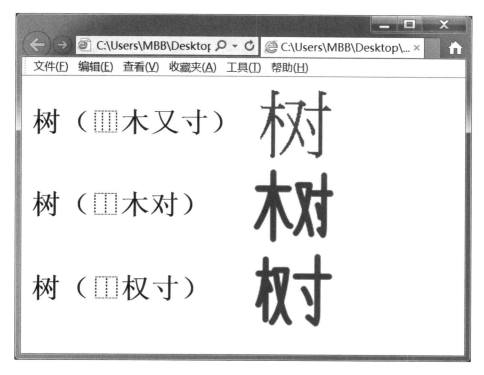

图 7-1　动态组字显示效果图

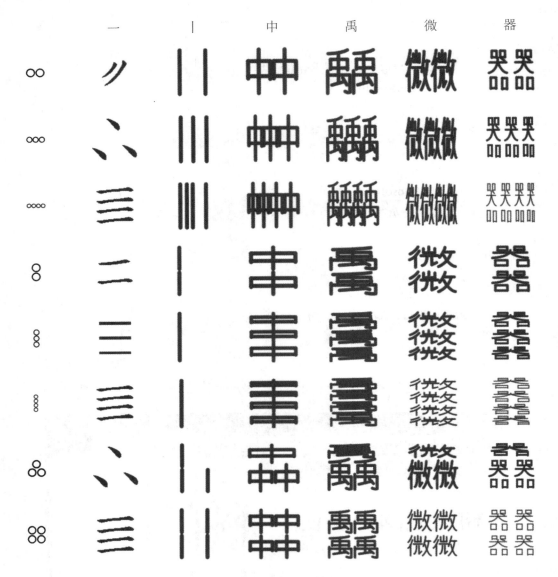

图 7-2　动态组字显示效果图 2

二、动态组字生成器

2003 年，易符科技发表"易符无限组字编辑器"①，以 2.0.2 版为例，该工具基于 IDS，支持水平合并、垂直合并、包含合并和自动拆分，如图 7-3 所示；支持合成字形和 IDS 的随意切换，如图 7-4 所示；若合成字形为集内字，可转换成字库内的字形。该软件的操作较为简单，通过多次拆分与合并可以生成各种复杂字形，以"🐛"为例，

① 无限组字编辑器使用说明［OL］.［2016-8-16］. http://www.ksana.tw/ccg_help/.

在软件中输入"进"；按 Ctrl D 进行拆字，将"进"拆成"辶隹"；按住 Shift 不放，再按向左的箭头键，将"隹"反白，再按 Ctrl X 剪下"隹"备用；输入"寶"；按 Ctrl D 将"寶"字拆成"宀珤貝"，此时游标停在"珤"和"貝"之间；按 Ctrl V，将刚才所剪下的"隹"插入；按向右键，将游标右移，使其跳过"貝"，来到列尾，然后输入"招"，此时的输入列有"辶宀珤隹貝招"；按 Ctrl H 进行左右合并，将"貝招"两字合并为"▯貝招"；再按 Ctrl H，进行左右合并，将「隹」从右并入，变成"▯隹▯貝招"；按 Ctrl T 进行上下合并，从上将"珤"串下，变成"▯珤▯隹▯貝招"；再按 Ctrl T，进行上下合并，把"宀"串下，变成"▯宀▯珤▯隹▯貝招"；最后按 Ctrl E，进行包含合并，从外用"辶"包起来，最终形成"▯辶▯宀▯珤▯隹▯貝招"[①]。专业用户可以直接输入"▯辶▯宀▯珤▯隹▯貝招"，按 Ctrl M 切换为组字字形。更多的动态组字显示效果如图 7-5 所示。

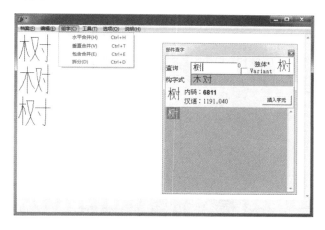

图 7-3　易符无限组字编辑器 GUI

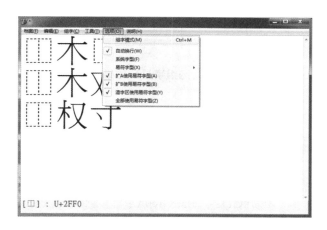

图 7-4　易符无限组字编辑器 GUI2

[①] 肖禹，王昭 . 动态组字的发展及其在古籍数字化中的应用〔J〕. 科技情报开发与经济，2013(5)：118-121.

Yet Ara remained outwardly composed

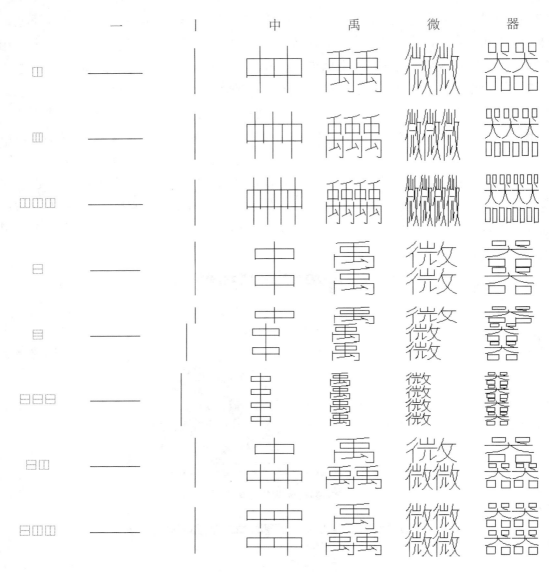

图 7-5   动态组字显示效果图 3

三、IDS 应用于汉字显示

IDS 及其他基于部件的汉字显示方法只是实现动态组字的一类方法，还有一类是基于笔画的动态组字方法，例如 CDL、HanGlyph 语言、KanjiVG、SCML 等。基于笔画的汉字显示方法通常要描述笔画类型、笔画起点、终点、关键点、交叉点、在字形中的位置等信息，还要定义专用的笔画集，CDL 定义了 39 种笔画（详见附件六），CDL 定义了 39 个笔画（详见附件六），HanGlyph 语言定义了 41 种笔画（详见附件七），而楷书汉字笔形仅有 34 种（主笔形有 5 种，附属笔形有 29 种，如表 2-10 所示）。基于笔画的汉字显示方法都比较复杂，显示效果一般，而且很难标准化。

基于 IDS 的汉字显示也存在显示效果一般的问题，如图 7-2 和图 7-5 所示，究其原因，主要在于 IDS 只描述了字形结构和部件，缺少部件大小、部件位置、部件变形等与显示密切相关的信息。

（一）定位

苏卉君在《互联网汉字字型设计研究》[①] 中指出字库的制作是一个工程，它需要大量专业的人员分工合作，集体劳动，字库的制作工作相当烦琐；点阵字库设计要求单线笔画、均匀饱满、均匀对称、字型饱满、艺术处理（减少笔画、和二为一、结构相接、省略笔画）等；矢量字库设计包括准备工作（字稿、扫描、数字化拟合、修字、质检、整合成库、测试）、造字（直接绘制法、组合法、复制法）等。字库设计既要考虑字体的问题（汉字构形），又要考虑书体的问题（艺术风格），需要在汉字字形的基础上加入艺术设计。目前，基于部件或笔画的动态组字显示效果与字库字形仍有较大的差距。

因此，动态组字只能作为字库字形显示的补充，用于显示集外字，且字形的精度不高。由于 IDS 只描述了字形结构和部件，缺少字形显示所需的细节信息，不宜直接用于动态组字显示，应加入部件大小、部件位置、部件变形等信息。

（二）显示编码

IDS 由结构符和部件组成，结构符粗略描述了字形结构，部件通常在字符集内或使用私用区，包含构形信息。以 IDS 为基础设计显示编码，复用 IDS 中与字形相关的信息，再加入与字形细节相关的信息。

基于 IDS 的显示编码是字形的简化描述，其理论基础是组成汉字的部件之间的空间关系有相离关系、相接关系和相交关系，而 IDS 的部件间空间关系只有相离关系和相接关系，具有相交关系的多个部件作为一个 IDS 的部件，不做拆分。

基于 IDS 的显示编码包括基础框架和显示参数。

1. 基础框架

基础框架是显示编码的基础，包括结构框架和部件框架，格式为"IDS（IDC；部件；参数）"。假设汉字占据 N×N 的区域，IDS 的第一个 IDC 占据 l×m 的区域，如图 7-6 所示，参数详见"显示参数"部分。

---

① 苏卉君. 互联网汉字字型设计研究 [D]. 西安理工大学，2008.

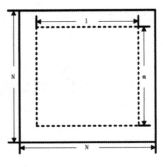

图 7-6　基本框架示意图

（1）结构框架

结构框架用于描述字形结构信息，以 IDC 为基础，格式为"IDC（类型；参数）"，类型为 IDC 的 Unicode 编码，参数详见"显示参数"部分。结构框架可分为三类：

其一，并列结构，包括□（U+2FF0）、□（U+2FF1）、□（U+2FF2）和□（U+2FF3）。如图 7-7 所示。

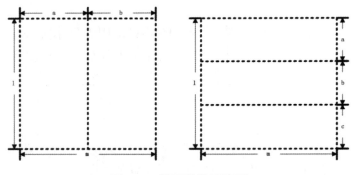

图 7-7　并列结构示意图

其二，包围结构，包括□（U+2FF4）、□（U+2FF5）、□（U+2FF6）、□（U+2FF7）、□（U+2FF8）、□（U+2FF9）和□（U+2FFA）。如图 7-8 所示。

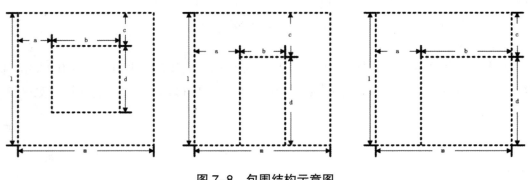

图 7-8　包围结构示意图

其三，交叉结构，即▣（U+2FFB）。如图 7-9 所示，图中的点为部件的几何中心，用坐标表示。

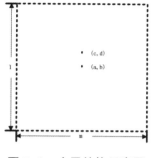

图 7-9 交叉结构示意图

（2）部件框架

部件通常在字符集或私用区内，同样假设每个部件占据 N×N 的区域，通过边缘检测可以获得部件占据的实际区域，如图 7-10 所示。部件框架用于描述部件的字形信息，格式为"部件（名称；参数）"，部件名称为部件在字符集或私用区内的编码，参数详见"显示参数"部分。部件框架如图 7-11 所示。

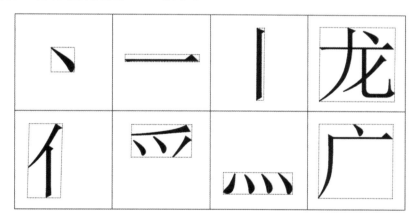

图 7-10 部件示意图

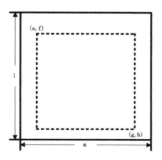

图 7-11 部件框架示意图

2. 显示参数

基于 IDS 的显示编码的基础框架格式为"IDS（IDC（类型；参数）；部件（名称；参数）；参数）"，其中包含一系列参数，可称之为显示参数。显示参数可分为结构参数和部件参数。

（1）结构参数

结构参数是一系列与字形结构相关的参数，包括 o、p、q、r、l、m、a、b、c 和 d，取值范围在 0 至 1 之间。

o、p、q 和 r 为一组，用于描述第一个 IDC 所占据区域，其中 (o，p) 表示第一个 IDC 所占据区域的左上角，(q，r) 表示右下角；l、m 为一组，描述 IDC 所占据区域的高和宽；a、b、c 和 d 为一组，描述 IDC 的结构细节，如图 7-7、图 7-8 和图 7-9 所示，若本组中只是用 2 个或 3 个参数，未使用参数的值设为"NULL"。

（2）部件参数

部件参数是一系列与部件字形相关的参数，包括 e、f、g、h、i、j、k、s 和 t。e、f、g、h、i、j 的取值范围在 0 至 1 之间，k 的值为 Unicode 编码或私用区编码，s、t 的值为 0、1 或 2。

e、f、g 和 h 为一组，用于描述部件的原始尺寸，其中 (e，f) 表示部件所占据区域的左上角，(g，h) 表示右下角，如图 7-11 所示；i 和 j 为一组，描述部件的形状变化，其中 i 表示水平方向的伸缩，j 表示垂直方向的伸缩；k 为一组，描述部件的字形变化；s 和 t 为一组，描述部件相对于所占据区域位置的变化，其中 s 表示水平方向的位置变化（可选值"0"表示偏左；"1"表示居中；"2"表示偏右），t 表示垂直方向的位置变化（可选值"0"表示偏上；"1"表示居中；"2"表示偏下）。

在部件参数中，有两点需要特别说明：

其一，k 描述部件的字形变化，非 i、j 描述的部件几何形状变化（缩放），取值为字形变化前部件的 Unicode，若部件字形无变化，取值为"NULL"，如表 7-1 所示。

表 7-1　部件参数 k 示例表

部件	Unicode	k	例字	部件	Unicode	k	例字
王	U+738B	NULL	汪	𤣩	U+2EA9	738B	珀
木	U+6728	NULL	沐	朩	U+F292	6728	杭
雨	U+96E8	NULL	翩	🈂	U+2ED7	96E8	霓
鬼	U+9B3C	NULL	槐	鬼		9B3C	魅

其二，s、t 描述部件相对于所占据区域位置的变化，这种描述方式并不精确，但能

够满足字形显示的需求。以图 7–12 为例，市（U+5E02，IDS 为"⿱亠巾"）的部件"巾"s值为"1"，t值为"1"；⿱（U+250F0，IDS 为"⿱亠目"）的部件"巾"s 值为"1"，t 值为"2"。若需要精确描述，可用参数 st_e、st_f、st_g、st_h 来代替 s、t，用于描述汉字中的部件所占据的区域，其中（st_e，st_f）表示部件所占据区域的左上角，(st_g，st_h) 表示右下角。

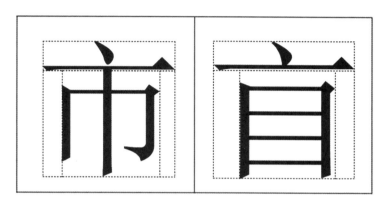

图 7–12　部件框架示例图

（3）参数获取

在上述参数中，k 需要手工输入；e、f、g、h 可通过边缘检测程序自动获取；其他参数通过"IDS 编辑工具"的简单操作，即可获取，如图 7–13 和图 7–14 所示，该程

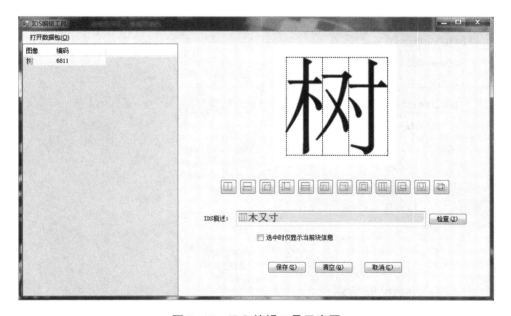

图 7–13　IDS 编辑工具示意图

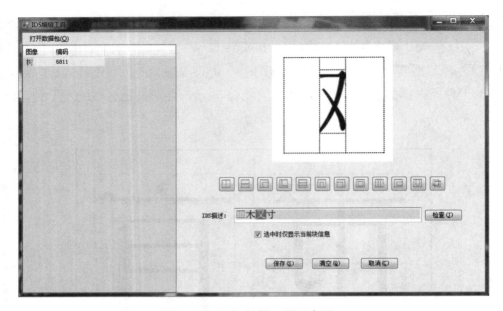

图 7-14   IDS 编辑工具示意图 2

序运行结果为下列 XML：

```xml
<?xml version="1.0"?>
<IDSInfo                          xmlns:xsi="http://www.w3.org/2001/XMLSchema-instance"
xsi:noNamespaceSchemaLocation="IDSInfo.xsd">
    <Chars>
      <CharIDSInfo>
        <code>6811</code>
        <ids> ⿴木又寸 </ids>
        <parameter numIDC="1" numComponent="3">
            <p_ids>
                <o>0.1</o>
                <p>0.1</p>
                <q>0.92</q>
                <r>0.92</r>
            </p_ids>
            <p_idc    id="1">
                <l>0.82</l>
                <m>0.82</m>
                <a>0.3</a>
                <b>0.22</b>
```

```
        <c>0.32</c>
        <d>NULL</d>
    </p_idc>
    <p_component  id="1">
        <e>0.14</e>
        <f>0.14</f>
        <g>0.86</g>
        <h>0.86</h>
        <st_e/>
        <st_f/>
        <st_g/>
        <st_h/>
        <i>0.417</i>
        <j>0.878</j>
        <k/>
        <s>1</s>
        <t>1</t>
    </p_component>
    <p_component  id="2">
        <e>0.14</e>
        <f>0.18</f>
        <g>0.86</g>
        <h>0.82</h>
        <st_e>0.4</st_e>
        <st_f>0.22</st_f>
        <st_g>0.62</st_g>
        <st_h>0.76</st_h>
        <i>0.306</i>
        <j>0.78</j>
        <k/>
        <s>1</s>
        <t>1</t>
    </p_component>
    <p_component  id="3">
        <e>0.14</e>
        <f>0.14</f>
        <g>0.86</g>
        <h>0.86</h>
```

```
                <st_e/>
                <st_f/>
                <st_g/>
                <st_h/>
                <i>0.444</i>
                <j>0.878</j>
                <k/>
                <s>1</s>
                <t>1</t>
            </p_component>
        </parameter>
      </CharIDSInfo>
    </Chars>
  </IDSInfo>
```

3. 显示效果

　　基于 IDS 的显示编码的格式为"IDS（IDC（类型；l，m，a，b，c，d）；部件（名称；e，f，g，h，i，j，k，s，t）；o，p，q，r）"，仍以"树"（U+6811）为例，显示编码为"IDS（IDC（2FF2；0.82，0.82，0.3，0.22，0.32，NULL）；部件（6728；0.14，0.14，0.86，0.86，0.417，0.878，6728，1，1）；部件（53C8；0.14，0.18，0.86，0.82，0.306，0.78，NULL，1，1）；部件（5BF8；0.14，0.14，0.86，0.86，0.444，0.878，NULL，1，1）；0.1，0.1，0.92，0.92）"，或"IDS（IDC（2FF2；0.82，0.82，0.3，0.22，0.32，NULL）；部件（F292；0.14，0.18，0.48，0.9，0.882，0.878，6728，1，1）；部件（E186；0.16，0.26，0.52，0.84，0.611，0.707，53C8，1，1）；部件（5BF8；0.14，0.14，0.86，0.86，0.444，0.878，NULL，1，1）；0.1，0.1，0.92，0.92）"，显示效果如图 7-14 所示。更多的动态组字显示效果如图 7-15 所示。

图 7-15　动态组字显示效果图 4

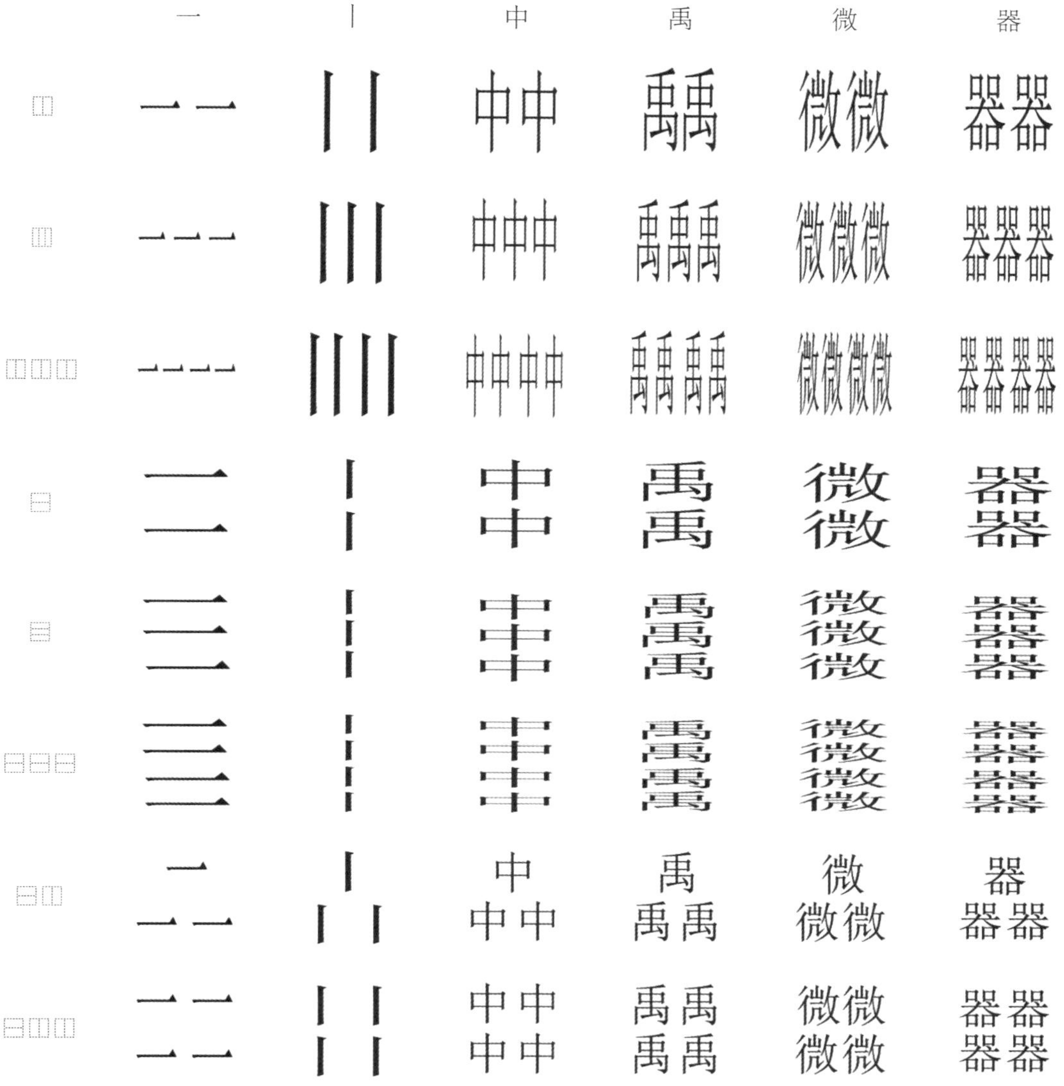

	一	丨	中	禹	微	器
□	一一	丨丨	中中	禹禹	微微	器器
□	一一一	丨丨丨	中中中	禹禹禹	微微微	器器器
□□□	一一一一	丨丨丨丨	中中中中	禹禹禹禹	微微微微	器器器器
□	二	丨	中中	禹禹	微微	器器
□	三	丨	中中	禹禹	微微微	器器
□□□	三	丨	中中中	禹禹禹	微微微微	器器器
□□□	一一一	丨丨	中中	禹禹	微微	器器
□□□□	一一一	丨丨	中中 中中	禹禹 禹禹	微微 微微	器器 器器

图 7-16 动态组字显示效果图 5

第八章 IDS 与集外字处理

　　经过近三十年的发展，古籍数字化的研究与实践取得了丰硕的成果，产生一大批有影响的古籍数字化项目，这些项目已经可以实现检索和浏览功能，但是在文字处理方面还有所欠缺。古籍中大量的避讳字、异体字、少数民族文字、（手抄本中的）草体字都在一定程度上限制了古籍数字化的转换和检索[①]。

　　我国现存的古籍数量众多、版本多样、内容丰富，涉及的时间跨度大、地域范围广，古籍的用字情况非常复杂。而字符集主要收录楷书字，且收字尚不完备，无法完全满足古籍数字化的需求，集外字大量存在。以国家图书馆数字方志项目的文字录入实验为例，选取明至民国间刻印的方志 100 种（50000 余筒子页），文字总量超过 2 千万字，完全按字形比对，集内字只占 38%，除了少量模糊字外（低于 0.5%），其余都是集外字[②]。

第一节 集外字处理

　　之所以以古籍数字化工程为背景讨论集外字处理问题，原因有三：其一，集外字是一个相对概念，与字符集和用字范围直接相关，若以 Unicode 为字符集标准，大规模古籍数字化工程的用字范围最大；其二，在古籍数字化工程中，集外字大量存在，集外字处理问题无法回避；其三，集外字无法直接输入、处理和显示，必须采用其他的技术和方法，相关的研究与实践还存在诸多问题。

---

① 陈力. 中文古籍数字化的再思考 [J]. 国家图书馆学刊，2006（2）：42–49.
② 肖禹. 古籍数字化中的集外字处理问题研究 [J]. 图书馆研究，2013（5）：27–30.

一、集外字处理方法

无论是采用手工输入（如键盘录入等），还是其他软件自动识别方法（如 OCR、语音识别等），集外字都无法直接输入，必须引入专门的集外字处理方法。若采用人工录入方法，集外字处理过程可以融入到文字录入过程中，既可以加入专门的软件工具，又可以进行必要的人员培训；而采用软件自动识别方法，集外字处理过程只能部分固化在软件中，还需要一定量的后期人工干预。

常见的集外字处理方法有替换法、造字法、贴图法、描述法等。

（一）替换法

替换法是将集外字替换为字符集内的文字或符号，可分为两类：

集外字认同，将集外字认同为集内字，通常情况下是将异体字认同为正体字。集外字认同非本书讨论的重点，此处不再赘述。

符号替换，将集外字替换为统一的字符集中的某个符号，常用的替换符号有"□"（U+25A1）、"■"（U+2588）等。符号替换是古籍整理中的常用方法，但是在古籍数字化项目中使用又存在一些问题：其一，"□"、"■"等符号是古籍中的常用符号，若集外字也替换为这些符号，用户无法区分这些符号是原书中有的，还是数字化过程中加入的；其二，原书中的"□"、"■"等符号对某些用户而言可能有检索意义，若大量集外字也转换为这些符号，检索工具无法区分这些符号的意义，检索结果也就失去了意义；其三，用"□"、"■"等符号来替换集外字，未能留下集外字的字形信息，不利于全文数据后续的整合与维护。

除了"□"、"■"等符号，在一些古籍数字化项目中，"〓"（U+3013）作为替换符号，"〓"是表意字替代符号，在古籍中不会出现，但是它的外形与"⚌"（U+268C）相似，也有可能造成混淆，如表 8-1 所示。此外，若原书中连续出现多个集外字，使用"〓"替换后，不符合用户的阅读习惯，影响全文数据的显示效果，如图 8-1 所示。

表 8-1　符号说明表

Unicode 编码	符号	符号描述	符号所代表的意义
U+268C	⚌	268C　⚌　DIGRAM FOR GREATER YANG	易经符号"太阳"
U+3013	〓	3013　〓　GETA MARK • substitute for ideograph not in font • editorial convention to represent ideographic lacuna → 25A1 □ white square	表意字替代符号

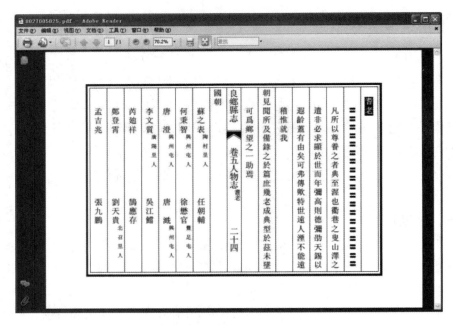

图 8-1　全文数据版式还原样例图

因此，符号替换法常见于早期数字化项目和低成本数字化项目。目前，通常将"═"用作占位字符，即在文本数据中用"═"替换单个集外字，集外字还要用贴图法或描述法处理。

（二）造字法

造字法是将集外字替换为字符集自定义区中的文字，自定义区中的文字称为自造字。

造字法必须要使用字符集的自定义区，以 Unicode 为例，私用区（U+E000 至 U+E8FF）、增补私用 A 区（U+F0000 至 U+FFFFD）和增补私用 B 区（U+100000 至 U+10FFFD）共有 137468 个码位。虽然 Unicode 字符集有较多的码位可供造字使用，但是如果将古籍中出现的所有字形，不做必要的文字规范，也不区分字体、书体，只要字形与字符集中的字形有差异，就简单地做造字处理，这些码位也会很快耗尽。以国家图书馆数字方志项目为例，受系统限制，只能使用私用区（U+E000 至 U+E8FF），自定义编码上限为 6400，第一期（全文化旧志[①]50 万筒子页）为例，共使用自定义编码 4778 个，项目第二期（全文化旧志 40 万筒子页）进行到一半时，6400 个自定义编码已经用尽，只能对上一期的自定义编码进行再次筛选，去掉使用率较低的自定义编码。

---

① 1949 年以前编纂或出版的地方志。

同时，Unicode 对私用区基本没有限制，不同的古籍数字化项目对私用区的使用可能完全不同，同一个自定义编码在不同的项目中表示不同的字形，若同时使用这些古籍数字化项目，将发生私用区编码冲突，造成文字编码错误。对用户而言，为了正常显示和检索自造字，必须要在本机上安装字库和输入法软件。因此，造字法给全文数据应用和维护留下隐患，也给用户使用带来了额外的负担和风险。

在古籍数字化工程中，造字过程通常是先收集集外字的字形数据（图像）和描述信息，根据字形数据的识别特征或描述信息统计使用频率，对使用频率高的集外字做造字处理，并与输入法或 OCR 程序关联。通过上述过程不难看出，造字的依据是集外字的使用频率，而使用频率统计根据项目统计，统计结果受项目用字范围、字库选择、文字描述精度等诸多因素的影响，不同项目之间字频统计结果相差很大，如表 2-4 和表 2-5 所示。仍以国家图书馆数字方志项目为例，第一期使用自定义编码 4778 个，第二期使用自定义编码了 3009 个，两者重合部分只有 1905 个，重复率为 39.15%。这是同一个项目的两个阶段，使用的字库和文字描述精度相同，用字范围相似。若是两个完全不同的项目，自定义编码的重合度可能更低。如果要对多个项目进行整合，必须要处理大量的自定义编码，而不同项目的自定义编码重合度较低，将给数据整合带来巨大的挑战，也大大提高了全文数据使用和维护的成本。数字方志项目第一至三期造字实例如附录九所示。此外，若使用造字法处理集外字，必须有集外字管理、输入法管理、字频统计、造字等一系列工具。

不仅如此，Unicode 中标准的自定义编码区为 U+E000 到 U+F8FF，只能容纳 6400 个自定义编码，对于大型数字化项目是远远不够的。若使用空置的保留区域来放置自定义编码，当字符集版本升级时，这些保留区域可能被其他编码占用，自定义编码必须迁移到其他区域，否则，全文数据中将出现大量文字和符号编码错误，影响全文数据的正确率。

因此，造字法常见于早期数字化项目和小型数字化项目。

（三）贴图法

贴图法是将集外字替换图像数据，图像数据保留了集外字的字形特征，增强了全文数据的显示效果。在古籍数字化工程中，使用贴图法需要图像的采集、处理、存储等加工软件的支持。贴图法的数据描述称为贴图数据。

图像数据可分为两类：原始图像数据和二值化图像数据。古籍图像通常为灰度或真彩模式，若直接用于贴图法，当一页中有多个集外字，原书用纸的颜色较深，显示效果较差，如图 8-2 所示。若采用二值化图像，即将原始图像转换为二值模式，显示效果如图 8-3 所示。若适当调节二值化的阈值，显示效果可以更好。

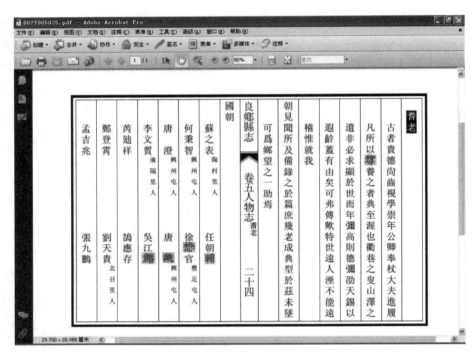

图 8-2　集外字贴图样例

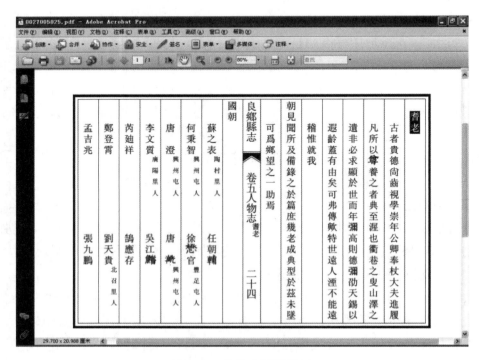

图 8-3　集外字贴图样例

贴图数据通常有三种格式：集外字所在区域的坐标数据，将坐标数据直接保存在全文数据中，显示时通过软件调用图像文件的指定区域；图像文件路径数据，将文件路径数据直接保存在全文数据中，显示时通过软件调用指定路径下的图像数据文件；二进制图像数据，直接将图像数据以二进制形式保存在全文数据中，通过软件可直接显示。第一种格式只能使用原始图像数据，后两种格式可以使用二值化数据。

贴图法可以增强全文数据的显示效果，但是如果只有贴图数据，而没有任何描述信息，这些图像既不能检索，也很难管理和维护。贴图描述信息至少应包括图像的编号、类型、基本属性（大小、分辨率、颜色模式等）、字形描述等。

因此，贴图法通常与描述法一起使用。

（四）描述法

描述法是将集外字替换为一个字符串，这个字符串描述了集外字的字形。构字式、IDS、汉字基元结构描述、汉字数学表达式等汉字字形描述方法都可以用于描述法。基于 IDS 的描述法将在第二节做专门讨论，此处不再赘述。

描述法既可以单独使用，也可以和贴图法、替换法一起使用。以香港理工大学开发的"中文古籍网上出版平台"[①]为例，将集外字替换为图像，并用 IDS 进行描述；显示时调用图像数据，检索时使用 IDS 数据。

二、案例分析

《文渊阁四库全书》电子版项目（以下简称为 4KQS）是最有影响的古籍全文化项目之一，基本代表了 2000 年以前古籍全文化的最高水平，后续的全文化项目都或多或少受了它的影响[②]。4KQS 以《景印文渊阁四库全书》为底本，由上海人民出版社和迪志文化出版有限公司合作出版，迪志文化出版有限公司、书同文计算机技术开发有限公司承办全部开发制作工程，清华大学计算机系负责 OCR 引擎开发，北大方正电子有限公司负责建立专用字库，微软公司（北京）研究开发中心在平台技术等方面提供技术援助[③]。4KQS 分为"标题检索版"和"原文及全文检索版"两种版本。每一种版本又分为网络版和单机版。4KQS 荣获了 1999 年电子出版物国家奖和莫比斯光盘大赛国际奖[④]。

---

① 中文古籍网上出版平台系统概要［OL］.［2016-8-16］. http://e-platform.iso10646hk.net/sysoverview.jsp.
② 王荟，肖禹. 汉语文古籍全文文本化研究［M］. 北京：国家图书馆出版社，2012：102.
③ 文渊阁四库全书电子版［EB］. 上海：上海人民出版社，1999：出版说明.
④ 文渊阁四库全书电子版简介［OL］.［2016-8-16］. http://www.unihan.com.cn/SuccessfulCase2.html#DIV5.

4KQS 项目耗时三年（始于 1997 年），是一个复杂的系统工程，该项目的重点是建立数据库和系统技术开发。建立数据库是在国际标准的架构下，建立一个庞大的汉字信息数据库，将图像数据和全文文本纳入数据库中。系统技术开发是使全文文本具有强大的检索功能（包括全文检索、分类检索、书名检索和著者检索）和阅读功能（包括放大、缩小、复制、笔记、打印、管理检索结果、查阅辅助工具、查阅联机字典等）。此外，还提供古今纪年换算、干支／公元年换算、八卦·六十四卦表、《四库大辞典》（吉林大学出版社出版）资料链接、联机字典等功能①。

（一）字符集

4KQS 项目使用 CJK+ 字符集，包括 CJK 基本集、扩展 A 集和自定义编码区，共 29172 个汉字和符号。在当时的技术条件下，4KQS 项目使用了 CJK+ 字库，较好地解决了字符编码问题。与使用 GBK 相比，以经部前 19 册 870 多万语料为例，外字出现率从万分之 5.57 降到了万分之 1.73，其中属于原文模糊不清的有万分之 1.53，而真正的外字，只有大约万分之 0.2②。CJK+ 字库的 CJK 和 CJK 扩 A 部分，符合 Unicode 标准。自定义编码 4296 个，出现 1959813 字次，主要来源选于：《四库全书》作者数据库、书名数据库、180 万条篇目中的汉字；《四库全书》全文文本中出现率在 3 次／亿以上的汉字；《中华古汉语字典》《中华文化通志》中的汉字③。

（二）集外字处理

4KQS 项目文字转换的总体原则是利用现有平台已编码汉字，尽量保持原书字形，即保真原则。集外字处理的原则是先做集外字认同，不能认同的集外字做描述，依据描述进行字频统计，使用频率较高或具有特殊意义的集外字做造字，其他集外字做贴图或替换为 IDC、"□"等。

在 4KQS 项目的集外字处理过程中，集外字描述是非常重要的环节，描述方式如表 8-2 所示（表中混杂了方向变换、墨围等版式，这部分不属于集外字处理范围）。集外字描述上策是用组合序列表示外字，中策是用"相似"符加上肯定的异体字记录之，下策是代之以问号④。

① 文渊阁四库全书电子版［EB］．上海：上海人民出版社，1999：出版说明．
② 张轴材．《四库全书》电子版工程与中文信息技术［OL］．［2011-6-30］．http://www.unihan.com.cn/documents/(doc)Unihan_experience.rar.
③ 文渊阁四库全书电子版［EB］．上海：上海人民出版社，1999：凡例．
④ 张轴材．《四库全书》电子版工程与中文信息技术［OL］．［2011-6-30］．http://www.unihan.com.cn/documents/(doc)Unihan_experience.rar.

表 8-2 4KQS 集外字描述方式 ①

字符串	字符串含义	显示	检索	提示（鼠标移到该字时的反应）	联机字典（鼠标单击该字时的反应）	实例
↑	倒立字	显示倒立字	可检索，以正常字检索	无	给出正常字的拼音及释义	
←	左旋转字	显示左旋转字	可检索，以正常字检索	无	给出正常字的拼音及释义	
→	右旋转字	显示右旋转字	可检索，以正常字检索	无	给出正常字的拼音及释义	
⊙ ×	有圈包含此字		可检索，以正常字检索	无	给出正常字的拼音及释义	
▣ v	相似而不等如：增笔、减笔等	显示正常字	可检索，以▣后面的 v 检索	给出原字迹图	给出异体字的释义	
结构符 □ × ×						
▤ × ×	是未编码的汉字，其结构如开头字符所描述的	显示结构符	可检索，以结构符检索	给出原字迹图	无	
▥ × × ×						
▦ × × ×						

---

① 文渊阁四库全书电子版［EB］. 上海：上海人民出版社，1999；凡例.

字符串	字符串含义	显示	检索	提示（鼠标移到该字时的反应）	联机字典（鼠标单击该字时的反应）	实例
⿴ ××	是未编码的汉字，其结构如开头字符所描述的	显示结构符	可检索，以结构符检索	给出原字迹图	无	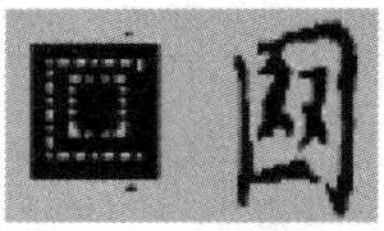
⿵ ××						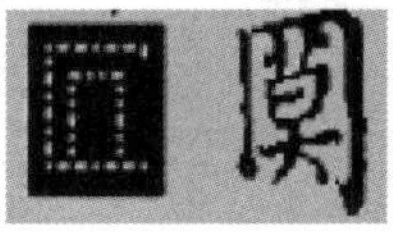
⿶ ××						无实例
⿸ ××						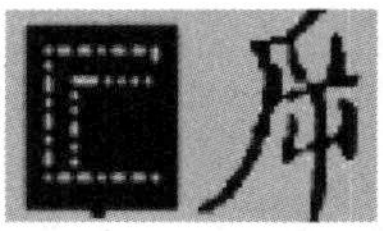
⿹ ××						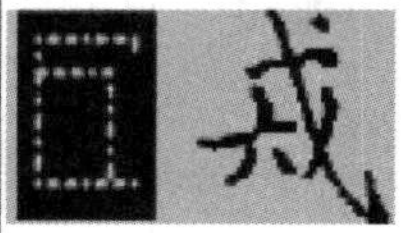
⿺ ××						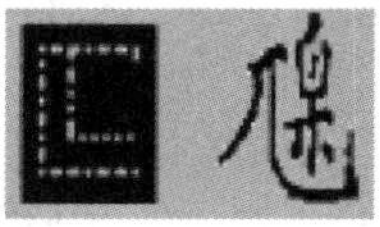

在使用 4KQS“原文及全文检索版”时，最明显的问题就是集外字处理不统一，除了文字认同外，有的集外字做了贴图处理，而有的替换为“□”或“⿰”等结构符，如图 8-4 和 8-5 所示。

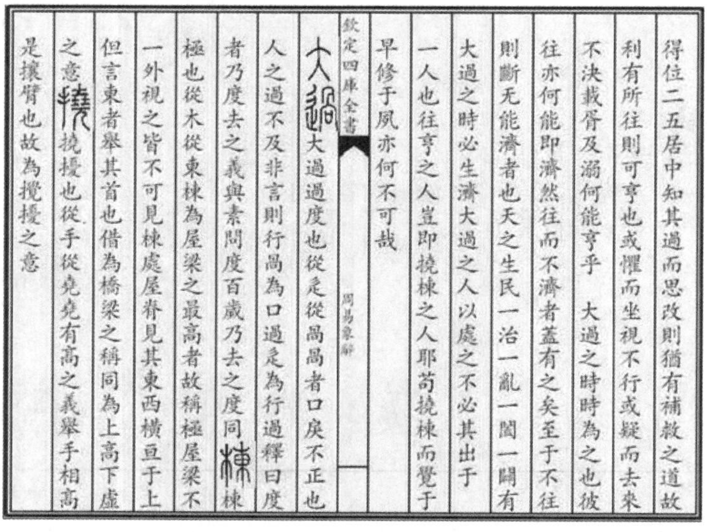
得位二五居中知其過而思改則猶有補救之道故
利有所往則可亨也或懼而坐視不行或疑而去來
不決載胥及溺何能亨乎　大過之時時為之也彼
往亦何能即濟然往而不濟者蓋有之矣至于不往
則斷无能濟者也天之生民一治一亂一闔一闢有
大過之時必生濟大過之人以處之不必其出于
一人也往亨之人豈即橈棟之人耶苟橈棟而覺于
早修于夙亦何不可哉
欽定四庫全書　周易象辭
大過過度也從辵從咼咼者口戾不正也
人之過不及非言則行咼為口過辵為行過釋曰度
者乃度去之義與素問度百歲乃去之度同棟
極也從木從東棟為屋梁之最高者故稱極屋梁不
一外視之皆不可見棟處屋脊見其東西橫亘于上
但言東者舉其首也借為橋梁之稱同為上高下虛
之意橈擾也從手從堯堯有高之義舉手相高
是攘臂也故為攪擾之意

图 8-4　4KQS 集外字处理效果图

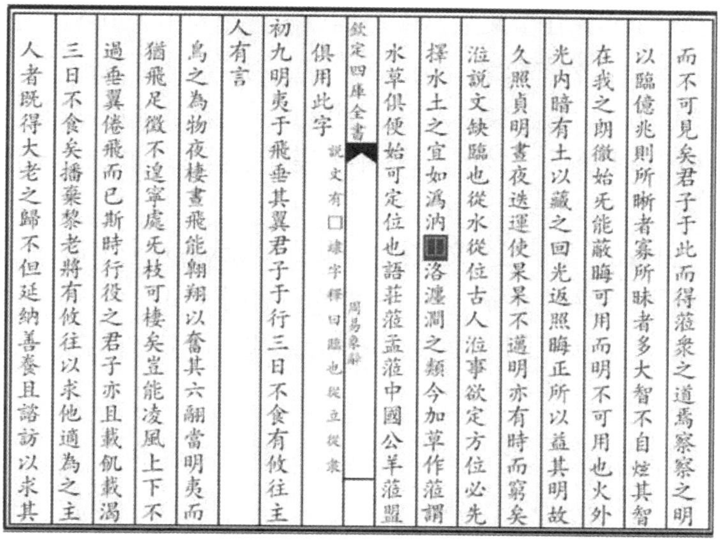
而不可見矣君子于此而得蒞衆之道焉察察之明
以臨億兆則所晰者寡所昧者多大智不自炫其智
在我之朗徹始无能蔽晦可用而明不可用也火外
光内暗有土以藏之回光返照晦正所以益其明故
久照貞明晝夜迭運使杲杲不邁明亦有時而窮矣
涖說文缺臨也從水從位古人涖事欲定方位必先
擇水土之宜如潙汭[illegible]洛瀍澗之類今加草作蒞謂
水草俱便始可定位也語莊蒞孟蒞中國公羊蒞盟
欽定四庫全書　周易象辭
俱用此字　說文有□竦字釋曰臨也從立從隶
初九明夷于飛垂其翼君子于行三日不食有攸往主
人有言
鳥之為物夜棲晝飛能翱翔以奮其六翮當明夷而
猶飛足徵不遑寧處无枝可棲矣豈能凌風上下不
過垂翼倦飛而已斯時行役之君子亦且載飢載渴
三日不食矣播棄黎老將有攸往以求他適為之主
人者既得大老之歸不但延納善養且諮訪以求其

图 8–5　4KQS 集外字处理效果图 2

《文渊阁四库全书电子版》第二期工程于 2005 年展开，并于 2007 年推出《文渊阁四库全书电子版》3.0 版。新版本采用了符合 Unicode 5.0 标准的七万多字（70195 个字符）字库，按 Unicode 编码标准造字 12592 个，使可检索字符达 82787 个，替换旧版中 20 万个贴图字或“□”，使之可检索[①]。

第二节　基于 IDS 的集外字处理

IDS 是基于部件的字形描述，具有标准化、使用灵活、可扩展等特点，适合各种精度的字形描述。基于 IDS 的集外字处理方法继承了 IDS 的上述特点。与其他的集外字处理方法相比，基于 IDS 的集外字处理方法功能强大，支持多种应用方式，但是复杂度较高，需要一定的知识基础、数据积累和软件支持。

一、应用方式

基于 IDS 的集外字处理方法有以下三种应用方式：

---

① 《文渊阁四库全书》最新 3.0 版（内联网版 / 网上版）产品小册子［OL］.［2016-8-16］. http://www.sikuquanshu.com/Html/GB/product/download/3.0leaflet_gb.pdf.

其一，完全基于 IDS，在全文数据中用集外字直接表示为 IDS，通过专用软件或插件支持基于 IDS 的集外字检索和显示，如台湾地区刹那工坊开发的"Accelon 平台"①。

其二，部分基于 IDS，在全文数据中用图像表示集外字字形，用 IDS 表示集外字编码和字形描述；图像用于集外字显示，IDS 用于集外字检索；如香港理工大学开发的"中文古籍网上出版平台"②。

其三，IDS 作为辅助数据，在全文数据中用图像表示集外字字形，用"〓"（U+3013）作为占位符；图像用于集外字显示，不支持集外字检索；IDS 作为集外字描述数据，保存在单独的数据库中；如国家图书馆的"数字方志集外字处理数据库"。

二、核心步骤

基于 IDS 的集外字处理过程较为复杂，其中的核心步骤包括制定规范、IDS 生成、IDS 维护等。

（一）制定规范

Unicode 只定义了 IDC 和 IDS 语法，并未规定如何使用 IDS。因此，在古籍数字化工程中采用基于 IDS 的集外字处理方法，首先要依据项目需求，确定集外字描述规范，包括集外字描述范围、集外字描述原则、集外字描述流程、集外字描述数据格式、集外字拆分规则等。

（二）IDS 生成

依据拆分规则，将集外字转换为 IDS 数据，验证数据符合 Unicode 制定的 IDS 语法。通常借助专用软件提高 IDS 数据加工的效率，使用已有的 IDS 资源，基于迭代算法生成使用基础部件的 IDS 数据。基础部件集中的部件大部分来自 Unicode 字符集，还有部分自定义编码。

IDS 数据可分为三种：最简 IDS，使用最少的 IDC，尽可能使用 Unicode 字符集中的部件；基础部件 IDS，只使用基础部件；普通 IDS，除最简 IDS 和基础部件 IDS 外，其他的 IDS。

目前，生成 IDS 数据仍以人工方式为主，辅以软件工具，由于操作员的知识背景、工作经验、规范掌握程度、部件集熟悉程度等都存在差异，获得的 IDS 数据通常是最简 IDS 或普通 IDS，再通过软件生成基础部件 IDS。

---

① Accelon，一个开放的数位古籍平台［OL］．［2016-8-16］．http://www.gaya.org.tw/journal/m47/47-main7.pdf.
② 中文古籍网上出版平台系统概要［OL］．［2016-8-16］．http://e-platform.iso10646hk.net/sysoverview.jsp.

（三）IDS 维护

在古籍数字化工程中，IDS 数据通常保存在数据库中。随着 IDS 数据量的增加，相同字形对应的 IDS 数据可能不同，某些 IDS 对应的字形可能有 Unicode 编码或可以进行文字认同，因此，需要对 IDS 数据进行维护。

要进行 IDS 数据维护，首先要有 Unicode 字符集内所有 CJK 文字的 IDS 数据，再将基础部件 IDS 转换为基础部件数组，对基础部件数组相同的 IDS 进行人工判别（可以辅以基于字形识别的软件判别），确定正确的基础部件 IDS，并进行必要的合并，保证基础部件 IDS 数据的一致性。

当 Unicode 字符集有更新，文字认同规则和实例有变化，通过软件判断 IDS 数据是否需要维护，人工操作或审核维护结果。

三、案例分析

数字方志项目是国家图书馆重点数字化项目之一，该项目始于 2002 年，先从馆藏旧志中选出 6800 余种进行扫描，采集图像 330 余万筒子页，编制卷目索引数据 50 余万条，之后分批进行全文化。截至 2015 年底，全文化已完成 3181 种（2031446 筒子页）。

数字方志全文化项目是一个分期建设的连续性项目，到 2015 年底已完成了八期，大致可以分为两个阶段：第一阶段是第一至三期，委托中易中标电子信息技术有限公司进行数据加工，遵循公司内部加工标准和 XML 置标规范，采用造字法处理集外字；第二阶段是第四至八期，第四期和第五期委托方正国际软件有限公司进行数据加工，第六期至八期委托北京汉王数字科技有限公司进行数据加工，遵循国家数字图书馆工程标准规范之《中文文献全文版式还原与全文输入 XML 规范》[①]，采用基于 IDS 的描述法处理集外字。

（一）范围

古籍全文数据中的字符可以分为文字和符号，符号包括标点符号、校对符号、版式符号、专类符号和其他符号[②]。文字可以分为清晰文字和模糊文字，清晰文字又可分为完整文字和残缺文字。完整文字可以分为汉字和其他文字。因此，集外字处理的范围是清晰完整的汉字。

在旧志中，除了楷书外还有其他书体，这些书体的集外字转换成楷书后再做处理；符号用标签表示，模糊文字和清晰的残缺文字做贴图处理；若集外字为清晰完整的汉字，

① 蒋贤春，翟喜奎. 中文文献全文版式还原与全文输入 XML 规范和应用指南［M］. 北京：国家图书馆出版社，2010.
② 王荟，肖禹. 汉语文古籍全文文本化研究［M］. 北京：国家图书馆出版社，2012：26-27.

做基于 IDS 的集外字处理。

（二）原则

数字方志集外字描述遵循以下原则：

客观描述，依据集外字字形构建 IDS，IDS 应反映字形原貌；

描述唯一，整个项目中，每个集外字字形只有一个 IDS；

描述最简，当一个集外字可描述为多个 IDS，选取 IDC 数量最少的 IDS，若还有多个 IDS 的 IDC 数量相同，选取部件最少的 IDS；

有限拆分，集外字拆分到 Unicode 字符集（最新版本）中的部件或文字即可，也可以在私用区（U+E000 至 U+E8FF）造字或部件，使用 IDS_UCS 作为集内字 IDS；

拆分原则，依据字形进行拆分，兼顾字源，可参照 IDS_UCS 中相近或相似字形的拆分方式，非特殊情况不得修改 IDS_UCS。

（三）拆分规则

数字方志集外字拆分遵循以下规则：

描述时依据字形原貌，描述过程中不对汉字部件进行认同；

独体字不做拆分，用"X"表示，无法拆分的集外字也用"X"表示；

集外字部件之间为相离关系可以拆分，部件之间为相交关系不能拆分，部件之间为相离关系可参照 IDS_UCS 的拆分方式；

集外字拆分到 Unicode 字符集中的字符即可，非特殊情况，不拆分到笔画；

集外字中包含字符集中没有的部件，先对部件进行造字处理，再进行集外字拆分；

IDC 的优先顺序为⿰（U+2FF0）、⿱（U+2FF1）、⿴（U+2FF4）、⿵（U+2FF5）、⿶（U+2FF6）、⿷（U+2FF7）、⿸（U+2FF8）、⿹（U+2FF9）、⿺（U+2FFA）、⿲（U+2FF2）、⿳（U+2FF3）和⿻（2FFB）；

集外字的结构为两个相同部件夹着另一个部件，使用⿲（U+2FF2）或⿳（U+2FF3）进行拆分，如"弼"（U+5F3C）、"器"（U+5668）等，这种情况下不考虑 IDC 优先顺序；

集外字为三叠字（如"森"（U+68EE））、四叠字（如"燚"（U+71DA）），先使用⿱（U+2FF1）、再使用⿰（U+2FF0）进行拆分，集外字为五叠字（如"㸬"）、六叠字（如"㵘"），先使用⿱（U+2FF1）、再使用⿲（U+2FF2）进行拆分，这种情况下不考虑 IDC 优先顺序。

（四）数据格式

数字方志集外字处理数据库包括下列字段：编号（ID），记录标识号；唯一标识号（IdsGuid），集外字处理数据的唯一标识号；图像文件名称（ImageFileName），集外字所在图像文件名；集外字类型（IdsType），可选值“0”表示可认同集外字，可选值“1”表示可描述集外字，可选值“2”表示模糊集外字，可选值“3”表示不完整集外字（残字）；集外字描述（Description），基于 IDS 的集外字描述；集外字位置左（Left），集外字在古籍图像中的位置，左上角 x 轴坐标；集外字位置上（Top），集外字在古籍图像中的位置，左上角 y 轴坐标；集外字位置右（Right），集外字在古籍图像中的位置，右下角 x 轴坐标；集外字位置下（Bottom），集外字在古籍图像中的位置，右下角 y 轴坐标；集外字字形数据（ImageBin），描述集外字字形的图像数据，通常为二值图像；认同前文字（TextOld），描述认同前文字的字形；认同前文字编码（TextUnicodeOld），认同前文字的 Unicode 编码，通常为用户自定义编码；认同后文字（TextNew），描述认同后文字的字形；认同后文字 Unicode 编码（TextUnicodeNew），认同后文字的 Unicode 编码。

数据样例如图 8-6 所示。

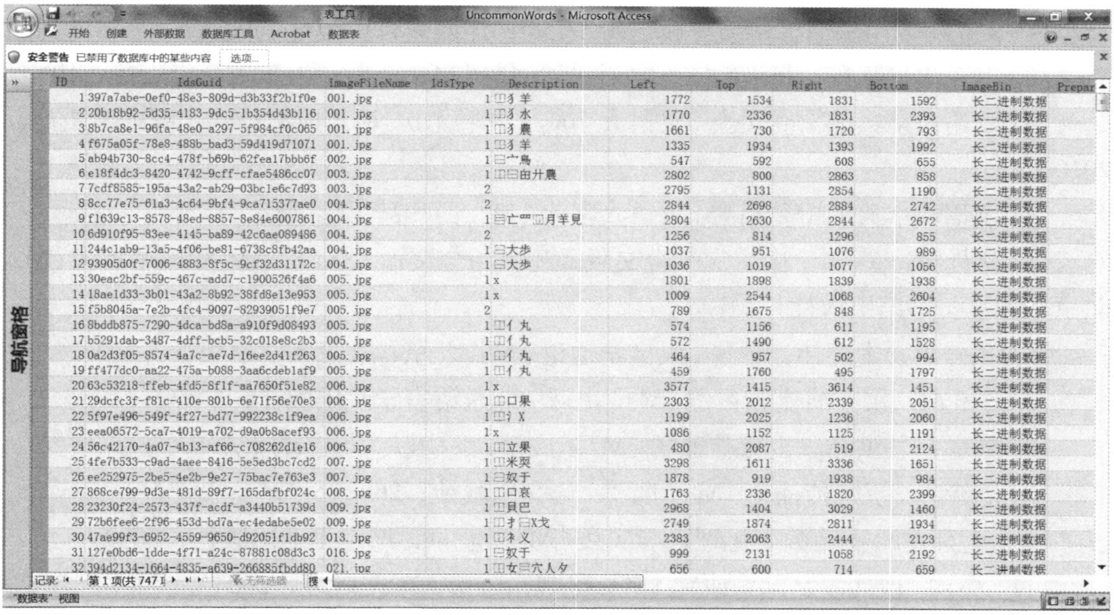

ID	IdsGuid	ImageFileName	IdsType	Description	Left	Top	Right	Bottom	ImageBin	Prepar
1	397a7abe-0ef0-48e3-809d-d3b33f2b1f0e	001. jpg	1	⿰犭羊	1772	1534	1831	1592	长二进制数据	
2	20b18b92-5d35-4183-9dc5-1b354d43b116	001. jpg	1	⿰犭水	1770	2336	1831	2393	长二进制数据	
3	8b7ca8e1-96fa-48e0-a297-5f984cf0c065	001. jpg	1	⿰犭農	1661	730	1720	793	长二进制数据	
4	f675a05f-78e8-488b-bad3-59d419d71071	001. jpg	1	⿰犭羊	1335	1934	1393	1992	长二进制数据	
5	ab94b730-8cc4-478f-b69b-62fea17bbb6f	002. jpg	1	⿱亠鳥	547	592	608	655	长二进制数据	
6	e18f4dc3-8420-4742-9cff-cfae5486cc07	003. jpg	1	⿰⿱由廾農	2802	800	2863	858	长二进制数据	
7	7cdf8585-195a-43a2-ab29-03bc1e6c7d93	003. jpg	2		2795	1131	2854	1190	长二进制数据	
8	8cc77e75-61a3-4c64-9bf4-9ca715377ae0	004. jpg	2		2844	2698	2884	2742	长二进制数据	
9	f1639c13-8578-48ed-8857-8e84e6007861	004. jpg	1	⿱亡罒⿰月羊見	2804	2630	2844	2672	长二进制数据	
10	6d910f95-83ee-4145-ba89-42c6ae089486	004. jpg	2		1256	814	1296	855	长二进制数据	
11	244c1ab9-13a5-4f06-be81-6738c8fb42aa	004. jpg	1	⿱大步	1037	951	1076	989	长二进制数据	
12	93905d0f-7006-4883-8f5c-9cf32d31172c	004. jpg	1	⿱大步	1036	1019	1077	1056	长二进制数据	
13	30eac2bf-559c-467c-add7-c1900526f4a6	005. jpg	1	x	1801	1898	1839	1938	长二进制数据	
14	18ae1d33-3b01-43a2-8b92-38fd8e13e953	005. jpg	1	x	1009	2544	1068	2604	长二进制数据	
15	f5b8045a-7e2b-4fc4-9097-82939051f9e7	005. jpg	2		789	1675	848	1725	长二进制数据	
16	8bddb875-7290-4dca-bd8a-a910f9d08493	005. jpg	1	⿰亻丸	574	1156	611	1195	长二进制数据	
17	b5291dab-3487-4dff-bcb5-32c018e8c2b3	005. jpg	1	⿰亻丸	572	1490	612	1528	长二进制数据	
18	0a2d3f05-8574-4a7c-ae7d-16ee2d41f263	005. jpg	1	⿰亻丸	464	957	502	994	长二进制数据	
19	ff477dc0-aa22-475a-b088-3aa6cdeb1af9	005. jpg	1	⿰亻丸	459	1760	495	1797	长二进制数据	
20	63c53218-ffeb-4fd5-8f1f-aa7650f51e82	006. jpg	1	x	3577	1415	3614	1451	长二进制数据	
21	29dcfc3f-f81c-410e-801b-6e71f56e70e3	006. jpg	1	⿰口果	2303	2012	2339	2051	长二进制数据	
22	5f97e496-549f-4f27-bd77-992238c1f9ea	006. jpg	1	⿰氵X	1199	2025	1236	2060	长二进制数据	
23	eea06572-5ca7-4019-a702-d9a0b8acef93	006. jpg	1	x	1086	1152	1125	1191	长二进制数据	
24	56c42170-4a07-4b13-af66-c708262d1e16	006. jpg	1	⿰立果	480	2087	519	2124	长二进制数据	
25	4fe7b533-c9ad-4aee-8416-5e5ed3bc7cd2	007. jpg	1	⿰米奭	3298	1611	3336	1651	长二进制数据	
26	ee252975-2be5-4e2b-9e27-75bac7e763e3	007. jpg	1	⿱奴于	1878	919	1938	984	长二进制数据	
27	868ce799-9d3e-481d-89f7-165dafbf024c	008. jpg	1	⿰口哀	1763	2336	1820	2399	长二进制数据	
28	23230f24-2573-437f-acdf-a3440b51739d	009. jpg	1	⿰貝巴	2968	1404	3029	1460	长二进制数据	
29	72b6fee6-2f96-453d-bd7a-ec4edabe5e02	009. jpg	1	⿰扌⿱X戈	2749	1874	2811	1934	长二进制数据	
30	47ae99f3-6952-4559-9650-d92051f1db92	013. jpg	1	⿰礻义	2383	2063	2444	2123	长二进制数据	
31	127e0bd6-1dde-4f71-a24c-87881c08d3c3	016. jpg	1	⿱奴于	999	2131	1058	2192	长二进制数据	
32	394d2134-1664-4835-a639-266885fbdd80	021. jpg	1	⿰女⿱穴人夕	656	600	714	659	长二进制数据	

图 8-6　数字方志集外字处理数据库截图

参考文献

一、专著

[1] 陈海洋 . 中国语言学大辞典 [M].江西：江西教育出版社，1991.

[2] 冯春田，梁苑，杨淑敏 . 王力语言学词典 [M].济南：山东教育出版社，1995.

[3] 汉语大字典编辑委员会 . 汉语大字典（九卷本）[M].成都：四川辞书出版社，2010.

[4] 汉语大字典编辑委员会 . 汉语大字典 [M].四川辞书出版社，1986.

[5] 蒋贤春，翟喜奎. 中文文献全文版式还原与全文输入 XML 规范和应用指南 [M].北京：国家图书馆出版社，2010.

[6] 孔祥卿，史建伟，孙易 . 汉字学通论 [M].北京：北京大学出版社，2006.

[7] 李乐毅 . 汉字演变五百例 [M].北京：北京语言学院出版社，1993.

[8] 刘琳，吴洪泽. 古籍整理学 [M]. 成都：四川大学出版社，2003.

[9] 陆锡兴 . 汉字传播史 [M].北京：语文出版社，2002.

[10] 毛建军. 古籍数字化理论与实践 [M]. 北京：航空工业出版社，2009.

[11] 潘钧 . 现代汉字问题研究 [M].昆明：云南大学出版社，2004.

[12] 皮佑国 . 计算机无字库智能造字——汉字也可以这样计算机信息化 [M].北京：国防工业出版社，2013.

[13] 启功 . 古代字体论稿 [M].北京：文物出版社，1979.

[14] 裘锡圭. 文字学概要 [M]. 北京：商务印书馆，1988.

[15] 上海交通大学汉字编码组，上海汉语拼音文字研究组 . 汉字信息字典 [M].北京：科学出版社，1988.

[16] 沈澍农. 中医古籍用字研究 [M]. 北京：学苑出版社，2007.

[17] 苏培成 . 现代汉字学纲要（增订本）[M].北京：北京大学出版社,2001.

[18] 王荟，肖禹 . 地方志数字化模式与案例分析［M］. 北京：国家图书馆出版社，2012.

[19] 王荟，肖禹 . 汉语文古籍全文文本化研究［M］. 北京：国家图书馆出版社，2012.

[20] 王立清 . 中文古籍数字化研究［M］. 北京：国家图书馆出版社，2011.

[21] 王宁 . 汉字构形学导论［M］. 北京：商务印书馆，2015.

[22] 沃兴华 . 中国书法史［M］. 上海：上海古籍出版社，2001.

[23] 吴越 . 电脑打字普及教材［M］. 北京：北京群言出版社，1993.

[24] 向熹 . 古代汉语知识辞典［M］. 成都：四川辞书出版社，2007.

[25] 邢红兵 . 现代汉字特征分析与计算研究［M］. 北京：商务印书馆，2007.

[26] 张力伟，翟喜奎 . 汉字属性字典规范和应用指南［M］. 北京：国家图书馆出版社，2010.

[27] 张力伟，翟喜奎 . 古籍用字（包括生僻字、避讳字）属性字典规范和应用指南［M］. 北京：国家图书馆出版社，2010.

[28] 张书岩 . 异体字研究［M］. 北京：商务印书馆，2004.

[29] 张轴材 . 古籍汉字字频率统计［M］. 北京：商务印书馆，2008.

[30] 仇烁 . 通用汉字结构论析［M］. 南京：河海大学出版社，1998.

[31] 郑林曦 . 精简汉字字数的理论和实践［M］. 北京：中国社会科学出版社，1982.

[32] 中国国家图书馆 . 汉语文古籍机读目录格式使用手册［M］. 北京：北京图书馆出版社，2001.

二、标准

[1] GB 12041.1-2010, 信息技术　汉字编码字符集（基本集）48 点阵字型　第 1 部分：宋体［S］. 北京：中国标准出版社，2010.

[2] GB 12041.2-2008, 信息技术　汉字编码字符集（基本集）48 点阵字型　第 2 部分：黑体［S］. 北京：中国标准出版社，2008.

[3] GB 12041.3-2008, 信息技术　汉字编码字符集（基本集）48 点阵字型　第 3 部分：楷体［S］. 北京：中国标准出版社，2008.

[4] GB 12041.4-2008, 信息技术　汉字编码字符集（基本集）48 点阵字型　第 4 部分：仿宋体［S］. 北京：中国标准出版社，2008.

[5] GB 14245.1-2008, 信息技术　汉字编码字符集（基本集）64 点阵字型　第 1 部分：宋体［S］. 北京：中国标准出版社，2008.

[6] GB 14245.2-2008, 信息技术　汉字编码字符集 (基本集)64 点阵字型　第 2 部分：黑体 [S]. 北京：中国标准出版社，2008.

[7] GB 14245.3-2008, 信息技术　汉字编码字符集 (基本集)64 点阵字型　第 3 部分：楷体 [S]. 北京：中国标准出版社，2008.

[8] GB 14245.4-2008, 信息技术　汉字编码字符集 (基本集) 64 点阵字型　第 4 部分：仿宋体 [S]. 北京：中国标准出版社，2008.

[9] GB 16793.1-2010, 信息技术　通用多八位编码字符集 (CJK 统一汉字)24 点阵字型　第 1 部分：宋体 [S]. 北京：中国标准出版社，2010.

[10] GB 16794.1-2010, 信息技术　通用多八位编码字符集 (CJK 统一汉字)48 点阵字型　第 1 部分：宋体 [S]. 北京：中国标准出版社，2010.

[11] GB 17698-2010, 信息技术　通用多八位编码字符集 (CJK 统一汉字)15×16 点阵字型 [S]. 北京：中国标准出版社，2010.

[12] GB 19966-2005, 信息技术　通用多八位编码字符集 (基本多文种平面) 汉字 16 点阵字型 [S]. 北京：中国标准出版社，2005.

[13] GB 19967.1-2005, 信息技术　通用多八位编码字符集 (基本多文种平面) 汉字 24 点阵字型　第 1 部分：宋体 [S]. 北京：中国标准出版社，2005.

[14] GB 19967.2-2010, 信息技术　通用多八位编码字符集 (基本多文种平面) 汉字 24 点阵字型　第 2 部分：黑体 [S]. 北京：中国标准出版社，2010.

[15] GB 19968.1-2005, 信息技术　通用多八位编码字符集 (基本多文种平面) 汉字 48 点阵字型　第 1 部分：宋体 [S]. 北京：中国标准出版社，2010.

[16] GB 22320-2008, 信息技术　中文编码字符集汉字 15×16 点阵字型 [S]. 北京：中国标准出版社，2008.

[17] GB 22321.1-2008, 信息技术　中文编码字符集汉字 48 点阵字型　第 1 部分：宋体 [S]. 北京：中国标准出版社，2008.

[18] GB 22322.1-2008, 信息技术　中文编码字符集汉字 24 点阵字型　第 1 部分：宋体 [S]. 北京：中国标准出版社，2008.

[19] GB 25899.1-2010, 信息技术　通用多八位编码字符集 (基本多文种平面) 汉字 32 点阵字型　第 1 部分：宋体 [S]. 北京：中国标准出版社，2010.

[20] GB 25899.2-2010, 信息技术　通用多八位编码字符集 (基本多文种平面) 汉字 32 点阵字型　第 2 部分：黑体 [S]. 北京：中国标准出版社，2010.

[21] GB 30878-2014, 信息技术　通用多八位编码字符集 (基本多文种平面) 汉字 17×18 点阵字型 [S]. 北京：中国标准出版社，2014.

[22] GB 30879.1-2014, 信息技术　通用多八位编码字符集 (基本多文种平面) 汉字 22 点阵字型　第 1 部分：宋体 [S]. 北京：中国标准出版社，2014.

[23] GB 30879.2-2014, 信息技术 通用多八位编码字符集 (基本多文种平面) 汉字 22 点阵字型 第 2 部分：黑体 [S]. 北京：中国标准出版社，2014.

[24] GB 5007.1-2010, 信息技术 汉字编码字符集 (基本集)24 点阵字型 [S]. 北京：中国标准出版社，2010.

[25] GB 5007.2-2008, 信息技术 汉字编码字符集 (辅助集)24 点阵字型 宋体 [S]. 北京：中国标准出版社，2008.

[26] GB 5199-2010, 信息技术 汉字编码字符集 (基本集)15×16 点阵字型 [S]. 北京：中国标准出版社，2010.

[27] GB 6345.1-2010, 信息技术 汉字编码字符集 (基本集)32 点阵字型 第 1 部分：宋体 [S]. 北京：中国标准出版社，2010.

[28] GB 6345.2-2008, 信息技术 汉字编码字符集 (基本集)32 点阵字型 第 2 部分：黑体 [S]. 北京：中国标准出版社，2008.

[29] GB 6345.3-2008, 信息技术 汉字编码字符集 (基本集) 32 点阵字型 第 3 部分：楷体 [S]. 北京：中国标准出版社，2008.

[30] GB 6345.4-2008, 信息技术 汉字编码字符集 (基本集)32 点阵字型 第 4 部分：仿宋体 [S]. 北京：中国标准出版社，2008.

[31] GB/T 12200.1-90, 汉语信息处理词汇 01 部分：基本术语 [S]. 北京：中国标准出版社，1990.

[32] GB/T 12200.2-94, 汉语信息处理词汇 02 部分：汉语和汉字 [S]. 北京：中国标准出版社，1995.

[33] GB/T 18031-2000, 信息技术 数字键盘汉字输入通用要求 [S]. 北京：中国标准出版社，2000.

[34] GB/T 19246-2003, 信息技术 通用键盘汉字输入通用要求 [S]. 北京：中国标准出版社，2003.

[35] GB/T 31219.2-2014, 图书馆馆藏资源数字化加工规范第 2 部分：文本资源 [S]. 北京：中国标准出版社，2014.

[36] GB/T 31219.3-2014, 图书馆馆藏资源数字化加工规范第 3 部分：图像资源 [S]. 北京：中国标准出版社，2014.

三、论文

[1] 曹传梅 . 海峡两岸四地汉字 "书同文" 研究 [D]. 山东师范大学，2011.

[2] 陈登梅 . 曲线字库自动生成方法的研究 [D]. 山东大学，2007.

[3] 代建桃 . 现代汉语同音词研究 [D]. 四川师范大学，2008.

[4] 戴石麟. 汉字编码输入法研究 [D]. 重庆大学，2005.

[5] 段甜. 韩国固有汉字分析 [D]. 解放军外国语学院，2007.

[6] 郭大为. 论汉字在日本的变迁与本土化 [D]. 东北师范大学，2007.

[7] 黄坚. 无字库智能造字系统在计算机上的实现 [D]. 华南理工大学，2010.

[8] 李德生. 曲线字库生成系统的研究与实现 [D]. 山东大学，2006.

[9] 李丽. 现代汉字部件研究评述 [D]. 东北师范大学，2012.

[10] 林民. 汉字字形形式化描述方法及应用研究 [D]. 北京工业大学，2009.

[11] 刘靖年. 汉字结构研究 [D]. 吉林大学，2011.

[12] 刘岚. 浅谈汉字在日本的演变及现状 [D]. 吉林大学，2010.

[13] 苗军. Unicode/XML 在电子出版物中的实现 [D]. 河北工业大学，2002.

[14] 阮秋香. 喃字发展演变初探 [D]. 华东师范大学，2011：6.

[15] 苏卉君. 互联网汉字字型设计研究 [D]. 西安理工大学，2008.

[16] 孙琳. 《越谚》方言字研究 [D]. 复旦大学，2009.

[17] 田博. 浅汉字在韩国的传承与变异 [D]. 解放军外国语学院，2007.

[18] 汪远平. 字库标准符合性检测技术的研究 [D]. 内蒙古大学，2012.

[19] 王泉. 历代印刷汉字及相关规范问题 [D]. 华东师范大学，2013.

[20] 武文银. 字喃与汉字造字法比较研究 [D]. 湖南师范大学，2015.

[21] 赵慧. 对近二十年关于汉字起源问题讨论的思考 [D]. 河北大学，2011.

[22] 周接富. 中文输入法的商务模式创新 [D]. 厦门大学，2009：1.

[23] 俎小娜. 基于全局仿射变换的分级动态汉字字库 [D]. 华南理工大学，2008.

[24] 曹聪孙. 齐夫定律和语言的“熵” [J]. 天津师范大学学报，1987(4).

[25] 陈洪澜. 中国古籍电子化发展趋势及其问题 [J]. 中国典籍与文化，1998（4）.

[26] 陈力. 中文古籍数字化的再思考 [J]. 国家图书馆学刊，2006（2）.

[27] 陈立新. 古籍数字化的进展与问题 [J]. 上海高校图书情报工作研究，2003（2）.

[28] 冯志伟. 汉字的极限熵 [J]. 中文信息，1996(2).

[29] 冯志伟. 汉字的熵 [J]. 文字改革，1984(4).

[30] 高晶晶. 中医古籍数字化生僻字的处理 [J]. 中国中医药图书情报杂志，2014（3）：28-30.

[31] 宫爱东. 新世纪图书馆古籍数字化的几个问题 [J]. 图书馆学刊，2000（1）：18-20.

[32] 黄仁瑄，刘兴. 基于慧琳《一切经音义》的异体字数字化研究 [J]. 语言研究，2013（4）：137-143.

[33] 李公宜，李海飙. 汉字最高阶条件熵及其实验测定 [J]. 上海交通大学学报，1994(2)：113-120.

[34] 李运富，张素凤. 汉字性质综论 [J]. 北京师范大学学报 (社会科学版)，2006(1)：68-76.

[35] 李运富. 论汉字数量的统计原则 [J]. 辞书研究，2001(1)：71-75.

[36] 李运富. 谈古籍电子版的保真原则和整理原则 [J]. 古籍整理研究学刊，2000（1）：1-7.

[37] 林寒生. 汉语方言字的性质、来源、类型和规范 [J]. 语言文字应用，2003(1)：56-62.

[38] 林颖，程佳羽. 一种灵活可扩展的古籍数字对象的设计与实现 [J]. 图书馆杂志，2014（12）：56-60.

[39] 刘博. 大规模古籍数字化之汉字编码选择 [J]. 科技情报开发与经济，2006(5)：53-54.

[40] 刘金荣. 论汉字的字体及其种类 [J]. 绍兴文理学院学报，1987(4)：77-82.

[41] 罗纲，孙星明. 汉字数学表达式开发平台的设计与实现 [J]. 计算机工程与应用，2006(5)：113-116.

[42] 毛建军. 古汉语电子语料库资源与类型概述 [J]. 辞书研究，2011（6）：83-93.

[43] 毛建军. 古籍数字化的概念与内涵 [J]. 图书馆理论与实践，2007（4）：82-84.

[44] 秦长江. 中国古籍数字化建设若干问题的思考 [J]. 兰台世界，2008（4）：12-13.

[45] 史睿. 论中国古籍的数字化与人文学术研究 [J]. 国家图书馆学刊，1999（2）：28-35.

[46] 宋继华，王宁，胡佳佳. 基于语料库方法的数字化《说文》学研究环境的构建 [J]. 语言文字应用，2007（1）：132-138.

[47] 唐晓阳，林英. 我国古粤方言词典数字化系统设计研究 [J]. 广州大学学报 (社会科学版)，2003（3）：53-57.

[48] 童琴.《洪武正韵》数字化过程中异体字的处理 [J]. 湖北第二师范学院学报，2010（6）：30-32.

[49] 王德进，张社英，刘源. 汉语言的几个统计规律 [J]. 中文信息学报，1987(4)：33-39.

[50] 王东海. 古文献数字语料库的异形字处理 [J]. 语言文字应用，2005（4）：116-120.

[51] 王立清. 港台地区古籍数字化现状分析及启示 [J]. 图书情报工作，2006（8）:87-90.

[52] 尉迟治平. 电子古籍的异体字处理研究——以电子《广韵》为例 [J]. 语言研究, 2007（3）：118-122.

[53] 魏慧斌. 基于 XML 的古籍信息标注 [J]. 汕头大学学报（人文社会科学版），2006（5）：49-52.

[54] 吴军，王作英. 汉字信息熵和语言模型的复杂度 [J]. 电子学报，1996(10)：69-71.

[55] 吴永娜，黄春梅. 潮汕方言数字化框架设计与研发 [J]. 韩山师范学院学报，2013(6)：30-35.

[56] 肖禹，王昭. 动态组字的发展及其在古籍数字化中的应用 [J]. 科技情报开发与经济，2013(5)：118-121.

[57] 肖禹. 古籍数字化中的集外字处理问题研究 [J]. 图书馆研究，2013（5）：27-30.

[58] 晓东. 现代汉字部件分析的规范化 [J]. 中国语文，1995(3)：56-59.

[59] 姚俊元. 计算机辅助古籍整理研究的现状与思考 [J]. 图书情报论坛，1995(3)：68-71.

[60] 詹鄞鑫.20 世纪汉字性质问题研究评述 [J]. 华东师范大学学报（哲学社会科学版），2004(3)：41-47.

[61] 张旺熹. 从汉字部件到汉字结构——谈对外汉字教学 [J]. 世界汉语教学，1990(2)：112-120.

[62] 张问银等. 汉字数学表达式的自动生成 [J]. 计算机研究与发展，2004(5)：848-852.

[63] 张小衡. 正易全：一个动态结构笔组汉字编码输入法 [J]. 中文信息学报，2003(3)：59-65.

[64] 张仰森，曹大元，俞士汶. 语言模型复杂度度量与汉语熵的估算 [J]. 小型微型计算机系统，2006(10)：32-34.

[65] 中国文字改革委员会，武汉大学. 汉字结构及其构成成分的分析和统计 [J]. 中国语文，1985(4)：82-85.

[66] 周有光. 汉字文化圈的文字演变 [J]. 民族语文，1989(1)：37-55.

四、电子和网络文献

[1] 刘志基等. 商周金文数字化处理系统（光盘）[EB]. 广西：广西教育出版社，广西金海湾电子音像出版社，2003.

[2] 文渊阁四库全书电子版 [EB]. 上海：上海人民出版社，1999.

［3］《文渊阁四库全书》最新 3.0 版（内联网版 / 网上版）产品小册子［OL］. ［2016-8-16］. http://www.sikuquanshu.com/Html/GB/product/download/3.0leaflet_ gb.pdf.

［4］Accelon，一个开放的数位古籍平台［OL］. ［2016-8-16］. http://www.gaya.org. tw/journal/m47/47-main7.pdf.

［5］An equivalent (~) XML CDL Schema［OL］.［2016-8-16］.http://www. wenlininstitute.org/cdl/cdl_schema.xml.

［6］Appendix G of the Wenlin User's Guide［OL］. ［2016-8-16］. http://guide. wenlininstitute.org/wenlin4.3/Character_Description_Language#For_Wenlin_CDL_ Developers.

［7］CBETA 简介［OL］. ［2016-8-16］. http://www.cbeta.org/intro/origin.htm.

［8］CDL (字形描述语言)［OL］. ［2016-8-16］. http://wenlin.com/zh-hans/cdl.

［9］Character Description Language (CDL):The Set of Basic CJK Unified Stroke Typesa［OL］.［2016-8-16］.http://www.wenlininstitute.org/cdl/cdl_strokes_2004_05_23.pdf.

［10］Chinese character synthesis using METAPOST［OL］. ［2016-8-16］. http://www. baidu.com/link?url=6zaGeiGE1fGrjVlqNUjxu-zp-1bpXkoLH6SMRic8J44bzXwIhfegC3Gg AYrz9EJQNLNgbTfKA4j6xRPQ2YUOda&wd=&eqid=d81365e30001673a00000002580985 0e.

［11］CHISE IDS 漢字検索［OL］. ［2016-8-16］. http://www.chise.org/ids-findp.

［12］CHISE project［OL］. ［2016-8-16］. http://kanji.zinbun.kyoto-u.ac.jp/projects/ chise/index.html.ja.

［13］CHISE 漢字構造情報データベース［OL］. ［2016-8-16］. http://kanji.zinbun. kyoto-u.ac.jp/projects/chise/ids/.

［14］CJK Compatibility Ideographs Supplement［OL］.［2016-8-16］.http://www. unicode.org/charts/PDF/U2F800.pdf.

［15］CJK Compatibility Ideographs［OL］.［2016-8-16］.http://www.unicode.org/charts/ PDF/UF900.pdf.

［16］CJK Compatibility［OL］.［2016-8-16］.http://www.unicode.org/charts/PDF/ U3300.pdf.

［17］CJK Extension A［OL］.［2016-8-16］.http://www.unicode.org/charts/PDF/U3400. pdf.

［18］CJK Extension B［OL］.［2016-8-16］.http://www.unicode.org/charts/PDF/ U20000.pdf.

［19］CJK Extension C［OL］.［2016-8-16］.http://www.unicode.org/charts/PDF/

U2A700.pdf.

[20] CJK Extension D[OL].[2016-8-16].http://www.unicode.org/charts/PDF/U2B740.pdf.

[21] CJK Extension E[OL].[2016-8-16].http://www.unicode.org/charts/PDF/U2B820.pdf.

[22] CJK Radicals Supplement[OL]. [2016-8-16]. http://www.unicode.org/charts/PDF/U2E80.pdf.

[23] CJK Radicals/KangXi Radicals[OL].[2016-8-16].http://www.unicode.org/charts/PDF/U2F00.pdf.

[24] CJK Strokes[OL].[2016-8-16].http://www.unicode.org/charts/PDF/U31C0.pdf.

[25] CJK Symbols and Punctuation[OL].[2016-8-16].http://www.unicode.org/charts/PDF/U3000.pdf.

[26] CJK Unified Ideographs (Han)[OL].[2016-8-16].http://www.unicode.org/charts/PDF/U4E00.pdf.

[27] CJK[OL]. [2016-8-16]. http://baike.baidu.com/link?url=qGpBzVY-r79AvN1s-7rZsLUiV8rgyEuecVdt8i8NSLA1UtG-1pMZwEVxC5WEBuDVDRSwYn4UXB1yK7d8-dzXpa.

[28] CJK 拆分序列说明文件 [OL]. [2016-8-16].http://hanzi.unihan.com.cn/downloads/INFO_FOR_CJKDecomposed20080425V312（CJK 拆分序列说明文件）.pdf.

[29] CJK 汉字拆分项目数据文件 [OL]. [2016-8-16]. http://hanzi.unihan.com.cn/downloads/CJKDecomposed20080425V312（CJK 拆分序列 IDS）.pdf

[30] CJK 汉字构件集 [OL]. [2016-8-16]. http://hanzi.unihan.com.cn/downloads/CJKComponentSet080425V312（CJK 汉字构件集）.pdf.

[31] CNS 11643-2[OL].[2016-8-16].http://www.cns11643.gov.cn/.

[32] Enclosed CJK Letters and Months[OL].[2016-8-16].http://www.unicode.org/charts/PDF/U3200.pdf.

[33] Enclosed Ideographic Supplement[OL].[2016-8-16].http://www.unicode.org/charts/PDF/U1F200.pdf.

[34] General Characteristics of Han Ideographs[OL]. [2016-8-16]. http://www.unicode.org/versions/Unicode9.0.0/ch18.pdf.

[35] GF0014-2009，现代常用字部件及部件名称规范 [OL].[2016-8-16].http://www.moe.edu.cn/ewebeditor/uploadfile/2015/01/13/20150113090318445.pdf.

[36] GF2001-2001，GB13000.1 字符集汉字折笔规范 [OL].[2016-8-16].http://www.moe.edu.cn/publicfiles/business/htmlfiles/moe/cmsmedia/document/98.doc

［37］GF3001−1997，信息处理用 GB13000.1 字符集汉字部件规范［OL］.［2016−8−16］.http://www.moe.edu.cn/ewebeditor/uploadfile/2015/01/12/20150112165337190.pdf.

［38］Guidelines on IDS Decomposition Appendix［OL］.［2016−8−16］.http://www.cse.cuhk.edu.hk/~irg/irg/irg25/IRGN1153_IDS_RulesAppendixA.zip.

［39］Guidelines on IDS Decomposition［OL］.［2016−8−16］. http://appsrv.cse.cuhk.edu.hk/~irg/irg/irg25/IRGN1183RevisedIDSPrinciples.pdf.

［40］HanGlyph Language Reference Manual［OL］.［2016−8−16］. http://www.hanglyph.com/en/hanglyph/reference.pdf.

［41］HanGlyph Stroke［OL］.［2016−8−16］.http://www.hanglyph.com/en/hanglyph/stroketable.shtml.

［42］History of Unicode Release and Publication Dates［OL］.［2016−8−16］.http://www.unicode.org/history/publicationdates.html#Release_Dates.

［43］Ideographic Description Characters(Unicode3.0.0)［OL］.［2016−8−16］. http://www.unicode.org/versions/Unicode3.0.0/ch10.pdf.

［44］Ideographic Description Characters(Unicode4.0.0)［OL］.［2016−8−16］. http://www.unicode.org/versions/Unicode4.0.0/ch11.pdf.

［45］Ideographic Description Characters(Unicode5.0.0)［OL］.［2016−8−16］. http://www.unicode.org/versions/Unicode5.0.0/ch12.pdf.

［46］Ideographic Description Characters(Unicode6.0.0)［OL］.［2016−8−16］. http://www.unicode.org/versions/Unicode6.0.0/ch12.pdf.

［47］Ideographic Description Characters(Unicode7.0.0)［OL］.［2016−8−16］. http://www.unicode.org/versions/Unicode7.0.0/ch18.pdf.

［48］Ideographic Description Characters(Unicode8.0.0)［OL］.［2016−8−16］. http://www.unicode.org/versions/Unicode8.0.0/ch18.pdf.

［49］Ideographic Description Characters(Unicode9.0.0)［OL］.［2016−8−16］. http://www.unicode.org/versions/Unicode9.0.0/ch18.pdf.

［50］Ideographic Description Characters［OL］.［2016−8−16］. http://www.unicode.org/charts/PDF/U2FF0.pdf.

［51］Ideographic Symbols and Punctuation［OL］.［2016−8−16］.http://www.unicode.org/charts/PDF/U16FE0.pdf.

［52］Ideographic Variation Database［OL］.［2016−8−16］.http://www.unicode.org/ivd/.

［53］IDS decomposition principles(Revised by IRG) Apendix［OL］.［2016−8−16］. http://appsrv.cse.cuhk.edu.hk/~irg/irg/irg25/IRGN1183A_ids_irg.zip.

［54］IDS−UCS［OL］.［2016−8−16］.http://www.chise.org/ids/index.html.

[55] IRG Principle and Procedures[OL]. [2016−8−16]. http://appsrv.cse.cuhk.edu. hk/~irg/irg/irg45/IRGN2092PnPv8Confirmed.pdf.

[56] IRG Principles and Procedures Version 7[OL]. [2016−8−16]. http://std.dkuug. dk/JTC1/SC2/WG2/docs/n4579.pdf.

[57] ISO 10646[OL]. [2016−8−16]. http://baike.baidu.com/link?url=q6A6WVHZ1d nswzEww1raFnlkY_hXC8qKzhvxPz2WI_−OTsqLjwGPz50BuJmUFEGs6EtQLYSJXtBc1W NXAXnmS_.

[58] IVD（2014−05−16）[OL].[2016−8−16].http://www.unicode.org/ivd/ data/2014−05−16.

[59] IVD_Stats（2014−05−16）[OL].[2016−8−16].http://www.unicode.org/ivd/ data/2014−05−16/IVD_Stats.txt.

[60] Kanbun[OL].[2016−8−16].http://www.unicode.org/charts/PDF/U3190.pdf.

[61] Kangxi Radicals[OL]. [2016−8−16]. http://www.unicode.org/charts/PDF/ U2F00.pdf.

[62] KanjiVG file format[OL]. [2016−8−16]. http://kanjivg.tagaini.net/format.html.

[63] KanjiVG Viewer[OL]. [2016−8−16]. http://kanjivg.tagaini.net/viewer.html.

[64] KanjiVG[OL]. [2016−8−16]. http://kanjivg.tagaini.net/.

[65] Limitation of Kanjivg[OL]. [2016−8−16]. http://kanjivg.tagaini.net/ internationalization.html.

[66] OpenType[OL].[2016−8−16].http://baike.baidu.com/link?url=v7_TghFwkux3L 2kXx1yWHRFW8gYJSs3w1I7GrapBLuWdgOoFNSF8KY_Z−D9X9AIhoZTxukf7vaDtG2K DwbsvTCZiVXPfC6vCZd_q7WnPF8K.

[67] POSTSCRIPT 字体格式——CID−KEYED [OL].[2016−8−16].http://www. chinabaike.com/t/9791/2013/0622/1268344.html.

[68] Procedure for the unification and arrangement of CJK Ideographs[OL].[2016−8− 16].http://www.cse.cuhk.edu.hk/~irg/irg/N681_Annex_S.doc.

[69] Proposal to redefine the scope of Ideographic Description Sequences and to encode four additional Ideographic Description Characters[OL]. [2016−8−16]. http://www. unicode.org/L2/L2009/09171−n3643−ideo−desc.pdf.

[70] QQ 拼音 [OL]. [2016−8−16]. http://qq.pinyin.cn/index.php.

[71] Roadmap to the BMP[OL].[2016−8−16].http://www.unicode.org/roadmaps/ bmp/.

[72] Roadmap to the SIP[OL].[2016−8−16].http://www.unicode.org/roadmaps/sip/.

[73] Roadmap to the SMP[OL].[2016−8−16].http://www.unicode.org/roadmaps/

smp/.

[74] Roadmap to the SSP[OL].[2016-8-16].http://www.unicode.org/roadmaps/ssp/.

[75] Roadmap to the TIP[OL].[2016-8-16].http://www.unicode.org/roadmaps/tip/.

[76] SCML: A Structural Representation for Chinese Characters[OL]. [2016-8-16]. http://www.cs.dartmouth.edu/reports/TR2007-592.pdf.

[77] Table 6-21. Primary Source Standard for Unified Han[OL].[2016-8-16].http://www.unicode.org/versions/Unicode2.0.0/ch06_4.pdf.

[78] Table 6-22. Secondary Source Standard for Unified Han[OL].[2016-8-16].http://www.unicode.org/versions/Unicode2.0.0/ch06_4.pdf.

[79] The Unicode Standard 5.0 Chapter 12 East Asian Scripts[OL].[2016-8-16].http://www.unicode.org/versions/Unicode5.0.0/ch12.pdf.

[80] The Unicode Standard 9.0 Chapter 18 East Asian Scripts[OL].[2016-8-16].http://www.unicode.org/versions/Unicode9.0.0/ch18.pdf.

[81] The Unicode Standard: A Technical Introduction [OL].[2016-8-16].http://www.unicode.org/standard/principles.html.

[82] TrueType 字 体 [OL].[2016-8-16].http://baike.baidu.com/link?url=Y3U kDCIPnk29C7kxpKbzD2VeEGX_DWHoya1_aymE0h3hIVxlbhF3wm6BeRzHv6B- mmgRtdqNM0yp8pvMx5ThhH1-eH-s_qv0TniOe8kBcQUN5scti0byGr4CnH5KeePp.

[83] Unicode 9.0 Character Code Charts[OL]. [2016-8-16]. http://www.unicode. org/charts/.

[84] Unicode 9.0.0 [OL].[2016-8-16].http://www.unicode.org/versions/ Unicode9.0.0/.

[85] Unicode and ISO 10646[OL]. [2016-8-16]. http://www.unicode.org/faq/ unicode_iso.html.

[86] Unicode Ideographic Variation Database（UTS #37）[OL].[2016-8-16].http://www.unicode.org/reports/tr37/.

[87] Unicode Standard Annex #38 Unicode Han Database (Unihan)[OL].[2016-8-16]. http://www.unicode.org/reports/tr38/#N100FB.

[88] Unicode Standard Annex #38 Unicode Han Database (Unihan)[OL].[2016-8-16]. http://www.unicode.org/reports/tr38/index.html#kIICore.

[89] Unicode Technical Committee[OL].[2016-8-16].http://www.unicode.org/ consortium/utc.html.

[90] Unihan data for U+4E00[OL]. [2016-8-16]. http://www.unicode.org/cgi-bin/ GetUnihanData.pl?codepoint=4e00.

［91］Unihan Database Lookup［OL］.［2016-8-16］. http://www.unicode.org/charts/unihan.html.

［92］Universal Coded Character Set［OL］.［2016-8-16］. https://en.wikipedia.org/wiki/Universal_Coded_Character_Set.

［93］U-Source Ideographs Data File（Latest version）［OL］.［2016-8-16］.http://www.unicode.org/Public/UCD/latest/ucd/USourceData.txt.

［94］U-source Ideographs（Unicode Standard Annex #45）［OL］.［2016-8-16］.http://www.unicode.org/reports/tr45/.

［95］UTF-8, UTF-16, UTF-32 & BOM［OL］.［2016-8-16］. http://www.unicode.org/faq/utf_bom.html.

［96］What does the term "CJK" mean?［OL］.［2016-8-16］. http://www.unicode.org/faq/han_cjk.html.

［97］Who is responsible for future CJK characters?［OL］.［2016-8-16］.http://www.unicode.org/faq/han_cjk.html.

［98］Ω/CHISE:A Typesetting Framework based on the Character Information Service Environment［OL］.［2016-8-16］.http://coe21.zinbun.kyoto-u.ac.jp/papers/ws-type-2003/077-Omega-CHISE.pdf.

［99］北大 CCL 汉语语料库［OL］.［2016-8-16］. http://ccl.pku.edu.cn:8080/ccl_corpus/.

［100］苍颉电书平台简介［OL］.［2016-8-16］. http://mail.tku.edu.tw/yjlin/cbf_web/ebook_intro.htm# 蒼頡電書平台簡介.

［101］大汉和辞典［OL］.［2016-8-16］.http://ja.wikipedia.org/wiki/%E5%A4%A7%E6%BC%A2%E5%92%8C%E8%BE%9E%E5%85%B8.

［102］动态组字［OL］.［2016-8-16］. http://zh.wikipedia.org/wiki/%E5%8B%95%E6%85%8B%E7%B5%84%E5%AD%97.

［103］动态组字的发展历史［OL］.［2016-8-16］. http://docs.google.com/View?docid=ajh8m4f3vdcc_16n6sh86.

［104］构字式的处理技巧［OL］.［2016-8-16］. http://cdp.sinica.edu.tw/service/documents/T960419.pdf.

［105］古籍字频在线查询工具［OL］.［2016-8-16］. http://hanzi.unihan.com.cn/Tools/Frequency/.

［106］谷歌拼音输入法［OL］.［2016-8-16］. http://baike.baidu.com/link?url=IuMm4Hh-a1j9DN5mQtNYDznNEja9CZq5R8Duy9mAsLqN_Vng8I-mUBPu03CqET3KloN3zhOdg3J4rJSZWCgixSUMEx4DyGkBuKhS71wruemJeVu-fhTJwV4mIe19drqU5qYs8QwCkM

us6cpVaoKztGIGYYCyibhknCPDon_kjgaIo0oOqpXQtFwrC4UgJILngMdFidYgUiLLQtNM
xv−9njGl−LwKcDvcjFVP4tvznDSK_1k3aCba6−JFRNArZbPx#5_3.

[107] 关于汉典 [OL]. [2016−8−16]. http://www.zdic.net/aboutus/.

[108] 韩国编最全汉字字典应让中国学者羞愧 [OL].[2016−8−16].http://www.
yywzw.com/show.aspx?id=1352&cid=74.

[109] 汉语拼音方案 [OL].[2016−8−16].http://www.moe.edu.cn/ewebeditor/uploadfi
le/2015/03/02/20150302165814246.pdf.

[110] 汉字构形资料库 [OL]. [2016−8−16]. http://cdp.sinica.edu.tw/cdphanzi/.

[111] 汉字构形资料库的研发与应用 [OL]. [2016−8−16]. http://cdp.sinica.edu.tw/
service/documents/T090904.pdf.

[112] 汉字数位化的困境及因应：谈如何建立汉字构形资料库 [OL]. [2016−8−16].
http://cdp.sinica.edu.tw/service/documents/T960507.pdf.

[113] 简化汉字独体字表 [OL].[2016−8−16].http://xh.5156edu.com/page/z2714m87
30j18605.html.

[114] 见字识码 [OL].[2016−8−16]. http://baike.baidu.com/link?url=fsviAfQbwyyA−
rQNqcRaRDvXzgjrUwhcg0Bf−vZTxS_I43q58gPtAf−IUkWMnHhesnkJ8OqS−WOevWU7
FMVpZmaFqE4wUItsS7cy2hwXNc9hUw−qmgHp2aWVoBxlMdW7.

[115] 缺 字 系 统 JavaScript Demo[OL].[2016−8−16].http://char.ndap.org.tw/demo_
JavaScript/usage.htm.

[116] 日本特用汉字表 [OL].[2016−8−16].http://dict.variants.moe.edu.tw/fulu/fu5/
jap/index.htm.

[117] 什么是 Unicode（统一码）[OL].[2016−8−16].http://www.unicode.org/standard/
translations/s−chinese.html.

[118] 矢量字体 [OL].[2016−8−16].http://baike.baidu.com/link?url=3T4pl6HqHtfQg
Ret8kL8yo5pzHipU3X7zlU2SVIieI0yju7jfJ_p0F0Xu2M6wS37H8cTNqjsj93C9F_rdqJ9uK.

[119] 双拼输入法 [OL]. [2016−8−16]. http://baike.baidu.com/link?url=h_OKeEGL
slw_1AzGCM1FuLu3AZVAatactZn1DKW4LjngrZ−2n−nnm9KV6NrejaL7DjE4bQhgOttjO
CKkddeXWysn5EgmVYiPZo2TAD7goz7.

[120] 搜狗输入法 [OL]. [2016−8−16]. http://pinyin.sogou.com/.

[121] 微软拼音输入法 [OL]. [2016−8−16]. http://baike.baidu.com/link?url=jkx5
1zCCmWKcp4kPWRwnogEwt11bJoiu3VhM9capwJq0cgxpl6VmxH9cPO9pHHhe8ux_2e
ICxVujjluRaiwQ80−Vwrd7lgFlenWhjfeaAnX9un7txdHJUzcdA86b4qC3zCBl9KduSIg6y_
crtHJeN_wAsCw2I0−efDqBK43YEKq.

[122] 文渊阁四库全书电子版简介 [OL]. [2016−8−16]. http://www.unihan.com.

cn/SuccessfulCase2.html#DIV5.

［123］无限组字编辑器使用说明［OL］.［2016-8-16］. http://www.ksana.tw/ccg_help/.

［124］五笔字形［OL］.［2016-8-16］. http://baike.baidu.com/view/3597.htm.

［125］现代常用独体字规范［OL］.［2016-8-16］.http://www.moe.edu.cn/ewebeditor/uploadfile/2015/01/13/20150113090418639.pdf.

［126］现代汉语通用字笔顺规范［OL］.［2016-8-16］. http://www.moe.edu.cn/ewebeditor/uploadfile/2015/01/12/20150112165252956.pdf.

［127］小学堂文字学资料库收录现况［OL］.［2016-8-16］.http://xiaoxue.iis.sinica.edu.tw/.

［128］新闻出版重大科技工程项目"中华字库"工程申报指南［OL］.［2016-8-16］. http://www.gapp.gov.cn/cms/cms/upload/info/201010/704504/128712755867054132.doc.

［129］信息处理用 GB13000.1 字符集汉字部件规范［OL］.［2016-8-16］.http://www.moe.edu.cn/ewebeditor/uploadfile/2015/01/12/20150112165337190.pdf.

［130］异体字字典［OL］.［2016-8-16］.http://dict.variants.moe.edu.tw/.

［131］张轴材.《四库全书》电子版工程与中文信息技术［OL］.［2011-6-30］. http://www.unihan.com.cn/documents/(doc)Unihan_experience.rar.

［132］郑码简介［OL］.［2016-8-16］. http://www.china-e.com.cn/main/zhengma/jj.htm.

［133］智能 ABC［OL］.［2016-8-16］. http://baike.baidu.com/view/37856.htm?fromtitle=%E6%99%BA%E8%83%BDABC%E8%BE%93%E5%85%A5%E6%B3%95&fromid=143890&type=syn.

［134］中国首份《汉字输入发展报告》发布［OL］.［2016-8-16］. http://it.sohu.com/20110614/n310152371.shtml.

［135］中华电子佛典协会［OL］.［2016-8-16］. http://www.cbeta.org/.

［136］中文大辞典［OL］.［2016-8-16］.http://baike.baidu.com/view/2214178.htm.

［137］中文古籍网上出版平台系统概要［OL］.［2016-8-16］. http://e-platform.iso10646hk.net/sysoverview.jsp.

附　　录

一、UniHan 术语

表 A–1　UniHan 部分术语表 [①]

编号	名称	说明
1	IRGSources	IRG 来源
1_1	kCompatibilityVariant	兼容异体
1_2	kIICore	国际表意文字核心集（International Ideographs Core，简称 IICore）
1_3	kIRGGSource	中国大陆
1_4	kIRGHSource	中国香港（特别行政区）
1_5	kIRGJSource	日本
1_6	kIRGKPSource	朝鲜
1_7	kIRGKSource	韩国
1_8	kIRGMSource	中国澳门（特别行政区）
1_9	kIRGTSource	中国台湾
1_10	kIRGUSource	Unicode 技术委员会（Unicode Technical Committee，简称 UTC）
1_11	kIRGVSource	越南
1_12	kRSUnicode	Unicode
2	DictionaryIndices	字典索引

[①] Unicode Standard Annex #38 Unicode Han Database (Unihan)［OL］．［2016-8-16］．http://www.unicode.org/reports/tr38/index.html#kIICore.

续表

编号	名称	说明
2_1	kCheungBauerIndex	《粤语汉字标注法》索引 《粤语汉字标注法》（The Representation of Cantonese with Chinese Characters），张群显（Cheung Kwan-hin），包睿舜（Robert S. Bauer），《中国语言学报》（Journal of Chinese Linguistics）专集系列 2002 年第 18 期
2_2	kCowles	《粤语袖珍字典》索引 《粤语袖珍字典》（A Pocket Dictionary of Cantonese），Roy T. Cowles，香港大学出版社，1999 年出版
2_3	kDaeJaweon	《大字源》索引 《大字源》（Dae Jaweon (Korean) dictionary），Samseong 出版公司，1988 年第一版
2_4	kFennIndex	《五千字字典》索引 《五千字字典》（The Five Thousand Dictionary:aka Fenn's Chinese-English Pocket Dictionary），芳泰瑞（Courtenay H. Fenn），哈佛大学出版社，1942 年出版
2_5	kGSR	《汉文典（重订本）》索引 《汉文典（重订本）》（Grammata Serica，Script and Phonetics in Chinese and Sino-Japanese），高本汉（Klas Bernhard Johannes Karlgren），1957 年出版
2_6	kHanYu	《汉语大字典》索引 《汉语大字典》，四川辞书出版社，1986 年出版
2_7	kIRGDaeJaweon	《大字源》IRG 定序索引
2_8	kIRGDaiKanwaZiten	《大汉和辞典》IRG 定序索引 《大汉和辞典》修订本，诸桥辙次，Taishuukan Shoten，1986 年出版。
2_9	kIRGHanyuDaZidian	《汉语大字典》IRG 定序索引
2_10	kIRGKangXi	《康熙字典》IRG 定序索引 《康熙字典》第七版，中华书局，1989 年出版
2_11	kKangXi	《康熙字典》索引
2_12	kKarlgren	《中日汉字分析字典》索引 《中日汉字分析字典》（Analytic Dictionary of Chinese and Sino-Japanese），高本汉，Dover 出版公司，1974 年出版
2_13	kLau	《实用粤英词典》索引 《实用粤英词典》（A Practical Cantonese-English Dictionary），刘锡祥（Sidney Lau），香港政府印务局，1977 年出版
2_14	kMatthews	《汉英字典》索引 《汉英字典》（A Chinese-English Dictionary），马修斯（Robert Henry Mathews），哈佛大学出版社，1975 年出版

续表

编号	名称	说明
2_15	kMeyerWempe	《学生粤英字典》索引 《学生粤英字典》（The Student's Cantonese-English Dictionary），Bernard F. Meyer，Theodore F. Wempe，1947 年出版
2_16	kMorohashi	《大汉和辞典》索引
2_17	kNelson	《最新漢英辞典》索引 《最新漢英辞典》（The Modern Reader's Japanese-English Character Dictionary），Andrew Nathaniel Nelson，Charles E. Tuttle 公司，1974 年出版
2_18	kSBGY	《宋本广韵》索引 《新校正切宋本广韵》，林尹校订，台湾地区黎明文化事业公司，1976 年出版；《新校互注·宋本广韵》（ISBN 962-201-413-5），余乃永，香港中文大学，1993 年出版；《新校互注·宋本广韵》（ISBN 7-5326-0685-6），余乃永，香港中文大学，2000 年出版
3	DictionaryLikeData	字典数据
3_1	kCangjie	仓颉码
3_2	kCheungBauer	《粤语汉字标注法》
3_3	kCihaiT	《辞海》 《辞海（单卷本）》（ISBN 962-231-005-2），（香港）中华书局，重印 1947 年本，1983 年出版
3_4	kFenn	《五千字字典》
3_5	kFourCornerCode	四角号码
3_6	kFrequency	字频 汉字在繁体中文网络新闻组（traditional Chinese USENET postings）中出现的频率，共分为 5 级（1 级最高，5 级最低）
3_7	kGradeLevel	香港汉字教学水平等级（共分为 6 级）
3_8	kHDZRadBreak	《汉语大字典》部首
3_9	kHKGlyph	香港《常用字字形表》 《常用字字形表（二零零零年修订本）》（ISBN 962-949-040-4），香港教育学院，2000 年出版。
3_10	kPhonetic	《万字分析字典》 《万字分析字典》（Ten Thousand Characters:An Analytic Dictionary），G. Hugh Casey S.J.，Kelley and Walsh 公司，1980 年出版
3_11	kTotalStrokes	总笔画数
4	NumericValues	数值

编号	名称	说明
4_1	kAccountingNumeric	财会数字
4_2	kOtherNumeric	其他数字
4_3	kPrimaryNumeric	主要数字
5	OtherMappings	其他映射
5_1	kBigFive	Big5 编码
5_2	kCCCII	CCCII 编码
5_3	kCNS1986	CNS 11643-1986 编码
5_4	kCNS1992	CNS 11643-1992 编码
5_5	kEACC	EACC 编码
5_6	kGB0	GB 2312-80 编码
5_7	kGB1	GB 12345-90 编码
5_8	kGB3	GB 7589-87 编码
5_9	kGB5	GB 7590-87 编码
5_10	kGB7	GB 8565-89 编码
5_11	kGB8	GB 8565-89 编码
5_12	kHKSCS	HKSCS 编码
5_13	kIBMJapan	IBM 日文编码
5_14	kJa	Unified Japanese IT Vendors Contemporary Ideographs（1993）
5_15	kJis0	JIS X 0208-1990 编码
5_16	kJis1	JIS X 0212-1990 编码
5_17	kJIS0213	JIS X 0213-2004 编码
5_18	kKPS0	KPS 9566-97 编码
5_19	kKPS1	KPS 10721-2000 编码
5_20	kKSC0	KS X 1001:1992（KS C 5601-1989）编码
5_21	kKSC1	KS X 1002:1991（KS C 5657-1991）编码
5_22	kMainlandTelegraph	中国大陆电报编码
5_23	kPseudoGB1	伪 GB 12345-90 编码
5_24	kTaiwanTelegraph	台湾地区电报编码
5_25	kXerox	Xerox 编码
6	RadicalStrokeCounts	部首笔画数
6_1	kRSAdobeJapan16	Adobe 日文部首笔画数

续表

编号	名称	说明
6_2	kRSJapanese	日文部首笔画数
6_3	kRSKangXi	《康熙字典》部首笔画数
6_4	kRSKanWa	《大汉和辞典》部首笔画数
6_5	kRSKorean	韩文部首笔画数
7	Readings	读音
7_1	kCantonese	粤语读音
7_2	kDefinition	英文字义
7_3	kHangul	谚文注音
7_4	kHanyuPinlu	现代汉语读音频率 《现代汉语频率词典》（ISBN 7-5619-0094-5），北京语言学院语言教学研究所，1986 年 6 月第一次出版，1990 年 4 月第二次印刷
7_5	kHanyuPinyin	汉语拼音
7_6	kJapaneseKun	日文训读
7_7	kJapaneseOn	日文音读
7_8	kKorean	韩文发音（罗马字）
7_9	kMandarin	普通话发音
7_10	kTang	唐韵 《唐诗词汇》（T'ang Poetic Vocabulary），司徒修（Hugh M. Stimson），耶鲁大学远东出版社，1976 年出版
7_11	kVietnamese	越南发音
7_12	kXHC1983	现代汉语拼音 《现代汉语词典》（统一书号 17017.91），中国社会科学院语言研究所词典编辑室，商务印书馆，1978 年 12 月第 1 版，1983 年 1 月第 2 版
8	Variants	异体
8_1	kSemanticVariant	语义异体
8_2	kSimplifiedVariant	简化异体
8_3	kSpecializedSemanticVariant	特定语义异体
8_4	kTraditionalVariant	繁体异体
8_5	kZVariant	书写风格异体

二、Gcode 来源分析

表 A-2　Gcode 来源统计表 ①

	基本集	扩 A 集	扩 B 集	扩 C 集	扩 D 集	扩 E 集	合计
GB 2312-80	6763						6763
GB 12345-90	2202						2202
GB 7589-87	4834	2391	1				7226
GB 7590-87	2841	1226					4067
《现代汉语通用字表》	42	120					162
新加坡汉字		226					226
GB 8565-88	290						290
GB 18030-2000	8		6				14
GB 16500-1998	3779						3779
《四库全书》			522				522
《中国大百科全书》			86	74		15	175
《辞海》			247	264	1	112	624
《辞源》			66	1		3	70
中国测绘科学院用字				55		98	153
地质出版社用字						1	1
方正排版系统			65	1			66
《古代汉语词典》				51		175	226
GB/T 15564-1995	59						59
《汉语大词典》			553	14		7	574
《汉语大字典》	1	339	10510	1			10851
中国公安部身份识别系统用字					32	36	68
商务印书馆用字				61		147	208
GB 12052-89	89						89
《康熙字典》（含补遗）	2	1890	18469	6		22	20389
人民日报用字						3	3

---

① Unihan Database Lookup［OL］．［2016-8-16］．http://www.unicode.org/charts/unihan.html.

续表

	基本集	扩A集	扩B集	扩C集	扩D集	扩E集	合计
汉语大词典出版社用字						12	12
《现代汉语词典》				25	4	57	86
《新华字典》						4	4
《汉语方言大词典》				202		712	914
《中华字海》					39		39
《殷周金文集成引得》				365		1410	1775
《现代汉语规范词典（第二版）》	2						2
《通用规范汉字字典》	1						1
合计	20913	6192	30525	1120	76	2814	61640

三、统一规则应用示例 [①]

（一）来源分离规则

丢丢	T	兖兖	T	单单	T	国国	T
4E1F 4E22		5156 5157		5355 5358		56EF 56FD	
么幺	GT	冊冊	TJ	即卽	TK	圈圈	TJ
4E48 5E7A		518A 518C		5373 537D		5708 570F	
争爭	GTJ	净淨	G	卷卷	TJ	圓圓	T
4E89 722D		51C0 51C8		5377 5DFB		570E 5713	
仞仭	J	几几	T	叁参	GT	圖圗	
4EDE 4EED		51E2 51E3		53C1 53C2		5716 5717	
併併	T	刃双	TJ	參叅	T	堅坙	
4F75 5002		5203 5204		53C3 53C4		5759 5DE0	
侣侶	T	刊刋	TJ	吕呂	T	垒埓	J
4FA3 4FB6		520A 520B		5415 5442		57D2 57D3	
侯俁	TJK	删删	T	吞吞	T	墅塅	T
4FC1 4FE3		5220 522A		541E 5451		5848 588D	

---

① Procedure for the unification and arrangement of CJK Ideographs [OL]. [2016-8-16]. http://www.cse.cuhk.edu.hk/~irg/irg/N681_Annex_S.doc.

俞俞	T	別別	T	吳吴呉	TJ	塡填	TJ
4FDE 516A		5225 522B		5433 5434 5449		5861 586B	
俱俱	T	券券	TJ	呐呐	T	增增	T
4FF1 5036		5238 52B5		5436 5450		5897 589E	
值値	T	刹刹	T	告告	T	壯壮	GTJ
5024 503C		5239 524E		543F 544A		58EE 58EF	
偸偷	T	剏剙	T	唧唧	T	壽寿	T
5077 5078		524F 5259		5527 559E		58FD 5900	
僞僞	TJ	剝剥	T	喩喻	T	夐敻	T
507D 50DE		525D 5265		55A9 55BB		5910 657B	
兌兑	T	劒劔	J	噓嘘	T	本本	GTJ
514C 5151		5292 5294		5618 5653		5932 672C	
兎兔	TJ	勻匀	T	噯嗳	GTJ	奧奥	J
514E 5154		52FB 5300		568F 5694		5965 5967	
奬獎奖	TJ	將将	GTJ	彝彝	J	揷插挿	TJ
5968 596C 734E		5C06 5C07		5F5B 5F5C		633F 63D2 63F7	
妆妝	GT	尓尔	T	彜彞	T	捏捏	TJ
5986 599D		5C13 5C14		5F5D 5F5E		634F 63D1	
姸妍	T	尙尚	T	彥彦	T	搜搜	TJ
598D 59F8		5C19 5C1A		5F65 5F66		635C 641C	
姍姗	T	尫尪	T	德德	T	揭揭	T
59CD 59D7		5C2A 5C2B		5FB3 5FB7		63B2 63ED	
姬姬	GT	尷尴	T	徵徴	T	搖摇摇	TJ
59EB 59EC		5C36 5C37		5FB4 5FB5		63FA 6416 6447	
娛娛娱	T	屛屏	T	惠惠	TJ	搵搵	T
5A1B 5A2F 5A31		5C4F 5C5B		6075 60E0		63FE 6435	
婕婕	T	峥峥	GT	悅悦	T	擊击	TJ
5A55 5AAB		5CE5 5D22		6085 60A6		6483 64CA	
媮媮	T	巓巅	T	惧惧	T	敎教	T
5A7E 5AAE		5DD3 5DD4		609E 60AE		654E 6559	
媪媼	TK	帡帲	T	悳悳	T	敚敚	T
5AAA 5ABC		5E21 5E32		60B3 60EA		6553 655A	
媯嬀	T	帶带	TJ	慍愠	T	旣既	T
5AAF 5B00		5E2F 5E36		6120 614D		65E2 65E3	
孅孅	T	幷并	T	愼慎	TJ	昂昂	T
5B0E 5B14		5E76 5E77		613C 614E		6602 663B	
孋孋	GT	廏廏	T	戩戬	GT	晚晚	T
5B24 5B37		5EC4 5ECF		6229 622C		665A 6669	

孳孳	T	弒弑	T	戲戲	T	曁暨	T
5B73 5B76		5F11 5F12		622F 6231		66A8 66C1	
宮宫	T	強强	T	戶户戸	T	曾曾	J
5BAB 5BAE		5F37 5F3A		6236 6237 6238		66FD 66FE	
寬寛	T	弹弹	T	戻戾	T	枏枬	T
5BDB 5BEC		5F39 5F3E		623B 623E		67B4 67FA	
寧寧	T	彐彑	TJ	抛拋	T	查查	T
5BDC 5BE7		5F50 5F51		629B 62CB		67E5 67FB	
寢寝	GTJ	彔录	T	抜拔	TJ	栅栅	T
5BDD 5BE2		5F54 5F55		629C 62D4		67F5 6805	
專専	J	彙彚	T	挩挩	T	梲棁	T
5C02 5C08		5F59 5F5A		6329 635D		68B2 68C1	
榆楡	T	況况	T	產产	T	緼緼	T
6961 6986		6D97 6D9A		7522 7523		7DFC 7E15	
概概	T	淚泪	T	瘦瘦	J	繐繸	T
6982 69EA		6D99 6DDA		75E9 762		7E48 7E66	
榲榲	T	淥渌	T	皑皠	T	羮羹	TJ
6985 69B2		6DE5 6E0C		76A1 76A5		7FAE 7FB9	
橬橬	T	淸清	T	眞真	TJ	翶翺	T
699D 6A27		6DF8 6E05		771E 771F		7FF6 7FFA	
槙槙	J	渴渴	T	眾衆	TJK	胼胼	T
69C7 69D9		6E07 6E34		773E 8846		80FC 8141	
樣様	TJ	溫温	T	研研	T	脫脱	T
69D8 6A23		6E29 6EAB		7814 784F		812B 8131	
橫横	T	潙潙	T	祿禄	TJ	膃膃	T
6A2A 6A6B		6E88 6F59		797F 7984		817D 8183	
步歩	T	漑溉	T	秃秃	T	鳥鳥	GT
6B65 6B69		6E89 6F11		79BF 79C3		8203 8204	
歲歳	T	滾滚	T	稅税	T	舍舎	TJ
6B72 6B73		6EDA 6EFE		7A05 7A0E		820D 820E	
歿殁	T	潛潜	GTJK	穗穂	TJ	舖舗	J
6B7F 6B81		6F5B 6FF3		7A42 7A57		8216 8217	
殼殻	GTJ	瀨瀬	T	筝筝	GJ	莊荘	TJ
6BBB 6BBC		7028 702C		7B5D 7B8F		8358 838A	
毀毁	T	為爲	GTJ	簛簛	T	菑菑	TJ
6BC0 6BC1		70BA 7232		7BB3 7C08		83D1 8458	
每毎	T	熒熒	GTJK	篡簒	T	藍蓝	T
6BCE 6BCF		712D 7162		7BE1 7C12		8480 8495	

字	标记	编码	字	标记	编码	字	标记	编码	字	标记	编码
氲氳	T	6C32 6C33	熙熙	J	7155 7199	粵粤	T	7CA4 7CB5	蔣蒋	GJ	848B 8523
污污	T	6C5A 6C61	熅熅	T	7174 7185	絕絶	T	7D55 7D76	薦薦	T	848D 853F
沒没	TJ	6C92 6CA1	狀狀	GT	72B6 72C0	綠緑	T	7DA0 7DD1	薀薀	T	8570 8580
浄淨	TJ	6D44 6DE8	瑤瑶	TJ	7464 7476	緒緒	T	7DD2 7DD6	薰薫		85AB 85B0
涉渉	T	6D89 6E09	瓶瓶	T	74F6 7501	緣縁	T	7DE3 7E01	蘊蘊		85F4 860A
虛虚	T	865A 865B	輻輻	T	8F3C 8F40	鎮鎮	TJ	93AD 93AE	骩骫		9AA9 9AAB
蛻蜕	T	86FB 8715	达达	T	8FBE 8FD6	閱閲	T	95B1 95B2	高髙		9AD8 9AD9
衛衞	TJK	885B 885E	迸进	TJ	8FF8 902C	陻陻	G	9667 9689	髮髮	TJ	9AEA 9AEE
袞袞	TK	886E 889E	遙遥	J	9059 9065	靑青	T	9751 9752	關鬪	T	9B2C 9B2D
裝裝	GJK	88C5 88DD	邢邢	T	90A2 90C9	靜静	GTJ	9759 975C	鰛鰮	TJ	9C1B 9C2E
訐訐	T	8A2E 8A7D	郎郎	T	90CE 90DE	靭靱	J	976D 9771	鳳鳳		9CEF 9CF3
說説	T	8AAA 8AAC	鄉鄉鄉	T	90F7 9109 9115	頹頹	T	9839 983D	鶇鶫	J	9D87 9DAB
諫諫	TJ	8ACC 8AEB	醖醖	T	9196 919E	顏顔	TJ	984F 9854	鶡鶡	J	9DC6 9DCF
謠謡	J	8B20 8B21	醬醬	J	91A4 91AC	顚顛	J	985A 985B	麪麫	T	9EAA 9EAB
豣豜	T	8C5C 8C63	鈃鈃	T	9203 9292	飮飲	J	98EE 98F2	麼麽	T	9EBC 9EBD
走赱	TJ	8D70 8D71	銳鋭	T	92B3 92ED	餅餅	TJ	9905 9920	黃黄	T	9EC3 9EC4
軒軒	T	8EFF 8F27	錄録	T	9304 9332	馱馱	TJK	99B1 99C4	黑黒	T	9ED1 9ED2
輜輜	J	8F1C 8F3A	鍊鍊	TK	932C 934A	駢駢	TK	99E2 9A08			

（二）不同字源规则

胄 胄	朘 朘	瞳 瞳	朌 朌
5191 80C4	6718 8127	6723 81A7	670C 80A6

朏 朏	胸 胸	朓 朓
670F 80D0	6710 80CA	6713 8101

（三）两级分类规则

1. 部件数量不同的字不做统一

崖·厓　　肱·厷　　降·夆

例如：

廳 廳	聴 聴 聽	懐 懷
5EF0 5EF3	8074 807C 807D	61D0 61F7

2. 部件相对位置不同的字不做统一

峰·峯　　荊·荆

例如：

荆 荊	孼 孽
8346 834A	5B7C 5B7D

3. 相应部件结构不同的字不做统一

拡·擴	策·筞	⺍·燊	圣·巠
佥·僉	区·區	夹·夾	单·單
雈·藿	戋·戔	赞·贊	襄·襄
韭·韮	間·閒	朶·朵	隽·雋
恒·恆	奂·奐	⿴人·⿴入	枭·枭
夂·叉			

例如：

冲沖　　決决　　敠敪　　躯躰
51B2 6C96　51B3 6C7A　6560 656A　8EB1 8EB2

朵朶　　况況　　灄灅　　埞埝
6735 6736　51B5 6CC1　7054 7067　579B 579C

稻稌　　翱翶　　寶寳　　耇耈耉
7A32 7A3B　7FF1 7FF6　5BF3 5BF6　8007 8008 8009

4. 抽象字形相同部件细节不同的字可做统一

辶·辶·辶　　礻·示·礻　　艮·艮·皀　　食·食·𩙿
黄·黄　　　皿·皿　　　曷·曷　　　包·包
青·青　　　每·每　　　冊·册　　　争·争
备·䍃·䍃　　彔·录　　　步·步　　　者·者
臭·臭　　　幷·并　　　骨·骨　　　吕·吕
直·直　　　県·梟　　　吴·吳·吳　　真·真·真
爲·为　　　单·单　　　曾·曾·曾　　成·成
專·专　　　内·內　　　晉·晋　　　龜·龜
艹·艹

（1）笔画角度不同

半·半　　勺·勺　　羽·羽·羽　　酋·酋
兼·兼　　益·益

（2）笔画出头不同

身·身　　雪·雪　　拐·拐　　不·不
非·非　　周·周　　告·告

（3）笔画连接不同

奥·奥　　酉·酉　　児·児　　查·查
奔·奔

（4）笔画折角突起不同

巨·巨

（5）笔画弯曲不同

西·西

（6）笔画收笔不同

朱·朱

（7）笔画起笔不同

父·父　　丈·丈　　夊·夊

（8）上部变形不同

八·八　　穴·穴

（9）上述多种不同

刃·刃·刃

四、IDS 语法规则变化

表 A-3   IDS 语法规则变化表

Unicode 版本号	语法	限制
3.0①	IDS ::= UnifiedIdeograph | Radical | BinaryDescriptionOperator IDS IDS | TrinaryDescriptionOperator IDS IDS IDS BinaryDescriptionOperator ::= U+2FF0 | U+2FF1 | U+2FF4 | U+2FF5 | U+2FF6 | U+2FF7| U+2FF8 | U+2FF9 | U+2FFA | U+2FFB TrinaryDescriptionOperator::= U+2FF2 | U+2FF3 Radical ::= U+2E80 | U+2E81 | ... | U+2EF2 | U+2EF3 | U+2F00 | U+2F01 | ... | U+2FD4| U+2FD5 UnifiedIdeograph ::= U+3400 | U+3401 | ... | U+4DB4 | U+4DB5 | U+4E00 | U+4E01 | ...| U+9FA4 | U+9FA5 | U+FA0E |U+FA0F | U+FA11 | U+FA13 | U+FA14| U+FA1F |U+FA21 | U+FA23 | U+FA24 | U+FA27 | U+FA28 |U+FA29	序列长度不能超过 16 个 Unicode 编码；若没有 IDC 作为间隔，构成序列的 UnifiedIdeograph 不能超过 6 个。
4.0②	IDS := Unified_CJK_Ideograph | CJK_Radical | IDS_BinaryOperator IDS IDS | IDS_TrinaryOperator IDS IDS IDS IDS_BinaryOperator := U+2FF0 | U+2FF1 | U+2FF4 | U+2FF5 | U+2FF6 | U+2FF7 |U+2FF8 | U+2FF9 | U+2FFA | U+2FFB IDS_TrinaryOperator:= U+2FF2 | U+2FF3	序列长度不能超过 16 个 Unicode 编码；若没有 IDC 作为间隔，构成序列的 Unified_CJK_Ideograph 或 CJK_Radical 不能超过 6 个。
5.0③	IDS := Unified_CJK_Ideograph | CJK_Radical | IDS_BinaryOperator IDS IDS | IDS_TrinaryOperator IDS IDS IDS IDS_BinaryOperator := U+2FF0 | U+2FF1 | U+2FF4 | U+2FF5 | U+2FF6 | U+2FF7 |U+2FF8 | U+2FF9 | U+2FFA | U+2FFB IDS_TrinaryOperator:= U+2FF2 | U+2FF3	序列长度不能超过 16 个 Unicode 编码；若没有 IDC 作为间隔，构成序列的 Unified_CJK_Ideograph 或 CJK_Radical 不能超过 6 个。

---

① Ideographic Description Characters(Unicode3.0.0)[OL].[2016-8-16].http://www.unicode.org/versions/Unicode3.0.0/ch10. pdf.

② Ideographic Description Characters(Unicode4.0.0)[OL].[2016-8-16].http://www.unicode.org/versions/Unicode4.0.0/ch11. pdf.

③ Ideographic Description Characters(Unicode5.0.0)[OL].[2016-8-16].http://www.unicode.org/versions/Unicode5.0.0/ch12. pdf.

续表

Unicode 版本号	语法	限制
6.0[①]	IDS := Ideographic | Radical | Private Use | IDS_BinaryOperator IDS IDS | IDS_TrinaryOperator IDS IDS IDS IDS_BinaryOperator := U+2FF0 | U+2FF1 | U+2FF4 | U+2FF5 | U+2FF6 | U+2FF7 |U+2FF8 | U+2FF9 | U+2FFA | U+2FFB IDS_TrinaryOperator:= U+2FF2 | U+2FF3	
7.0[②]	IDS := Ideographic | Radical | Private Use | U+FF1F | IDS_BinaryOperator IDS IDS | IDS_TrinaryOperator IDS IDS IDS IDS_BinaryOperator := U+2FF0 | U+2FF1 | U+2FF4 | U+2FF5 | U+2FF6 | U+2FF7 |U+2FF8 | U+2FF9 | U+2FFA | U+2FFB IDS_TrinaryOperator:= U+2FF2 | U+2FF3	
8.0[③]	IDS := Ideographic | Radical | CJK_Stroke | Private Use | U+FF1F | IDS_BinaryOperator IDS IDS | IDS_TrinaryOperator IDS IDS IDS CJK_Stroke := U+31C0 | U+31C1 | ... | U+31E3 IDS_BinaryOperator := U+2FF0 | U+2FF1 | U+2FF4 | U+2FF5 | U+2FF6 | U+2FF7 |U+2FF8 | U+2FF9 | U+2FFA | U+2FFB IDS_TrinaryOperator:= U+2FF2 | U+2FF3	
9.0[④]	IDS := Ideographic | Radical | CJK_Stroke | Private Use | U+FF1F | IDS_BinaryOperator IDS IDS | IDS_TrinaryOperator IDS IDS IDS CJK_Stroke := U+31C0 | U+31C1 | ... | U+31E3 IDS_BinaryOperator := U+2FF0 | U+2FF1 | U+2FF4 | U+2FF5 | U+2FF6 | U+2FF7 |U+2FF8 | U+2FF9 | U+2FFA | U+2FFB IDS_TrinaryOperator:= U+2FF2 | U+2FF3	

① Ideographic Description Characters(Unicode6.0.0)[OL].[2016−8−16].http://www.unicode.org/versions/Unicode6.0.0/ch12.pdf.

② Ideographic Description Characters(Unicode7.0.0)[OL].[2016−8−16].http://www.unicode.org/versions/Unicode7.0.0/ch18.pdf.

③ Ideographic Description Characters(Unicode8.0.0)[OL].[2016−8−16].http://www.unicode.org/versions/Unicode8.0.0/ch18.pdf.

④ Ideographic Description Characters[OL].[2016−8−16].http://www.unicode.org/versions/Unicode9.0.0/ch18.pdf.

五、CDL Schema[①]

```
<schema xmlns="http://www.w3.org/2001/XMLSchema"
xmlns:t="http://www.w3.org/namespace/" targetNamespace="http://www.w3.org/
namespace/">
        <element name="cdl-list">
                <complexType>
                        <sequence maxOccurs="unbounded">
                                <element ref="t:cdl"/>
                        </sequence>
                </complexType>
        </element>
        <element name="cdl">
                <complexType>
                        <choice maxOccurs="unbounded">
                                <element ref="t:comp"/>
                                <element ref="t:stroke"/>
                        </choice>
                        <attribute name="char" type="string" use="optional"/>
                        <attribute name="uni" type="string" use="optional"/>
                        <attribute name="variant" type="string" use="optional"/>
                        <attribute name="points" type="string" use="optional"/>
                        <attribute name="radical" type="string" use="optional"/>
                </complexType>
        </element>
        <element name="comp">
                <complexType>
                        <attribute name="char" type="string" use="optional"/>
                        <attribute name="uni" type="string" use="optional"/>
                        <attribute name="variant" type="string" use="optional"/>
                        <attribute name="points" type="string" use="optional"/>
                        <attribute name="transform" type="string" use="optional"/>
                        <attribute name="stroke-order" type="string" use="optional"/>
                </complexType>
        </element>
        <element name="stroke">
                <complexType>
                        <attribute name="type" type="string" use="optional"/>
                        <attribute name="points" type="string" use="optional"/>
                        <attribute name="head" use="optional">
```

---

① An equivalent (~) XML CDL Schema[OL].[2016-8-16].http://www.wenlininstitute.org/cdl/cdl_schema.xml.

```
<simpleType>
    <restriction base="string">
        <enumeration value="normal"/>
        <enumeration value="cut"/>
        <enumeration value="corner"/>
        <enumeration value="vertical"/>
    </restriction>
</simpleType>
</attribute>
<attribute name="tail" use="optional">
    <simpleType>
        <restriction base="string">
            <enumeration value="normal"/>
            <enumeration value="cut"/>
            <enumeration value="long"/>
        </restriction>
    </simpleType>
</attribute>
</complexType>
</element>
</schema>
```

六、CDL 笔画集

表 A-4　CDL 笔画表 [1]

No	类	子类	折数	点数	用量	笔画	Unicode	名称	CDL 编码
1	1	a	0	2	26.87%	一	U+4E00	横	h
2	1	b	0	2	3.45%	㇀	PUA	提	t
3	2	a	0	2	15.77%	丨	U+4E28	竖	s
4	2	b	1	3	1.13%	亅	U+4E85	竖钩	sg
5	3	a	0	2	12.54%	丿	U+4E3F	撇	p
6	3	b	0	2	3.95%	㇉	PUA	弯撇	wp

① Character Description Language (CDL):The Set of Basic CJK Unified Stroke Typesa[OL].[2016-8-16].http://www.wenlininstitute.org/cdl/cdl_strokes_2004_05_23.pdf.

No	类	子类	折数	点数	用量	笔画	Unicode	名称	CDL 编码
7	3	c	1	3	3.22%	㇒	PUA	竖撇	sp
8	4	a	0	2	9.59%	丶	U+4E36	点	d
9	4	b	0	2	3.52%	㇏	PUA	捺	n
10	4	c	0	3	0.03%	㇏	PUA	点捺	dn
11	4	d	1	3	0.43%	㇟	PUA	平捺	pn
12	4	e	1	3	0.11%	㇏	U+4E40	提捺	tn
13	4	f	1	4	0.08%	㇏	PUA	提平捺	tpn
14	5	a	1	3	3.28%	㇕	U+200CD	横折	hz
15	5	b	1	3	0.90%	㇇	PUA	横撇	hp
16	5	c	1	3	1.36%	㇇	U+4E5B	横钩	hg
17	5	d	1	3	2.54%	㇃	U+200CA	竖折	sz
18	5	e	1	4	0.17%	㇃	PUA	竖弯	sw
19	5	f	1	3	1.36%	㇙	U+2010C	竖提	st
20	5	g	1	3	0.51%	㇋	PUA	撇折	pz
21	5	h	1	3	0.11%	㇛	U+21FE8	撇点	pd
22	5	i	1	3	0.00%	㇀	PUA	撇钩	pg
23	5	j	1	4	0.24%	㇉	PUA	弯钩	wg
24	5	k	1	3	1.81%	㇂	PUA	斜钩	xg
25	5	l	2	4	0.14%	㇈	PUA	横折折	hzz
26	5	m	2	5	0.03%	㇇	PUA	横折弯	hzw
27	5	n	2	4	0.18%	㇊	PUA	横折提	hzt
28	5	o	2	4	2.22%	㇆	U+200CC	横折钩	hzg
29	5	p	2	4	0.28%	㇟	U+2E84	横斜钩	hxg
30	5	q	2	4	0.44%	㇅	U+200D1	竖折折	szz
31	5	r	2	4	0.11%	㇞	PUA	竖折撇	szp
32	5	s	2	5	1.84%	㇄	U+4E5A	竖弯钩	swg
33	5	t	3	5	0.06%	㇅	PUA	横折折折	hzzz

No	类	子类	折数	点数	用量	笔画	Unicode	名称	CDL 编码
34	5	u	3	5	0.09%	㇋	PUA	横折折撇	hzzp
35	5	v	3	6	0.60%	乙	U+4E59	横折弯钩	hzwg
36	5	w	3	6	0.03%	㇌	PUA	横撇弯钩	hpwg
37	5	x	3	5	0.92%	㇉	PUA	竖折折钩	szzg
38	5	y	4	6	0.11%	㇅	U+2010E	横折折折钩	hzzzg
39	5	z	1	2	0.06%	◯	U+3007	圈	o

七、HanGlyph 笔画集

表 A–5　　HanGlyph 笔画表 [①]

No	笔画	Unicode	名称	编码	例字
1	丶	U+4E36	点	d	衣　主　沙
2	ˏ		左点	D	心　快　热
3	丶		长点	f	不
4	㇇	U+21FE8	撇折点	g	女　好　巡
5	一	U+4E00	横	h	二　三
6	乛	U+200CD	横折	i	口　四　国
7	乛	U+200CC	横折钩	j	勾　狗　月
8	乛		横折撇	k	又　水　冬
9	乁		横折弯	l	沿　船　般
10	乙	U+4E59	横折弯钩	m	乙　吃
11	乛	U+4E5B	横钩	a	冠　皮　军
12	丨	U+4E28	竖	s	十　中　用
13	乚	U+200CA	竖折	b	山　区　忙
14	乚		竖弯	c	四　酒

---

① HanGlyph Stroke［OL］.［2016－8－16］.http://www.hanglyph.com/en/hanglyph/stroketable.shtml.

续表

No	笔画	Unicode	名称	编码	例字
15	㇄	U+4E5A	竖弯钩	w	见 儿
16	㇊	U+2010C	竖提	e	衣 根
17	亅	U+4E85	竖钩	S	丁 寸 利
18	㇂		弯钩	X	狗 狼 家
19	㇁		斜钩	Y	我 气 代
20	㇃		卧钩	W	心 感
21	㇆		横竖弯钩	o	九 几
22	ノ	U+4E3F	撇	p	大 人 少
23	一		平撇	P	看 千 毛
24	丿		竖撇	q	用 月 儿
25	㇛		撇折	r	么 丝 去
26	乀		捺	n	人 大 丈
27	㇇		平捺	v	走 赶 这
28	㇀	U+31C0	提	t	刁 打 地
29	㇓		点提	U	冰 清
30	㇅		横折折	N	凹
31	㇎		横折折折	L	凸
32	㇋	U+2010E	横折折钩	J	乃 仍
33	㇌		横折提	E	语 计
34	㇆		横撇弯钩	K	队 部
35	㇗	U+200D1	竖折折	B	鼎 亞
36	㇉		竖折折钩	C	马 弓
37	㇜		竖折撇	Q	专
38	㇟	U+2E84	横斜钩	M	飞 风 飚
39	㇍		横折折撇	R	廷 建 及
40	㇒		撇点	Z	学 应
41	㇕		横折	F	子 鱼 矛

八、汉字部件示例

表 A-6　汉字部件示例表

No	部件 /汉字	unicode	汉字构形库基础部件 ①	CNS 11643字符集部件 ②	GB13000.1字符集部件 ③	现代常用独体字规范 ④	简化汉字独体字表 ⑤	IDS_IRG 未拆字 ⑥	IDS_UCS未拆字 ⑦
1	一	U+4E00	1	1	1	1	1	1	1
2	㇀	U+31C0	1	1					
3	丨	U+4E28	1	1	1			1	1
4	丿	U+4E3F	1	1	1			1	1
5	丶	U+4E36	1	1	1			1	1
6	㇏	U+31CF		1	1			1	1
7	乙	U+4E59	1	1	1	1	1	1	1
8	乚	U+4E5A	1	1	1			1	1
9	亅	U+4E85	1	1	1			1	1
10	𠃌	U+200CC	1	1	1			1	1
11	𠃑	U+200D1	1	1	1			1	1
12	⺄	U+2E84	1	1	1				
13	𠃊	U+200CA	1	1	1				
14	乛	U+4E5B	1						
15	㇕		1	1	1				
16	乀	U+4E40	1	1	1			1	1
17	二	U+4E8C	1	1	1	1	1	1	1
18	十	U+5341	1	1	1	1	1	1	1
19	丁	U+4E05	1	1	1			1	1

---

① 汉字构形资料库的研发与应用［OL］.［2016-8-16］.http://cdp.sinica.edu.tw/service/documents/T090904.pdf.
② CNS 11643-2［OL］.［2016-8-16］.http://www.cns11643.gov.cn/.
③ 信息处理用 GB13000.1 字符集汉字部件规范［OL］.［2016-8-16］.http://www.moe.edu.cn/ewebeditor/uploadfile/2015/01/12/20150112165337190.pdf.
④ 现代常用独体字规范［OL］.［2016-8-16］.http://www.moe.edu.cn/ewebeditor/uploadfile/2015/01/13/20150113090418639.pdf.
⑤ 简化汉字独体字表［OL］.［2016-8-16］.http://xh.5156edu.com/page/z2714m8730j18605.html.
⑥ Guidelines on IDS Decomposition Appendix［OL］.［2016-8-16］.http://www.cse.cuhk.edu.hk/~irg/irg/irg25/IRGN1153_IDS_RulesAppendixA.zip.
⑦ IDS-UCS［OL］.［2016-8-16］.http://www.chise.org/ids/index.html.

No	部件 /汉字	unicode	汉字构形库基础部件	CNS 11643字符集部件	GB13000.1字符集部件	现代常用独体字规范	简化汉字独体字表	IDS_IRG 未拆字	IDS_UCS未拆字
20	厂	U+5382	1	1	1	1	1	1	1
21	疒		1	1	1				
22	匕		1	1					
23	匕	U+5315	1	1	1	1	1	1	1
24	匚	U+531A	1	1	1			1	1
25	匚		1	1	1				
26	七	U+4E03	1	1	1	1	1	1	1
27	丁	U+4E01	1	1	1	1	1	1	1
28	丂	U+4E02	1	1	1			1	1
29	与		1	1	1				
30	卜	U+535C	1	1	1	1	1	1	1
31	卜	U+2E8A	1	1	1				
32	冂	U+5182	1	1	1			1	1
33	冂	U+2E86	1	1	1				
34	冂		1	1	1				
35	冖	U+20089	1	1	1				
36	川		1	1					
37	厂	U+20086	1	1	1			1	1
38	人	U+4EBA	1	1	1	1	1	1	1
39	亻	U+4EBB	1	1	1			1	1
40	八	U+516B	1	1	1	1	1	1	1
41	儿		1	1					
42	入	U+5165	1	1	1	1	1	1	1
43	乂	U+4E42	1	1	1		1	1	1
44	乄	U+3405	1	1				1	1
45	儿	U+513F	1	1	1	1	1	1	1
46	几	U+51E0	1	1	1	1	1	1	1
47	几	U+20627	1	1				1	1
48	几	U+20628	1	1	1			1	1

续表

No	部件/汉字	unicode	汉字构形库基础部件	CNS 11643字符集部件	GB13000.1字符集部件	现代常用独体字规范	简化汉字独体字表	IDS_IRG未拆字	IDS_UCS未拆字
49	力		1	1	1				
50	ク	U+2E88	1	1	1				
51	ク		1	1	1				
52	勹	U+52F9	1	1	1			1	1
53	匚		1	1	1				
54	匕	U+2090E	1	1	1			1	
55	亠	U+4EA0	1	1	1			1	1
56	丿		1	1	1				
57	冫	U+51AB	1	1	1			1	1
58	丷	U+4E37	1	1	1				
59	丶	U+2E80	1	1	1				
60	冖	U+5196	1	1	1			1	1
61	彐		1	1	1				
62	彑		1	1	1				
63	卩	U+5369	1	1	1			1	1
64	㔾	U+353E	1	1	1			1	1
65	丩	U+4E29	1	1	1			1	1
66	凵	U+51F5	1	1	1			1	1
67	刀	U+5200	1	1	1	1	1	1	1
68	刂	U+5202	1	1	1			1	1
69	力	U+529B	1	1	1	1	1		1
70	又	U+53C8	1	1	1	1	1	1	1
71	乂		1	1	1				
72	乃	U+4E43	1	1	1	1	1		1
73	厶	U+53B6	1	1	1			1	1
74	マ	U+9FB4	1	1	1			1	1
75	九	U+4E5D	1	1	1	1	1	1	1
76	乜	U+4E5C	1	1	1			1	1
77	了	U+4E86	1	1	1	1	1	1	1

续表

No	部件/汉字	unicode	汉字构形库基础部件	CNS 11643 字符集部件	GB13000.1 字符集部件	现代常用独体字规范	简化汉字独体字表	IDS_IRG 未拆字	IDS_UCS 未拆字
78	巛	U+5DDC	1	1	1			1	
79	干	U+5E72	1	1	1	1	1	1	1
80	于	U+4E8E	1	1	1	1	1	1	1
81	丯		1						
82	土	U+571F	1	1	1	1	1	1	1
83	士	U+58EB	1	1	1	1	1	1	1
84	工	U+5DE5	1	1	1	1	1	1	1
85	大	U+5927	1	1	1			1	1
86	尢	U+5C22	1	1	1			1	1
87	廾	U+5EFE	1	1	1			1	1
88	丌	U+4E0C	1	1	1			1	1
89	丈	U+4E08	1	1	1	1	1	1	1
90	㐄	U+3404	1	1	1			1	1
91	彐		1	1	1				
92	寸	U+5BF8	1	1	1	1	1	1	1
93	弋	U+5F0B	1	1	1		1	1	1
94	厾	U+20AD3	1	1					
95	才	U+624D	1	1	1	1		1	1
96	扌		1	1	1				
97	𣥂	U+23942	1	1	1			1	1
98	口	U+53E3	1	1	1	1	1	1	1
99	囗	U+56D7	1	1	1			1	1
100	山	U+5C71	1	1	1	1	1	1	1
101	巾	U+5DFE	1	1	1	1	1	1	1
102	巾		1	1					
103	乇		1	1	1				
104	毛	U+4E47	1	1					
105	千	U+5343	1	1	1	1	1	1	1
106	彳	U+5F73	1	1	1		1	1	1

No	部件 /汉字	unicode	汉字构形库基础部件	CNS 11643字符集部件	GB13000.1字符集部件	现代常用独体字规范	简化汉字独体字表	IDS_IRG 未拆字	IDS_UCS未拆字
107	彡	U+5F61	1	1	1			1	1
108	夂		1	1	1				
109	夊	U+5902	1	1	1			1	1
110	夊	U+590A	1	1	1			1	1
111	久	U+4E45	1	1	1	1	1	1	1
112	夕	U+2008E	1	1	1			1	1
113	夕	U+5915	1	1	1	1	1	1	1
114	丸	U+4E38	1	1	1	1	1	1	1
115	凡	U+51E1	1	1		1			
116	广	U+5E7F	1	1	1	1	1	1	1
117	宀	U+5B80	1	1	1			1	1
118	丷	U+4491	1	1	1				1
119	尸	U+5C38	1	1	1			1	1
120	己	U+5DF1	1	1	1	1	1	1	1
121	巳	U+5DF3	1	1	1	1	1	1	1
122	已	U+5DF2	1	1	1	1	1	1	1
123	弓	U+5F13	1	1	1	1	1	1	1
124	⼹		1	1	1				
125	五		1	1	1				
126	屮	U+5C6E	1	1	1			1	1
127	也	U+4E5F	1	1	1	1	1	1	1
128	女	U+5973	1	1	1	1	1	1	1
129	廴	U+5EF4	1	1	1			1	1
130	𠃉		1	1	1				
131	小	U+5C0F	1	1	1	1	1	1	1
132	⺌	U+2E8C	1	1	1				
133	子	U+5B50	1	1	1	1	1	1	1
134	孑	U+5B51	1	1	1		1	1	1
135	𠃌	U+2E94	1	1	1				

No	部件 / 汉字	unicode	汉字构形库基础部件	CNS 11643 字符集部件	GB13000.1 字符集部件	现代常用独体字规范	简化汉字独体字表	IDS_IRG 未拆字	IDS_UCS 未拆字
136	⺕		1	1	1				
137	阝	U+961D	1	1	1			1	1
138	乡	U+4E61	1	1	1	1	1	1	1
139	孒	U+5B53	1	1	1			1	1
140	幺	U+5E7A	1	1	1			1	1
141	巛	U+5DDB	1	1	1			1	1
142	川	U+5DDD	1	1	1	1	1	1	1
143	⺌		1	1	1				
144	王	U+738B	1	1	1	1	1	1	1
145	井	U+4E95	1	1	1	1	1	1	1
146	夫	U+592B	1	1	1	1	1	1	1
147	⻳	U+9FB6	1	1	1			1	1
148	⻳		1	1					
149	耂	U+8002	1	1	1			1	1
150	丐	U+4E10	1	1	1	1	1	1	1
151	廿	U+5EFF	1	1	1		1	1	1
152	⻴	U+9FB7	1	1	1				1
153	木	U+6728	1	1	1	1	1	1	1
154	朩	U+6729	1	1	1			1	1
155	朮	U+233B3	1	1	1			1	1
156	帀	U+5DFF	1	1	1			1	1
157	卅	U+5345	1	1	1		1	1	1
158	不	U+4E0D	1	1	1	1	1	1	1
159	犬	U+72AC	1	1	1	1	1	1	1
160	勾	U+53E5	1	1	1			1	1
161	歹	U+6B79	1	1	1	1	1	1	1
162	歺	U+6B7A	1	1	1			1	1
163	五	U+4E94	1	1	1	1	1	1	1
164	屯	U+5C6F	1	1	1		1	1	1

No	部件 / 汉字	unicode	汉字构形库基础部件	CNS 11643 字符集部件	GB13000.1 字符集部件	现代常用独体字规范	简化汉字独体字表	IDS_IRG 未拆字	IDS_UCS 未拆字
165	旡	U+65E1	1	1	1			1	1
166	戈	U+6208	1	1	1	1	1	1	1
167	牙	U+7259	1	1	1	1	1	1	1
168	艹	U+2EBF	1	1					
169	卝	U+535D	1	1	1				
170	止	U+6B62	1	1	1	1	1	1	1
171	疋	U+24D13	1	1	1				
172	日	U+65E5	1	1	1	1	1	1	1
173	曰	U+66F0	1	1	1	1	1	1	1
174	曰	U+2E9C	1	1	1				
175	冃		1	1	1				
176	冃		1	1	1				
177	中	U+4E2D	1	1	1	1	1	1	1
178	吅	U+2BA4F	1	1	1				
179	凹		1	1	1				
180	内	U+5167	1	1	1			1	1
181	手	U+624B	1	1	1	1	1	1	1
182	龵	U+9FB5	1	1	1			1	1
183	扌	U+624C	1	1	1			1	1
184	攵	U+6535	1	1	1			1	1
185	毛	U+6BDB	1	1	1	1	1	1	1
186	气	U+6C14	1	1	1	1	1		
187	牛	U+725B	1	1	1	1	1	1	1
188	牜	U+20092	1	1	1				
189	丰		1	1					
190	丰	U+4E30	1	1	1	1	1	1	1
191	片	U+7247	1	1	1	1	1	1	1
192	斤	U+65A4	1	1	1	1	1	1	1
193	爪	U+722A	1	1	1	1	1	1	1

No	部件/汉字	unicode	汉字构形库基础部件	CNS 11643字符集部件	GB13000.1字符集部件	现代常用独体字规范	简化汉字独体字表	IDS_IRG未拆字	IDS_UCS未拆字
194	爫	U+722B	1	1	1			1	1
195	E		1	1	1				
196	戶	U+6236	1	1	1			1	1
197	父	U+7236	1	1	1	1	1	1	1
198	月	U+6708	1	1	1	1	1	1	1
199	夕		1	1	1				
200	氏	U+6C0F	1	1	1	1	1	1	1
201	丹	U+4E39	1	1	1			1	1
202	少		1	1	1				
203	仒	U+27607	1	1	1			1	1
204	氐		1	1	1				
205	勿	U+52FF	1	1		1	1		
206	及	U+53CA	1	1	1	1	1	1	1
207	文	U+6587	1	1	1	1	1	1	1
208	火	U+706B	1	1	1	1	1		1
209	灬	U+706C	1	1	1			1	1
210	㸩		1	1	1				
211	辶	U+8FB6	1	1	1			1	1
212	之	U+4E4B	1	1	1	1	1	1	1
213	尢	U+5198	1	1	1			1	1
214	心	U+5FC3	1	1	1	1	1	1	1
215	忄	U+2E97	1	1	1				
216	小	U+5FC4	1	1	1			1	1
217	宀		1	1					
218	聿	U+8080	1	1	1			1	1
219	尸		1	1	1				
220	弔	U+5F14	1	1	1			1	1
221	爿	U+723F	1	1	1		1	1	1
222	丑	U+4E11	1	1	1	1	1	1	1

续表

No	部件 /汉字	unicode	汉字构形库基础部件	CNS 11643字符集部件	GB13000.1字符集部件	现代常用独体字规范	简化汉字独体字表	IDS_IRG 未拆字	IDS_UCS未拆字
223	巴	U+5DF4	1	1	1	1	1	1	
224	尸	U+200DC	1	1	1			1	1
225	尹		1	1	1				
226	屮		1	1					
227	尹	U+5C39	1	1	1		1	1	1
228	毋	U+6BCB	1	1	1		1	1	1
229	毌	U+6BCC	1	1	1			1	1
230	母	U+6BCD	1	1	1	1	1	1	1
231	水	U+6C34	1	1	1	1	1	1	1
232	氵	U+6C35	1	1	1			1	1
233	氺	U+6C3A	1	1	1			1	1
234	氺		1		1				
235	夬	U+215D7	1	1	1			1	1
236	瓦	U+74E6	1	1	1	1	1	1	1
237	㠲	U+2000E	1	1	1				
238	未	U+672A	1	1	1	1	1	1	1
239	末	U+672B	1	1	1	1	1	1	1
240	示	U+793A	1	1	1		1	1	1
241	礻	U+793B	1	1	1			1	1
242	甘	U+7518	1	1	1	1	1	1	1
243	世	U+4E16	1	1	1	1	1	1	1
244	本	U+672C	1	1	1	1	1	1	1
245	㞷		1	1	1				
246	丙	U+4E19	1	1		1			
247	石	U+77F3	1	1	1	1	1	1	1
248	册	U+534C	1	1				1	1
249	犮	U+72AE	1	1				1	1
250	戊	U+620A	1	1				1	1
251	戉	U+6209	1	1	1			1	1

续表

No	部件/汉字	unicode	汉字构形库基础部件	CNS 11643字符集部件	GB13000.1字符集部件	现代常用独体字规范	简化汉字独体字表	IDS_IRG未拆字	IDS_UCS未拆字
252	以	U+4EE5	1	1				1	
253	目	U+76EE	1	1	1	1	1	1	1
254	且	U+4E14	1	1	1	1	1	1	1
255	田	U+7530	1	1	1	1	1	1	1
256	由	U+7531	1	1	1	1	1	1	1
257	甲	U+7532	1	1	1	1	1	1	1
258	申	U+7533	1	1	1	1	1	1	1
259	皿	U+76BF	1	1	1	1	1	1	1
260	罒	U+7F52	1	1	1			1	1
261	史	U+53F2	1	1	1	1	1	1	1
262	央	U+592E	1	1	1	1	1	1	1
263	冘		1	1	1				
264	冉	U+5189	1	1	1	1	1	1	1
265	冊	U+518A	1	1	1			1	1
266	冊		1	1					
267	冊		1	1	1				
268	业	U+4E1A	1	1	1	1	1	1	1
269	电	U+7535	1	1	1	1	1	1	1
270	电		1	1	1				
271	禸	U+79B8	1	1	1			1	1
272	凹	U+51F9	1	1	1	1	1	1	1
273	凸	U+51F8	1	1	1	1	1	1	1
274	㠯	U+382F	1	1	1			1	1
275	生	U+751F	1	1		1	1	1	1
276	乍	U+4E4D	1	1	1		1	1	1
277	禾	U+79BE	1	1	1	1	1	1	1
278	𠂆		1	1	1				
279	丘	U+4E18	1	1	1	1	1	1	1
280	白	U+767D	1	1	1	1	1	1	1

No	部件/汉字	unicode	汉字构形库基础部件	CNS 11643字符集部件	GB13000.1字符集部件	现代常用独体字规范	简化汉字独体字表	IDS_IRG未拆字	IDS_UCS未拆字
281	瓜	U+74DC	1	1	1	1	1	1	1
282	乎	U+4E4E	1	1	1	1	1	1	1
283	用	U+7528	1	1		1	1	1	1
284	甩	U+7529	1	1		1	1	1	1
285	弔	U+20094	1	1	1				
286	疒	U+7592	1	1	1			1	1
287	立	U+7ACB	1	1	1	1	1	1	1
288	必	U+5FC5	1	1	1	1	1	1	1
289	永	U+6C38	1	1	1	1	1	1	1
290	聿	U+26612	1	1	1			1	1
291	夬		1	1	1				
292	⺕		1	1	1				
293	弗	U+5F17	1	1	1	1	1	1	1
294	民	U+6C11	1	1	1	1	1	1	1
295	皮	U+76AE	1	1	1		1	1	1
296	屮	U+4E31	1	1	1			1	1
297	癶	U+7676	1	1	1			1	1
298	矛	U+77DB	1	1	1	1	1	1	1
299	卍	U+534D	1	1	1			1	1
300	耳	U+8033	1	1	1	1	1	1	1
301	其		1	1	1				
302	臣	U+81E3	1	1	1	1	1	1	1
303	襾	U+8980	1	1	1			1	1
304	西	U+897F	1	1	1			1	1
305	覀	U+897E	1	1	1			1	1
306	吏	U+540F	1	1	1	1	1	1	1
307	朿	U+673F	1	1	1			1	1
308	而	U+800C	1	1	1	1		1	1
309	亙	U+4E99	1	1					

No	部件/汉字	unicode	汉字构形库基础部件	CNS 11643字符集部件	GB13000.1字符集部件	现代常用独体字规范	简化汉字独体字表	IDS_IRG未拆字	IDS_UCS未拆字
310	至	U+81F3	1	1					
311	戋		1	1	1				
312	夷	U+5937	1	1	1	1	1	1	1
313	虍	U+864D	1	1				1	1
314	且		1	1	1				
315	奐	U+3B30	1		1			1	1
316	曲	U+66F2	1	1	1	1	1	1	1
317	虫	U+866B	1	1	1	1	1	1	1
318	曳	U+66F3	1	1	1		1	1	1
319	业		1	1	1				
320	冎	U+518E	1	1	1			1	1
321	肉	U+8089	1	1	1	1	1	1	1
322	月	U+2EBC	1	1	1				
323	夕		1	1	1				
324	缶	U+7F36	1	1	1		1	1	1
325	耒	U+8012	1	1	1		1	1	1
326	年	U+5E74	1	1	1	1	1	1	1
327	帇		1	1	1				
328	隹	U+26222	1	1	1			1	1
329	竹	U+7AF9	1	1	1			1	1
330	⺮	U+25AD7	1	1	1			1	1
331	自	U+81EA	1	1	1	1	1	1	1
332	臼	U+81FC	1	1	1	1	1	1	1
333	臼	U+26951	1	1					
334	舟	U+821F	1	1	1	1	1		1
335	月	U+3406	1	1	1			1	1
336	※		1	1	1				
337	彖	U+27C28	1	1	1			1	1
338	衣	U+8863	1	1	1	1			1

No	部件/汉字	unicode	汉字构形库基础部件	CNS 11643字符集部件	GB13000.1字符集部件	现代常用独体字规范	简化汉字独体字表	IDS_IRG未拆字	IDS_UCS未拆字
339	衤	U+8864	1	1	1			1	1
340	亥	U+4EA5	1	1		1	1		
341	米	U+7C73	1	1	1	1	1	1	1
342	羊	U+7F8A	1	1	1	1	1	1	1
343	𦍌	U+2634C	1	1	1				
344	州	U+5DDE	1	1	1	1	1	1	1
345	聿	U+807F	1	1	1		1	1	1
346	𦘒		1	1	1				
347	艮	U+826E	1	1	1		1	1	1
348	阝		1	1	1				
349	𠲤		1	1	1				
350	羽	U+7FBD	1	1				1	1
351	糸	U+7CF8	1	1	1				
352	糹	U+7CF9	1	1	1			1	1
353	𦣞	U+268DE	1	1	1			1	1
354	車	U+8ECA	1	1	1			1	1
355	甫	U+752B	1	1	1	1	1	1	1
356	更	U+66F4	1	1	1	1	1	1	1
357	束	U+675F	1	1	1	1	1	1	1
358	酉	U+9149	1	1	1	1	1	1	1
359	豕	U+8C55	1	1	1		1		1
360	求	U+6C42	1	1	1	1	1	1	1
361	里	U+91CC	1	1	1	1	1	1	1
362	串	U+4E32	1	1	1	1	1	1	1
363	弗	U+4E33	1	1	1			1	1
364	見	U+898B	1	1	1			1	1
365	貝	U+8C9D	1	1	1			1	1
366	我	U+6211	1	1	1	1	1	1	1
367	𦥑		1	1	1				

No	部件/汉字	unicode	汉字构形库基础部件	CNS 11643 字符集部件	GB13000.1 字符集部件	现代常用独体字规范	简化汉字独体字表	IDS_IRG 未拆字	IDS_UCS 未拆字
368	身	U+8EAB	1	1	1	1	1	1	1
369	鸟		1	1	1				
370	采	U+91C6	1	1	1			1	1
371	豸	U+8C78	1	1	1		1		
372	言	U+8A00	1	1	1	1			
373	帝		1	1	1				
374	尚	U+3840	1	1	1			1	1
375	臾		1	1					
376	長	U+9577	1	1	1			1	1
377	镸	U+9578	1	1	1			1	1
378	耳		1	1					
379	亞	U+4E9E	1	1	1			1	1
380	東		1	1	1				
381	東	U+6771	1	1	1			1	1
382	事	U+4E8B	1	1	1	1	1	1	1
383	雨	U+96E8	1	1	1	1	1	1	1
384	丽	U+4E3D	1	1					
385	亶		1	1	1				
386	豖	U+8C56	1	1	1			1	1
387	果	U+679C	1	1	1	1	1	1	1
388	疌	U+758C	1	1	1			1	1
389	典	U+5178	1	1					
390	門	U+9580	1	1	1			1	1
391	妻	U+59BB	1	1					
392	非	U+975E	1	1	1			1	1
393	無		1	1					
394	秉	U+79C9	1	1	1	1	1	1	1
395	臾	U+81FE	1	1	1		1	1	1
396	隹	U+96B9	1	1				1	1

续 表

No	部件 / 汉字	unicode	汉字构形库基础部件	CNS 11643 字符集部件	GB13000.1 字符集部件	现代常用独体字规范	简化汉字独体字表	IDS_IRG 未拆字	IDS_UCS 未拆字
397	卑	U+5351	1	1					
398	金	U+91D1	1	1	1			1	1
399	隶	U+96B6	1	1		1	1	1	1
400	承	U+627F	1	1	1	1	1	1	1
401	韭	U+97ED	1	1			1	1	1
402	革	U+9769	1	1	1	1		1	1
403	面	U+9762	1	1		1	1	1	
404	禺	U+79BA	1	1	1		1	1	1
405	垂	U+5782	1	1	1	1	1	1	1
406	重	U+91CD	1	1	1	1	1	1	1
407	禹	U+79B9	1	1	1	1	1	1	1
408	食	U+98DF	1	1	1		1		
409	飠	U+98E0	1	1	1				
410	首	U+9996	1	1		1		1	1
411	为	U+70BA	1	1	1			1	1
412	飛	U+98DB	1	1	1			1	1
413	鬲	U+9B32	1	1				1	1
414	馬	U+99AC	1	1				1	1
415	鬥	U+9B25	1	1		1		1	1
416	烏	U+70CF	1						
417	鬼	U+9B3C	1	1	1	1	1	1	1
418	兼	U+517C	1	1		1			
419	隺	U+96BA	1	1				1	1
420	堇	U+5807	1	1					
421	重		1	1					
422	莫		1	1	1				
423	帶	U+5E36	1	1					
424	曹	U+66F9	1	1					
425	棄	U+68C4	1	1					

续表

No	部件/汉字	unicode	汉字构形库基础部件	CNS 11643字符集部件	GB13000.1字符集部件	现代常用独体字规范	简化汉字独体字表	IDS_IRG 未拆字	IDS_UCS 未拆字
426	畢	U+7562	1	1	1			1	1
427	婁	U+5A41	1	1					
428	庸	U+5EB8	1	1					
429	壺	U+58FA	1	1					
430	鼎	U+9F0E	1	1				1	1
431	瞾	U+20041	1	1	1			1	1
432	單	U+55AE	1	1					
433	黽	U+9EFD	1	1	1			1	1
434	黑	U+9ED1	1	1	1			1	1
435	熏	U+718F	1	1	1			1	1
436	齊	U+9F4A	1	1				1	1
437	齒	U+9F52	1	1				1	1
438	龍	U+9F8D	1	1				1	1
439	羲	U+7FB2	1	1					
440	龜		1	1					1
441	刂		1		1				
442	丿		1		1				
443	丿丨		1		1				
444	讠	U+8BA0	1		1			1	1
445	乛		1		1				
446	⺇		1		1				
447	马		1		1				
448	纟		1		1				
449	乄		1		1				
450	丬	U+4E2C	1		1			1	1
451	饣	U+9963	1		1			1	1
452	乌		1		1				
453	门	U+95E8	1		1	1	1	1	1
454	⺍	U+2E8D	1		1				

No	部件/汉字	unicode	汉字构形库基础部件	CNS 11643字符集部件	GB13000.1字符集部件	现代常用独体字规范	简化汉字独体字表	IDS_IRG 未拆字	IDS_UCS未拆字
455	𠂆		1		1				
456	彐	U+5F50	1		1			1	1
457	𠃓	U+200D3	1		1			1	1
458	飞	U+98DE	1		1	1	1	1	1
459	习	U+4E60	1		1	1	1	1	1
460	纟	U+7E9F	1		1			1	1
461	幸		1		1				
462	韦	U+97E6	1		1		1	1	1
463	专	U+4E13	1		1	1	1	1	1
464	卅		1		1				
465	车	U+8F66	1		1	1	1	1	1
466	𭕄		1		1				
467	内	U+5185	1		1	1	1	1	1
468	贝	U+8D1D	1		1	1	1	1	1
469	见	U+89C1	1		1	1	1	1	1
470	长	U+957F	1		1	1	1	1	1
471	勹		1		1				
472	为	U+4E3A	1		1	1	1	1	1
473	书	U+4E66	1		1	1	1	1	1
474	戈	U+620B	1		1		1	1	1
475	龙	U+9F99	1		1	1	1	1	1
476	东	U+4E1C	1		1	1	1	1	1
477	朿	U+2B823	1		1				
478	钅	U+9485	1		1			1	1
479	乐	U+4E50	1		1	1		1	1
480	甲		1		1				
481	两	U+4E24	1		1	1	1	1	1
482	㇏			1	1				
483	㇏			1	1				

No	部件 / 汉字	unicode	汉字构形库基础部件	CNS 11643 字符集部件	GB13000.1 字符集部件	现代常用独体字规范	简化汉字独体字表	IDS_IRG 未拆字	IDS_UCS 未拆字
484	卩			1	1				
485	㔾			1	1				
486	艹	U+8279		1	1			1	1
487	丰			1	1				
488	屮			1	1				
489	己			1	1				
490	卪			1	1				
491	卐	U+5350		1	1			1	1
492	臾			1	1				
493	臼			1	1				
494	羊	U+2EB6		1	1				
495	一			1					
496	ㄴ			1					
497	匕			1					
498	人			1					
499	儿			1					
500	入			1					
501	八			1					
502	几			1					
503	又			1					
504	九			1					
505	土			1					
506	六			1					
507	工			1					
508	夂			1					
509	丿			1					
510	女			1					
511	小			1					
512	巳			1					

No	部件 / 汉字	unicode	汉字构形库基础部件	CNS 11643 字符集部件	GB13000.1 字符集部件	现代常用独体字规范	简化汉字独体字表	IDS_ IRG 未拆字	IDS_UCS 未拆字
513	朩			1					
514	朩			1					
515	犬			1					
516	王	U+2EA9		1					
517	夫			1					
518	屮			1					
519	旡			1					
520	止			1					
521	牛	U+725C		1				1	1
522	文			1					
523	火			1					
524	尤			1					
525	水			1					
526	本			1					
527	申			1					
528	且			1					
529	瓜			1					
530	生			1					
531	禾			1					
532	禾			1					
533	丘			1					
534	立			1					
535	皮			1					
536	业			1					
537	耳			1					
538	至			1					
539	束			1					
540	耒			1					
541	舟			1					

No	部件/汉字	unicode	汉字构形库基础部件	CNS 11643字符集部件	GB13000.1字符集部件	现代常用独体字规范	简化汉字独体字表	IDS_IRG 未拆字	IDS_UCS 未拆字
542	衣			1					
543	更			1					
544	東			1					
545	求			1					
546	見			1					
547	里			1					
548	釆			1					
549	雨	U+2ED7		1					
550	金	U+91D2		1				1	1
551	韭			1					
552	垂			1					
553	重			1					
554	熏			1					
555	丂			1					
556	与			1					
557	隶			1					
558	繼	U+221CD		1				1	1
559	丯			1					
560	夬	U+592C	1	1	1		1	1	1
561	廾			1					
562	夂				1				
563	玉	U+7389			1	1	1	1	1
564	四	U+56DB			1	1		1	1
565	丆	U+4E06			1				
566	兀	U+5140			1		1		1
567	丁				1				
568	方	U+65B9			1	1	1	1	1
569	聿	U+2EBB			1				
570	亡	U+4EA1			1	1	1	1	1

No	部件 / 汉字	unicode	汉字构形库基础部件	CNS 11643 字符集部件	GB13000.1 字符集部件	现代常用独体字规范	简化汉字独体字表	IDS_IRG 未拆字	IDS_UCS 未拆字
571	𦥑				1				
572	上	U+4E0A			1	1	1	1	1
573	柬	U+67EC			1	1	1	1	1
574	万	U+4E07			1	1	1	1	1
575	𠂤	U+200A4			1			1	1
576	兆	U+5146			1		1	1	1
577	帀				1				
578	巨	U+5DE8			1	1	1	1	1
579	下	U+4E0B			1	1	1	1	1
580	予	U+4E88			1	1	1	1	1
581	勹				1				
582	象	U+8C61			1	1	1		
583	斥	U+65A5			1	1		1	1
584	三	U+4E09			1	1	1	1	1
585	用				1				
586	𠃌				1				
587	丫	U+4E2B			1	1	1	1	1
588	尺	U+5C3A			1	1	1	1	1
589	𠆢				1				
590	夂				1				
591	丏	U+4E0F			1			1	1
592	𠂹				1				
593	冂				1				
594	丿				1				
595	乇				1				
596	云				1				
597	𠄌				1				
598	冈				1				
599	夕				1				

No	部件 / 汉字	unicode	汉字构形库基础部件	CNS 11643 字符集部件	GB13000.1 字符集部件	现代常用独体字规范	简化汉字独体字表	IDS_IRG 未拆字	IDS_UCS 未拆字
600	刁	U+5201			1	1	1		
601	里				1				
602	聿				1				
603	曲				1				
604	圭				1				
605	無				1				
606	臾				1				
607	尹				1				
608	卅				1				
609	禹				1				
610	鸟				1				
611	兼				1				
612	丫				1				
613	卌				1				
614	曹				1				
615	庐				1				
616	枼				1				
617	聿				1				
618	甫				1				
619	亞				1				
620	屮				1				
621	爿				1				
622	爪				1				
623	皀				1				
624	戠				1				
625	月	U+2E9D			1				
626	正				1				
627	朮				1				
628	于				1				

No	部件/汉字	unicode	汉字构形库基础部件	CNS 11643字符集部件	GB13000.1字符集部件	现代常用独体字规范	简化汉字独体字表	IDS_IRG 未拆字	IDS_UCS 未拆字
629	户				1				
630	曲				1				
631	乑	U+4E51			1			1	1
632	戕	U+6222			1				
633	册	U+518C			1	1	1	1	1
634	﹁				1				
635	聿				1				
636	之				1				
637	㣺				1				
638	卄	U+5344			1			1	1
639	巛	U+21FE7			1				1
640	聿	U+5E07			1			1	1
641	丯	U+4E2F			1			1	1
642	戸	U+6238			1			1	1
643	甴	U+7534			1			1	1
644	夷				1				
645	中				1				
646	丄	U+4E04			1			1	1
647	亚	U+4E23			1			1	1
648	亼	U+623C			1			1	1
649	亜				1				
650	亚	U+4E9A			1	1	1	1	1
651	亜	U+4E9C			1			1	1
652	冊				1				
653	黾				1				
654	与				1				
655	冄	U+5184			1			1	1
656	先	U+5142			1			1	1
657	曱	U+66F1			1			1	1

No	部件 / 汉字	unicode	汉字构形库基础部件	CNS 11643字符集部件	GB13000.1字符集部件	现代常用独体字规范	简化汉字独体字表	IDS_IRG 未拆字	IDS_UCS 未拆字
658	爲	U+7232			1			1	1
659	㰔	U+24C14			1			1	1
660	卋	U+4E17			1			1	1
661	冎	U+5186			1			1	1
662	戋	U+22991			1			1	1
663	巨				1				
664	帀				1				
665	臣	U+268DD			1			1	1
666	吏				1				
667	龙				1				
668	韦				1				
669	丑				1				
670	央				1				
671	刄	U+5204			1			1	1
672	龜	U+9F9C			1			1	1
673	乁	U+4E41			1			1	1
674	旡				1				
675	亊	U+4E8A			1			1	1
676	叕				1				
677	亐	U+4E90			1				
678	乘	U+4E57			1			1	1
679	甫	U+2695B			1			1	1
680	甫	U+2218D			1			1	1
681	龶				1				
682	乄	U+4E44			1			1	1
683	个	U+4E2A			1	1	1		
684	夕				1				
685	畫				1				
686	丙	U+3401			1			1	1

No	部件 / 汉字	unicode	汉字构形库基础部件	CNS 11643 字符集部件	GB13000.1 字符集部件	现代常用独体字规范	简化汉字独体字表	IDS_IRG 未拆字	IDS_UCS 未拆字
687	両	U+4E21						1	1
688	严	U+4E25				1	1	1	1
689	夂	U+4E46						1	1
690	义	U+4E49				1	1	1	1
691	乖	U+4E56						1	1
692	乘	U+4E58						1	1
693	互	U+4E92				1	1	1	
694	亟	U+4E9F						1	
695	來	U+4F86						1	1
696	兜	U+515C						1	1
697	函	U+51FD						1	
698	办	U+529E				1	1	1	1
699	匸	U+5338						1	1
700	半	U+534A				1	1	1	1
701	叉	U+53C9				1	1	1	1
702	噩	U+5669						1	
703	垔	U+57C0						1	
704	矢	U+5928						1	1
705	头	U+5934				1	1	1	1
706	夹	U+5939				1	1	1	1
707	夾	U+593E						1	1
708	奭	U+596D						1	1
709	孑	U+5B52						1	1
710	尤	U+5C24				1	1	1	1
711	巫	U+5DEB						1	1
712	平	U+5E73				1	1	1	1
713	彑	U+5F51						1	1
714	户	U+6237				1	1	1	1
715	攴	U+6534						1	1

No	部件 / 汉字	unicode	汉字构形库基础部件	CNS 11643 字符集部件	GB13000.1 字符集部件	现代常用独体字规范	简化汉字独体字表	IDS_IRG 未拆字	IDS_UCS 未拆字
716	斗	U+6597				1	1	1	1
717	无	U+65E0				1	1	1	
718	来	U+6765				1	1	1	1
719	欠	U+6B20					1	1	
720	比	U+6BD4						1	1
721	承	U+6C36						1	1
722	爻	U+723B						1	1
723	爽	U+723D						1	1
724	犭	U+72AD						1	1
725	玄	U+7384						1	
726	率	U+7387						1	1
727	玊	U+738A						1	
728	由	U+7536						1	1
729	疋	U+758B						1	1
730	矢	U+77E2				1	1	1	1
731	穴	U+7A74						1	1
732	粛	U+7C9B						1	1
733	网	U+7F51						1	1
734	老	U+8001						1	1
735	肃	U+8083				1	1	1	1
736	肅	U+8085						1	1
737	臿	U+81FF						1	1
738	舌	U+820C						1	1
739	舛	U+821B						1	1
740	色	U+8272						1	1
741	艸	U+8278						1	1
742	角	U+89D2					1	1	1
743	訁	U+8A01						1	1
744	譶	U+8B71						1	1
745	谷	U+8C37						1	

续 表

No	部件 /汉字	unicode	汉字构形库基础部件	CNS 11643字符集部件	GB13000.1字符集部件	现代常用独体字规范	简化汉字独体字表	IDS_IRG 未拆字	IDS_UCS未拆字
746	豆	U+8C46						1	1
747	豳	U+8C73						1	1
748	赤	U+8D64						1	1
749	辛	U+8F9B						1	1
750	辰	U+8FB0						1	1
751	辵	U+8FB5			1			1	1
752	邑	U+9091						1	1
753	阜	U+961C						1	1
754	靑	U+9751						1	1
755	青	U+9752						1	
756	韋	U+97CB						1	1
757	音	U+97F3						1	
758	頁	U+9801						1	1
759	页	U+9875				1	1	1	1
760	風	U+98A8						1	1
761	风	U+98CE						1	1
762	马	U+9A6C				1	1	1	1
763	骨	U+9AA8						1	1
764	高	U+9AD9						1	
765	髟	U+9ADF						1	
766	魚	U+9B5A						1	1
767	鱼	U+9C7C						1	1
768	鳥	U+9CE5						1	1
769	鸟	U+9E1F				1	1	1	1
770	鹵	U+9E75						1	1
771	鹿	U+9E7F						1	1
772	麻	U+9EBB						1	1
773	黃	U+9EC3						1	1
774	黄	U+9EC4						1	1
775	黍	U+9ECD						1	1

No	部件 / 汉字	unicode	汉字构形库基础部件	CNS 11643 字符集部件	GB13000.1 字符集部件	现代常用独体字规范	简化汉字独体字表	IDS_IRG 未拆字	IDS_UCS 未拆字
776	黹	U+9EF9						1	1
777	黾	U+9EFE						1	1
778	鼠	U+9F20				1		1	1
779	鼡	U+9F21						1	
780	齐	U+9F50						1	1
781	齿	U+9F7F						1	1
782	龟	U+9F9F						1	1
783	龠	U+9FA0						1	1
784	龰	U+9FB0						1	1
785	类	U+9FB9						1	1
786	卓	U+9FBA						1	1
787	絲	U+9FBB						1	1
788	个	U+3403						1	1
789	才	U+3427						1	1
790	夹	U+342A						1	1
791	网	U+34B3						1	1
792	丁	U+353F						1	1
793	叉	U+355A						1	1
794	坐	U+3634						1	1
795	夹	U+3692						1	1
796	王	U+382A						1	1
797	鑫	U+386D						1	1
798	戋	U+39AE						1	1
799	壬	U+3E26						1	1
800	冋	U+434F						1	1
801	乙	U+20000						1	1
802	丘	U+20008						1	1
803	巳	U+20009						1	1
804	木	U+2000A						1	1
805	工	U+2000C						1	1

续表

No	部件/汉字	unicode	汉字构形库基础部件	CNS 11643字符集部件	GB13000.1字符集部件	现代常用独体字规范	简化汉字独体字表	IDS_IRG未拆字	IDS_UCS未拆字
806	𠀍	U+2000D						1	1
807	𠀑	U+20011						1	1
808	𠀟	U+2001F						1	1
809	𠁊	U+2004A						1	1
810	𠁘	U+20058						1	1
811	𠁡	U+20061						1	1
812	𠁢	U+20062						1	1
813	𠁣	U+20063						1	1
814	𠁦	U+20066						1	1
815	𠁧	U+20067						1	1
816	𠁩	U+20069						1	1
817	𠁰	U+20070						1	1
818	𠁱	U+20071						1	1
819	𠁴	U+20074						1	1
820	𠁾	U+2007E						1	1
821	𠂀	U+20080						1	1
822	𠂂	U+20082						1	1
823	𠂇	U+20087						1	1
824	𠂈	U+20088						1	1
825	𠂍	U+2008D						1	1
826	𠂙	U+20099						1	
827	𠂣	U+200A3						1	1
828	𠂯	U+200AF						1	1
829	𠂼	U+200BC						1	1
830	𠂿	U+200BF						1	1
831	𠃉	U+200C9						1	1
832	𠃋	U+200CB						1	1
833	𠃍	U+200CD						1	1
834	𠃎	U+200CE						1	1
835	𠃛	U+200DB						1	1

No	部件 / 汉字	unicode	汉字构形库基础部件	CNS 11643 字符集部件	GB13000.1 字符集部件	现代常用独体字规范	简化汉字独体字表	IDS_IRG 未拆字	IDS_UCS 未拆字
836	卯	U+200E2						1	1
837	㇈	U+2010C						1	1
838	㐧	U+2010E						1	1
839	㐏	U+2010F						1	1
840	从	U+20113						1	1
841	厶	U+20114						1	1
842	事	U+20119						1	1
843	人	U+201A2						1	1
844	兆	U+20479						1	1
845	束	U+20517						1	1
846	奥	U+20527						1	1
847	回	U+20544						1	1
848	冊	U+2054B						1	1
849	闲	U+20552						1	1
850	扁	U+20572						1	1
851	厸	U+20674						1	1
852	凵	U+20692						1	1
853	垂	U+20866						1	1
854	凵	U+2092C						1	1
855	匚	U+20953						1	1
856	廿	U+2097B						1	1
857	斗	U+2097C						1	1
858	本	U+2097D						1	1
859	串	U+20986						1	1
860	㭪	U+20991						1	1
861	華	U+20992						1	1
862	丗	U+2099C						1	1
863	棄	U+20DFD						1	1
864	田	U+211AA						1	1
865	田	U+211B5						1	1

续 表

No	部件 /汉字	unicode	汉字构形库基础部件	CNS 11643字符集部件	GB13000.1字符集部件	现代常用独体字规范	简化汉字独体字表	IDS_IRG 未拆字	IDS_UCS未拆字
866	千	U+21552						1	1
867	叏	U+215D2						1	1
868	夶	U+215D5						1	1
869	丙	U+215DA						1	1
870	夵	U+215DC						1	1
871	夰	U+215FE						1	1
872	奭	U+2163C						1	1
873	奭	U+21641						1	1
874	爽	U+21690						1	1
875	孑	U+2193E						1	1
876	尣	U+219B9						1	1
877	屮	U+21B1D						1	1
878	小	U+21B54						1	1
879	尢	U+21BC1						1	1
880	尸	U+21C23						1	
881	孖	U+21C27						1	1
882	屌	U+21C34						1	1
883	屯	U+21CFE						1	1
884	屮	U+21CFF						1	1
885	半	U+21D00						1	1
886	峝	U+21DE9						1	1
887	垂	U+21E01						1	1
888	猋	U+21E13						1	1
889	嵞	U+21F8D						1	1
890	巛	U+21FE6						1	1
891	巜	U+21FE8						1	1
892	五	U+22011						1	1
893	巨	U+2201A						1	1
894	巳	U+22033						1	1
895	庽	U+2207A						1	1

续表

No	部件/汉字	unicode	汉字构形库基础部件	CNS 11643字符集部件	GB13000.1字符集部件	现代常用独体字规范	简化汉字独体字表	IDS_IRG 未拆字	IDS_UCS未拆字
896	𢄉	U+22109						1	1
897	𢇈	U+221C8						1	1
898	𢌰	U+22330						1	1
899	𢎗	U+22397						1	1
900	𢎜	U+2239C						1	1
901	𢎟	U+2239F						1	1
902	𢎠	U+223A0						1	1
903	𢎣	U+223A3						1	1
904	𢎧	U+223A7						1	1
905	𢎨	U+223A8						1	
906	𢎯	U+223AF						1	1
907	𢎱	U+223B1						1	1
908	𢏚	U+223DA						1	
909	𢑚	U+2245A						1	1
910	𢖩	U+225A9						1	1
911	𢦍	U+2298D						1	1
912	𢦏	U+2298F						1	
913	𢦐	U+22990						1	1
914	𢦒	U+22992						1	1
915	𢪐	U+22A90						1	1
916	𣅯	U+2316F						1	1
917	𣅲	U+23172						1	1
918	𣇓	U+231D3						1	1
919	𣎴	U+233B4						1	
920	𣎵	U+233B5						1	
921	𣎺	U+233BA						1	1
922	𣏃	U+233C3						1	1
923	𣏲	U+233F2						1	1
924	𣐺	U+2343A						1	
925	𣒚	U+2349A						1	1

续 表

No	部件/汉字	unicode	汉字构形库基础部件	CNS 11643字符集部件	GB13000.1字符集部件	现代常用独体字规范	简化汉字独体字表	IDS_IRG 未拆字	IDS_UCS 未拆字
926	㢶	U+239B6						1	1
927	㫬	U+23AEC						1	1
928	㬛	U+23B1B						1	1
929	㒯	U+244EF						1	1
930	㓰	U+244F0						1	1
931	㕣	U+24563						1	1
932	㕤	U+24564						1	1
933	㕪	U+2456A						1	1
934	㣩	U+248E9						1	1
935	㦡	U+249A1						1	1
936	㮺	U+24BBA						1	1
937	㯓	U+24BD3						1	1
938	㰃	U+24C03						1	1
939	㰱	U+24C31						1	1
940	㰶	U+24C36						1	1
941	㱑	U+24C51						1	1
942	㲥	U+24CA5						1	1
943	㴔	U+24D14						1	1
944	㵉	U+25109						1	
945	㶞	U+2519E						1	1
946	㸜	U+2521C						1	1
947	㸠	U+25220						1	
948	㸸	U+25238						1	1
949	㹅	U+25605						1	1
950	㺇	U+25687						1	
951	㝆	U+25746						1	1
952	㝌	U+2574C						1	1
953	㟅	U+257C5						1	1
954	㸨	U+25E28						1	1
955	㉭	U+2626D						1	1

续 表

No	部件/汉字	unicode	汉字构形库基础部件	CNS 11643字符集部件	GB13000.1字符集部件	现代常用独体字规范	简化汉字独体字表	IDS_IRG未拆字	IDS_UCS未拆字
956	羽	U+263F2						1	
957	腸	U+26778						1	1
958	凹	U+26952						1	1
959	凶	U+26953						1	1
960	申	U+26954						1	1
961	畾	U+2696B						1	1
962	臽	U+2696E						1	1
963	臾	U+2697A						1	1
964	升	U+26AF5						1	1
965	龜	U+27474						1	1
966	豕	U+27C27						1	1
967	臼	U+2820F						1	1
968	身	U+28210						1	1
969	身	U+28211						1	1
970	邑	U+28668						1	1
971	襾	U+28CC7						1	1
972	甲	U+28CC8						1	1
973	臼	U+28E0F						1	1
974	非	U+291E6						1	1
975	非	U+291E7						1	1
976	非	U+291E8						1	1
977	飛	U+29671						1	1
978	龟	U+2967F						1	1
979	刋	U+29C0A						1	
980	卜	U+29C0B						1	
981	黽	U+2A4D5						1	1
982	黽	U+2A4DD						1	1
983	龜	U+2A6A6						1	1
984	龜	U+2A6BA						1	
985	龟	U+2A6C9						1	1

No	部件 /汉字	unicode	汉字构形库基础部件	CNS 11643字符集部件	GB13000.1字符集部件	现代常用独体字规范	简化汉字独体字表	IDS_IRG 未拆字	IDS_UCS未拆字
986	巤	U+5DE4							1
987	㱐	U+3C50							1
988	𠂦	U+200A6							1
989	𠂰	U+200B0							1
990	𠂵	U+200B5							1
991	𠄷	U+20137							1
992	𠔄	U+20504							1
993	𠔉	U+20509							1
994	𠔱	U+20531							1
995	𠕢	U+20562							1
996	𠙿	U+2067F							1
997	𠚤	U+206A4							1
998	𠥡	U+20961							1
999	𠦁	U+20981							1
1000	𠦟	U+2099F							1
1001	𠦡	U+209A1							1
1002	𠰟	U+20C1F							1
1003	𠱩	U+20C69							1
1004	𠲁	U+20C81							1
1005	𠵓	U+20D53							1
1006	𠻌	U+20ECC							1
1007	𡉡	U+21261							1
1008	𡖘	U+21598							1
1009	𡘈	U+21608							1
1010	𡘘	U+21618							1
1011	𡘲	U+21632							1
1012	𡵫	U+21D6B							1
1013	𡺳	U+21EB3							1
1014	𢀓	U+22013							1
1015	𢒅	U+22485							1

No	部件／汉字	unicode	汉字构形库基础部件	CNS 11643字符集部件	GB13000.1字符集部件	现代常用独体字规范	简化汉字独体字表	IDS_IRG 未拆字	IDS_UCS 未拆字
1016	戈	U+22994							1
1017	柬	U+2349B							1
1018	畢	U+24C83							1
1019	畵	U+24CBF							1
1020	后	U+25416							1
1021	羑	U+25E3B							1
1022	冀	U+25F22							1
1023	百	U+268FB							1
1024	舆	U+269AB							1
1025	藜	U+26B99							1
1026	兒	U+27807							1
1027	丗	U+2A700							1
1028	七	U+2B820							1
1029	十	U+2C09B							1
1030	韋	U+2CD18							1
1031	百	U+767E				1	1		
1032	产	U+4EA7				1	1		
1033	出	U+51FA				1	1		
1034	匆	U+5306				1	1		
1035	囱	U+56F1				1			
1036	弟	U+5F1F				1			
1037	击	U+51FB				1			
1038	卡	U+5361				1			
1039	开	U+5F00				1	1		
1040	六	U+516D				1			
1041	卤	U+5364				1			
1042	么	U+4E48				1	1		
1043	农	U+519C				1	1		
1044	羌	U+7F8C				1	1		
1045	壬	U+58EC				1	1		

续 表

No	部件 / 汉字	unicode	汉字构形库基础部件	CNS 11643 字符集部件	GB13000.1 字符集部件	现代常用独体字规范	简化汉字独体字表	IDS_IRG 未拆字	IDS_UCS 未拆字
1046	刃	U+5203				1	1		
1047	少	U+5C11				1	1		
1048	升	U+5347				1	1		
1049	失	U+5931				1	1		
1050	术	U+672F				1	1		
1051	太	U+592A				1	1		
1052	天	U+5929				1	1		
1053	卫	U+536B				1	1		
1054	乌	U+4E4C				1	1		
1055	午	U+5348				1	1		
1056	囟	U+56DF				1			
1057	血	U+8840				1	1		
1058	夭	U+592D				1	1		
1059	亦	U+4EA6				1			
1060	与	U+4E0E				1	1		
1061	云	U+4E91				1			
1062	再	U+518D				1	1		
1063	正	U+6B63				1	1		
1064	朱	U+6731				1	1		
1065	主	U+4E3B				1	1		
1066	亍	U+4E8D					1		
1067	帀	U+5E01					1		
1068	卜	U+535E					1		
1069	氐	U+6C10					1		
1070	乒	U+4E52					1		
1071	乓	U+4E53					1		
1072	芈	U+8288					1		
1073	系	U+7CFB					1		
1074	良	U+826F					1		
1075	彖	U+5F56					1		

九、数字方志项目第一至三期造字示例表

幕	沏	暢	㥴	骸	潵	冐	冞	颿	胥	闊	脆	岱	葬	婆	霂
E000	E001	E002	E003	E004	E005	E006	E007	E008	E009	E00A	E00B	E00C	E00D	E00E	E00F
霜	旜	用	偖	橐	奚	雄	掝	⼞	冋	凸	⼝	⼝	⼝	霈	歔
E010	E011	E012	E013	E014	E015	E016	E017	E018	E019	E01A	E01B	E01C	E01D	E01E	E01F
毃	膌	媝	鎹	蔟	蟒	蟻	庠	滺	坯	靰	邐	汇	墻	瘵	夋
E020	E021	E022	E023	E024	E025	E026	E027	E028	E029	E02A	E02B	E02C	E02D	E02E	E02F
�	潄	蓀	琝	宣	絾	趹	橐	旹	襄	雚	丞	扞	興	愳	雄
E030	E031	E032	E033	E034	E035	E036	E037	E038	E039	E03A	E03B	E03C	E03D	E03E	E03F
阼	童	邑	另	血	叛	逞	庞	狄	孕	鸬	礴	翌	橫	躇	侍
E040	E041	E042	E043	E044	E045	E046	E047	E048	E049	E04A	E04B	E04C	E04D	E04E	E04F
荤	裹	助	喔	歰	犨	坐	橌	凹	为	寠	甫	甕	殱	碁	髮
E050	E051	E052	E053	E054	E055	E056	E057	E058	E059	E05A	E05B	E05C	E05D	E05E	E05F
禔	祕	塴	鵝	墙	奢	寮	鞿	埕	辵	敄	捼	驎	驤	騍	騊
E060	E061	E062	E063	E064	E065	E066	E067	E068	E069	E06A	E06B	E06C	E06D	E06E	E06F
馳	热	撺	撽	捞	攐	郫	藋	蘂	紊	蘼	薆	屬	蓓	蒠	馱
E070	E071	E072	E073	E074	E075	E076	E077	E078	E079	E07A	E07B	E07C	E07D	E07E	E07F
酬	甋	輐	廄	廍	敊	桰	樰	霊	襄	杌	礚	厲	剮	碟	碑
E080	E081	E082	E083	E084	E085	E086	E087	E088	E089	E08A	E08B	E08C	E08D	E08E	E08F
磧	砳	冪	駑	區	蟀	喔	噠	㘡	蹄	呻	嚵	嗒	昈	曋	疇
E090	E091	E092	E093	E094	E095	E096	E097	E098	E099	E09A	E09B	E09C	E09D	E09E	E09F
曜	昦	曋	睨	牠	嵷	峆	屿	莽	薑	琱	或	聥	晗	淦	皿
E0A0	E0A1	E0A2	E0A3	E0A4	E0A5	E0A6	E0A7	E0A8	E0A9	E0AA	E0AB	E0AC	E0AD	E0AE	E0AF
秜	奭	刔	垣	夭	堯	毅	埕	琴	卂	髻	瑹	玵	璿	嵷	騃
E0B0	E0B1	E0B2	E0B3	E0B4	E0B5	E0B6	E0B7	E0B8	E0B9	E0BA	E0BB	E0BC	E0BD	E0BE	E0BF
寸	摢	擢	拃	揆	搀	芽	焚	共	技	志	鞿	萜	邅	醋	
E0C0	E0C1	E0C2	E0C3	E0C4	E0C5	E0C6	E0C7	E0C8	E0C9	E0CA	E0CB	E0CC	E0CD	E0CE	E0CF
禁	槙	槤	麩	霈	屋	芼	相	碎	屌	厰	碌	甌	威	繁	
E0D0	E0D1	E0D2	E0D3	E0D4	E0D5	E0D6	E0D7	E0D8	E0D9	E0DA	E0DB	E0DC	E0DD	E0DE	E0DF
咼	嗜	兄	暕	泉	略	顙	晃	崾	岣	屸	鸚	貯	恳	厷	範
E0E0	E0E1	E0E2	E0E3	E0E4	E0E5	E0E6	E0E7	E0E8	E0E9	E0EA	E0EB	E0EC	E0ED	E0EE	E0EF
蕈	慈	桴	幹	橄	霖	厕	磝	磄	確	郐	虻	故	扳	圝	疅
E0F0	E0F1	E0F2	E0F3	E0F4	E0F5	E0F6	E0F7	E0F8	E0F9	E0FA	E0FB	E0FC	E0FD	E0FE	E0FF
眜	翼	賒	祁	塕	垙	湫	援	髻	蟲	鍪	驎	騄	騒	駿	攢
E100	E101	E102	E103	E104	E105	E106	E107	E108	E109	E10A	E10B	E10C	E10D	E10E	E10F
搖	芙	蘔	剒	梟	侣	俊	龗	金	余	凵	溺	塵	兆	輩	瘗
E110	E111	E112	E113	E114	E115	E116	E117	E118	E119	E11A	E11B	E11C	E11D	E11E	E11F
炫	燉	榮	愧	濫	瀶	江	淾	豰	柬	遷	狀	門	閏	灰	衪
E120	E121	E122	E123	E124	E125	E126	E127	E128	E129	E12A	E12B	E12C	E12D	E12E	E12F

凱 E130	嫚 E131	婦 E132	仐 E133	漖 E134	窾 E135	蠵 E136	鏈 E137	膠 E138	贔 E139	昝 E13A	禎 E13B	娄 E13C	戏 E13D	妣 E13E	冉 E13F
颮 E140	售 E141	谿 E142	錝 E143	艄 E144	䐈 E145	辦 E146	㇏ E147	壷 E148	挚 E149	㢟 E14A	辣 E14B	焒 E14C	焠 E14D	炑 E14E	熴 E14F
怺 E150	瀡 E151	淇 E152	涚 E153	瀡 E154	濞 E155	窊 E156	迈 E157	攽 E158	琡 E159	灑 E15A	堷 E15B	垛 E15C	墻 E15D	墖 E15E	塊 E15F
壢 E160	垶 E161	垾 E162	塴 E163	瓼 E164	瑣 E165	耔 E166	珀 E167	瑰 E168	瑍 E169	玲 E16A	驪 E16B	璥 E16C	璭 E16D	瓓 E16E	薰 E16F
檜 E170	楙 E171	杞 E172	轄 E173	楊 E174	椒 E175	靁 E176	靄 E177	霒 E178	砇 E179	礴 E17A	鼃 E17B	鼅 E17C	書 E17D	蹓 E17E	曬 E17F
峅 E180	崖 E181	崊 E182	巙 E183	峫 E184	敳 E185	崛 E186	装 E187	箏 E188	柔 E189	籔 E18A	傢 E18B	踠 E18C	卒 E18D	岵 E18E	瓓 E18F
瑆 E190	瓌 E191	瑖 E192	囍 E193	敵 E194	蘋 E195	苔 E196	薮 E197	薵 E198	蕩 E199	蕹 E19A	碹 E19B	鹡 E19C	彔 E19D	骨 E19E	罳 E19F
斟 E1A0	暘 E1A1	煦 E1A2	巘 E1A3	巗 E1A4	犡 E1A5	礿 E1A6	佗 E1A7	凢 E1A8	傾 E1A9	銛 E1AA	儷 E1AB	鍾 E1AC	鑪 E1AD	鐏 E1AE	豹 E1AF
鋸 E1B0	舭 E1B1	舺 E1B2	㒈 E1B3	停 E1B4	俣 E1B5	仞 E1B6	鐢 E1B7	貪 E1B8	侶 E1B9	衮 E1BA	餺 E1BB	鈦 E1BC	鉀 E1BD	豕 E1BE	覓 E1BF
孫 E1C0	鐵 E1C1	丹 E1C2	艎 E1C3	艏 E1C4	艥 E1C5	艄 E1C6	颼 E1C7	飅 E1C8	猣 E1C9	盤 E1CA	印 E1CB	㘒 E1CC	煞 E1CD	諷 E1CE	燮 E1CF
齗 E1D0	蘢 E1D1	麽 E1D2	㦤 E1D3	慎 E1D4	烟 E1D5	煡 E1D6	熠 E1D7	慢 E1D8	漶 E1D9	汩 E1DA	滑 E1DB	滏 E1DC	滺 E1DD	泀 E1DE	溪 E1DF
鑿 E1E0	飷 E1E1	犻 E1E2	綂 E1E3	獵 E1E4	緆 E1E5	繳 E1E6	勬 E1E7	鰡 E1E8	褭 E1E9	丞 E1EA	謏 E1EB	謙 E1EC	啻 E1ED	揄 E1EE	库 E1EF
店 E1F0	屭 E1F1	糕 E1F2	粹 E1F3	鄚 E1F4	蘇 E1F5	浞 E1F6	遊 E1F7	宣 E1F8	寠 E1F9	究 E1FA	蹂 E1FB	犨 E1FC	果 E1FD	紵 E1FE	總 E1FF
瀑 E200	堪 E201	琢 E202	桓 E203	浙 E204	奭 E205	赧 E206	摯 E207	亶 E208	驄 E209	擑 E20A	攙 E20B	胡 E20C	葆 E20D	莆 E20E	藷 E20F
熙 E210	檳 E211	櫝 E212	蛳 E213	覷 E214	曒 E215	睞 E216	丹 E217	嶠 E218	篱 E219	傣 E21A	垩 E21B	鍒 E21C	鉻 E21D	鈁 E21E	鐳 E21F
鑞 E220	猻 E221	鰳 E222	辜 E223	斉 E224	焲 E225	爀 E226	刘 E227	熅 E228	愧 E229	澳 E22B	滑 E22C	洋 E22D	雜 E22E	追 E22F	窗 E230
闔 E231	骰 E232	紌 E233	洲 E234	䕬 E235	壳 E236	亥 E237	吉 E238	垷 E239	埻 E23A	瑕 E23B	鄹 E23C	駴 E23D	搵 E23E	臺 E23F	獻 E240
茾 E241	葶 E242	檜 E243	欃 E244	翺 E245	礁 E246	鷟 E247	籟 E248	劇 E249	鸕 E24A	舒 E24B	坡 E24C	蟙 E24D	哥 E24E	跕 E24F	嚨 E250
嘝 E251	思 E252	歇 E253	戥 E254	斷 E255	嶕 E256	嶷 E257	勤 E258	篇 E259	蛋 E25A	簻 E25B	僚 E25C	彰 E25D	俾 E25E	臬 E25F	賁 E260
偩 E261	屾 E262	絫 E263	徙 E264	徔 E265	褸 E266	䋎 E267	鏑 E268	鐶 E269	艎 E26A	艙 E26B	鎔 E26C	靨 E26E	芒 E26F	芒 E270	芑 E271

匀	匂	匇	匉	匊	匋	匌	匎	匑	跱	政	倡	旲	頃	悥
E282	E283	E284	E285	E286	E287	E288	E289	E28A	E28B	E28D	E28E	E28F	E290	E291	E292

攽	晥	鼀	旻	曙	勴	峒	甲	喌	瞰	罕	剆	籧	崱	景	嶐
E293	E294	E295	E296	E297	E298	E299	E29A	E29B	E29C	E29D	E29E	E29F	E2A0	E2A1	E2A2

賠	曠	瓺	犩	劦	乇	籆	向	邎	侶	攸	伀	偵	佽	傝	嗌
E2A3	E2A4	E2A5	E2A6	E2A7	E2A8	E2A9	E2AA	E2AB	E2AC	E2AD	E2AE	E2AF	E2B0	E2B1	E2B2

訒	歈	奌	衕	徇	饐	鑤	鏒	臧	艖	鎙	鼚	艤	鈝	脙	飀
E2B3	E2B4	E2B5	E2B6	E2B7	E2B8	E2B9	E2BA	E2BB	E2BC	E2BD	E2BE	E2BF	E2C0	E2C1	E2C2

磐	觖	譺	塈	雍	夒	歁	額	旋	泳	麿	痰	竭	鼂	悟	岩
E2C3	E2C4	E2C5	E2C6	E2C7	E2C8	E2C9	E2CA	E2CB	E2CC	E2CD	E2CE	E2CF	E2D0	E2D1	E2D2

燸	憰	怴	泚	渣	潦	鰲	灘	湍	涩	浗	泃	牽	鞏	溻	泊
E2D3	E2D4	E2D5	E2D6	E2D7	E2D8	E2D9	E2DA	E2DB	E2DC	E2DD	E2DE	E2DF	E2E0	E2E1	E2E2

滲	泋	契	灓	于	齣	宋	裒	遘	透	窪	祄	遠	勵	剢	陑
E2E3	E2E4	E2E5	E2E6	E2E7	E2E8	E2E9	E2EA	E2EB	E2EC	E2ED	E2EE	E2EF	E2F0	E2F1	E2F2

帥	隑	狣	隨	己	樂	繅	珈	㠯	晰	㠯	訔	日	政	圩	祺
E2F3	E2F4	E2F5	E2F6	E2F7	E2F8	E2F9	E2FA	E2FB	E2FC	E2FD	E2FE	E2FF	E300	E301	E302

帀	圻	壔	塤	丰	圵	坘	圿	夆	扡	瀫	瓛	鬆	髮	墫	挈
E303	E304	E305	E306	E307	E308	E309	E30A	E30B	E30C	E30D	E30E	E30F	E310	E311	E312

璿	㠭	瑞	槃	琨	奉	瓘	扑	揩	鵏	芺	軻	鱑	蓻	芒	蕱
E313	E314	E315	E316	E317	E318	E319	E31A	E31B	E31C	E31D	E31E	E31F	E320	E321	E322

萃	藺	蘡	槭	榎	霂	医	厴	鱠	茲	鋻	頮	蠻	蠦	蘆	悲
E323	E324	E325	E326	E327	E328	E329	E32A	E32B	E32C	E32D	E32E	E32F	E330	E331	E332

齷	邨	蠼	蜻	喽	圖	槑	謙	袞	卒	痛	瘴	燒	燶	灗	洵
E333	E334	E335	E336	E337	E338	E339	E33A	E33B	E33C	E33D	E33E	E33F	E340	E341	E342

澄	滋	竄	遠	開	陇	咯	沸	聶	邨	鵠	岖	岻	岆	葬	呢
E343	E344	E345	E346	E347	E348	E349	E34A	E34B	E34C	E34D	E34E	E34F	E350	E351	E352

睱	冊	殆	云	卯	坵	�	塌	槊	埘	駏	玏	挼	蕙	莞	袞
E353	E354	E355	E356	E357	E358	E359	E35A	E35B	E35C	E35D	E35E	E35F	E360	E361	E362

醸	棼	霬	础	硏	磙	藁	刷	愷	瞋	冞	屵	崕	崒	嶶
E363	E364	E365	E366	E367	E368	E369	E36A	E36B	E36C	E36D	E36E	E36F	E370	E371	E372

嚼	申	蹮	躏	爽	羴	曓	犝	晼	瞹	啼	糭	歁	鞕	夷	褙
E373	E374	E375	E376	E377	E378	E379	E37A	E37B	E37C	E37D	E37E	E37F	E380	E381	E382

坍	塊	塝	紅	赫	璍	均	玖	捲	揎	蔉	固	萌	薇	蘼	蒙
E383	E384	E385	E386	E387	E388	E389	E38A	E38B	E38C	E38D	E38E	E38F	E390	E391	E392

潢	蕙	薹	栢	櫄	橆	枡	梏	硇	碙	屇	屑	礴	碲	肇	礑
E393	E394	E395	E396	E397	E398	E399	E39A	E39B	E39C	E39D	E39E	E39F	E3A0	E3A1	E3A2

咸	橐	保	蟺	㞑	骼	扰	枀	穩	稺	筊	鲞	鐸	籔	賫	欺
E3A3	E3A4	E3A5	E3A6	E3A7	E3A8	E3A9	E3AA	E3AB	E3AC	E3AD	E3AE	E3AF	E3B0	E3B1	E3B2

盥	鄹	砂	奥	傽	饑	蕃	犲	船	坴	鮗	鯛	鱒	誠	襲
E3B3	E3B4	E3B5	E3B6	E3B7	E3B8	E3B9	E3BA	E3BB	E3BC	E3BD	E3BE	E3BF	E3C0	E3C1	E3C2